金属材料焊接工艺制定与评定

主审◎章友谊　王春香　　主编◎张帅谋　王瑞权

JINSHU CAILIAO HANJIE GONGYI ZHIDING YU PINGDING

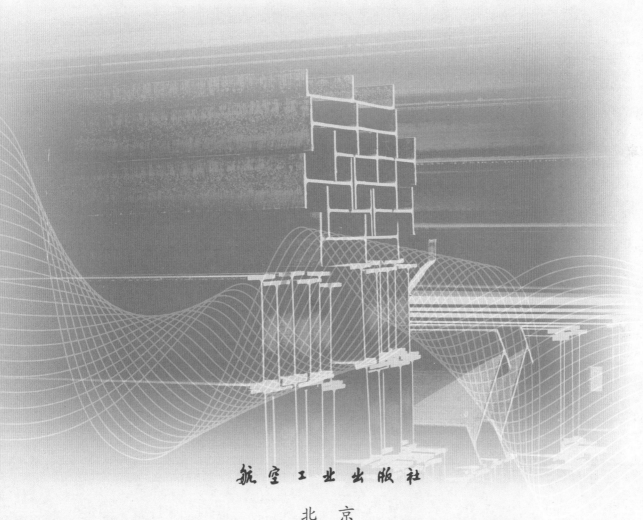

航空工业出版社

北京

内 容 提 要

本书依据最新的高等职业教育智能焊接技术专业教学标准和教育部颁布的《高等学校课程思政建设指导纲要》《职业教育提质培优行动计划（2020—2023 年）》，参照最新的焊接工艺评定标准和《特殊焊接技术职业技能等级标准》，构建金属材料焊接工艺体系，选取教学内容。本书充分体现了以学生为中心的理念，力求体现"理论够用，突出实践"，培养学生金属材料焊接工艺制定和实施所需的知识、能力和素质。本书既可作为高等职业院校智能焊接技术专业的核心课程教材，也可作为材料成型与控制工程职业本科专业教材，还可以作为焊工岗位培训的教材及参考书。

图书在版编目（CIP）数据

金属材料焊接工艺制定与评定 / 张帅谋，王瑞权主编 . — 北京：航空工业出版社，2024.3
ISBN 978-7-5165-3700-8

Ⅰ . ①金… Ⅱ . ①张… ②王… Ⅲ . ①金属材料—焊接工艺 Ⅳ . ① TG457.1

中国国家版本馆 CIP 数据核字（2024）第 056833 号

金属材料焊接工艺制定与评定
Jinshu Cailiao Hanjie Gongyi Zhiding yu Pingding

航空工业出版社出版发行
（北京市朝阳区京顺路 5 号曙光大厦 C 座四层 100028）
发行部电话：010-85672666 010-85672683

北京荣玉印刷有限公司印刷 全国各地新华书店经售
2024 年 3 月第 1 版 2024 年 3 月第 1 次印刷
开本：889 毫米 ×1194 毫米 1/16 字数：511 千字
印张：17.5 定价：56.00 元

编写委员会

主　审　章友谊　王春香

主　编　张帅谋　王瑞权

副主编　刘　华　张　波

参　编　李国强　顾　伟　胥　锴

　　　　王立跃　杨化雨　周士伟（企业）

　　　　王德伟（企业）　谭言松（企业）

前　言

本书以习近平新时代中国特色社会主义思想为指导，落实立德树人根本任务，体现职业教育教学规律，为培养现代产业体系紧缺的智能焊接高技术技能型人才提供有力支撑。

党的二十大报告指出，我国进行中国式现代化建设，走高质量发展的道路。这就需要培养新型技能型人才。智能焊接在工业机器人、新材料、汽车、轨道交通、航空航天、船舰、节能设备等高端装备制造产业是不可替代的加工方法。本书为目前急需的智能焊接紧缺技术技能型人才而开发。

本书依据最新的高等职业教育智能焊接技术专业教学标准和教育部颁布的《高等学校课程思政建设指导纲要》《职业教育提质培优行动计划（2020—2023年)》，结合校企合作制定的《焊接制造岗位职业标准》，参照最新的焊接工艺评定标准规范和《特殊焊接技术职业技能等级标准》，构建金属材料焊接工艺体系，精心选取教学内容。

本书主要介绍常用金属材料的焊接性分析，焊接工艺的制定与实施，根据金属材料的焊接性选择焊接方法、焊接材料、焊接参数、预热和后热等焊接工艺措施等。教材中介绍的每一类金属材料均融入企业行业典型焊接工程案例。本书还为学生提供拓展阅读，挖掘与课程紧密相关的课程思政元素："榜样的力量"将大国工匠、全国技术能手等高技能人才的敬业精神和刻苦钻研、精益求精的工匠精神传递给学生；"大国工程"编入了我国举世瞩目的超级工程，激发学生对焊接技术的热爱和职业自豪感。

本书分为八个项目，项目一讲述了金属材料焊接工艺基础知识，包括金属材料焊接性、焊接性试验和焊接工艺规程等；项目二到项目七分别讲述了碳钢及低合金高强度钢、不锈钢、常用有色金属和铸铁的焊接工艺制定；项目八讲述了金属材料焊接工艺评定实施过程。每个项目均配有项目实训。每个项目后均附有1+X考证任务训练，兼顾了焊工1+X特殊焊接技术考证需要。

本书建议总学时为54学时，并每个项目的学习导读都给出了学习课时建议。

本书充分体现了以学生为中心、以实践为导向的技能型人才培养的职业教育特色，力求体现"理论够用，突出实践"，培养学生金属材料焊接工艺制定和实施所需的知识、能力和素质，使学生掌握焊接工艺的制定与实施方法。本书理论知识紧贴焊接生产实际，以实际应用为着眼点，注重实用性。本书在编写上考虑了教学规律和教学实践方面的要求，每个项目都明确指出了该项目的知识目标、技能目标和素质目标。

本书的编写专家团队由来自院校的一线教师和来自企业的专家组成。张帅谋副教授和王瑞权教授担任主编。章友谊教授和王春香教授担任主审。刘华副教授和张波讲师担任副主编，其他参与编写的有李国强高级工程师、顾伟副教授、胥锴教授、王立跃副教授、杨化雨高级技师、双良节能系统股份有限公司首席技师周士伟（江苏省劳模）、芜湖点金机电科技有限公司王德伟高级工程师、安徽海螺川崎节能设备制造有限公司谭言松高级技师。

在编写过程中，编者参考了一些文献资料，以及公众号、文库等公开发表的文章，在此表示真挚的谢意！

本书既可作为高等职业院校智能焊接技术专业的核心课程教材，也可以作为焊工岗位培训的教材及参考书。本书配套有电子课件、教学视频等资源，有需要者可致电 13810412048 或发邮件至 2393867076@qq.com。

由于编者水平有限，书中存在的不当之处，敬请各位读者批评指正。

编　者

2023 年 8 月

目 录

项目三　不锈钢的焊接工艺认知／72

项目四　铝及铝合金的焊接工艺认知／127

项目一 金属材料焊接工艺认知

学习导读▶

本项目主要介绍焊接性的内涵和影响因素，金属材料焊接性及其影响因素、试验方法，金属材料焊接工艺的编制要点。建议学习课时 2 学时。

学习目标▶

知识目标

（1）掌握金属材料焊接性的概念及其影响因素。

（2）掌握焊接性的试验方法及应用。

（3）熟悉焊接工艺的编制过程和文件。

技能目标

（1）会根据金属材料的化学成分判断其焊接性。

（2）具备利用试验方法研究金属材料焊接性的思维。

（3）会编制焊接工艺文件。

素质目标

（1）提高分析问题、解决问题的能力。

（2）激发对智能焊接专业的热爱，提高对焊接职业的自豪感和认同感。

任务一 金属材料的焊接性认知

一、金属材料的焊接性

焊接性的定义是，在限定的施工条件下通过焊接工艺方法完成符合设计要求的构件，并满足使用要求的能力。

焊接性是材料对于焊接加工的适应性，用以衡量材料在一定的焊接工艺条件下获得优质接头的难易程度和该接头在使用条件下运行的安全性和可靠性。因此，它包含工艺焊接性和使用焊接性两个方面。

（一）工艺焊接性

工艺焊接性是指在一定的焊接工艺条件下，获得优良、致密、无缺陷的焊接接头的能力。它不是金属本身所固有的性能，而是根据某种焊接方法和所采用的具体工艺措施进行评定的。所以金属材料的工艺焊接性与具体的焊接过程密切相关。对于熔焊工艺，被焊材料一般要经历焊接热循环和焊接冶金过程。因此，工艺焊接性又可分为热焊接性和冶金焊接性。热焊接性是指焊接热循环对母材及焊接热影响区组织性能及产生的缺陷的影响程度，用以评定被焊金属对热的敏感性，如晶粒长大（成长）、组织性能变化等。它与金属的材质及具体的焊接工艺有关。冶金焊接性是指在一定冶金过程的条件下，物理化学变化对焊缝性能的影响程度。它包括合金元素的氧化、还原，氢、氧、氮的溶解等对形成气孔、夹杂、裂纹等缺陷的影响，用以评定被焊材料对冶金缺陷的敏感性。

（二）使用焊接性

使用焊接性是指整个结构或焊接接头是否满足产品技术条件的使用要求。使用性能取决于焊接结构的工作条件和设计上提出的技术要求。通常包括一般的力学性能、低温韧性、抗脆断性能、高温蠕变、疲劳性能、高温持久强度、耐蚀性能和耐磨性能等。

理论分析可知，凡是在熔化状态下能形成固溶体或共晶的两种金属或合金，原则上都可以实现焊接，这叫物理焊接性。物理焊接性仅仅为材料实现焊接提供理论依据，并不代表该材料用任何焊接方法，都能获得满足使用要求的优质接头。

在不同的焊接工艺条件下，焊接性差异很大。因此，金属材料的焊接性不仅与材料本身有关，同时也与焊接工艺条件有关。在不同的焊接工艺条件下，同一材料具有不同的焊接性。因此在生产制造中，随着新的焊接方法、焊接材料及焊接工艺的开发和完善，一些原来焊接性差的金属材料，也会变成焊接性好的材料。

二、金属材料焊接性的影响因素与研究方法

（一）金属材料焊接性的影响因素

焊接性受材料、焊接方法、焊接结构和使用要求四个因素的影响。

1. 材料

材料包括母材和焊接材料。在相同的焊接条件下，决定母材焊接性的主要因素是它本身的物理化学性能。

物理性能方面，如金属的密度、熔点、热导率、线膨胀系数、热容量等因素，都会对热循环、熔化、结晶、相变等产生影响，从而影响焊接性。纯铜热导率高，焊接时热量散失迅速，升温的范围很宽，坡口不易熔化，焊接时需要较强烈的加热，如果热源功率不足，就会产生未熔透的缺陷。热导率高的材料熔池结晶迅速，容易产生气孔等缺陷。热导率低的材料焊接时温度梯度大，残余应力大，变形大，并且由于高温停留时间长，热影响区晶粒长大。铝及铝合金密度小，熔池中的气泡和非金属夹杂物不易上浮逸出，容易在焊缝中残留，形成气孔和夹渣等。

化学性能方面，主要考虑金属与氧化合的难易程度。化学活性强的金属，在高温焊接下极易氧化，焊接时就必须采取可靠的保护。例如，采用惰性气体保护焊或在真空环境焊接。

对于钢的焊接，影响其焊接性的主要因素是它的化学成分。其中影响较大的元素有碳、硫、磷、氢、氧和氮等，它们容易引起焊接工艺缺陷，降低接头的使用性能。其他合金元素，如锰、硅、铬、镍、钼、钛、钒、铌、铜、硼等都在不同程度上增加焊接接头的淬硬倾向和裂纹敏感性。所以，钢的焊接性总是随着含碳量和合金元素含量的增加而恶化。

此外，钢的冶炼及轧制状态、热处理状态、组织状态等，在不同程度上都对焊接性产生影响。所以近年来研制和发展的各种 CF 钢（抗裂钢）、Z 向钢（抗层状撕裂钢）、TM-CP 钢（控轧钢）等，就是通过精炼提纯、细化晶粒和控轧工艺等手段来改善钢材的焊接性。

焊接材料直接参与焊接过程的一系列化学冶金反应，决定着焊缝金属的成分、组织、性能及缺陷的形成。因此，正确选用焊接材料也是保证获得优质焊接接头的重要条件之一。

2. 焊接方法

焊接方法的种类、装焊顺序、预热、后热及焊后热处理等方面对于焊接性的影响很大，主要表现在热源特性和保护条件两个方面。

不同的焊接方法的热源在功率、能量密度、最高加热温度等方面有很大差别。金属在不同热源下焊接显示出不同的焊接性。例如，电渣焊功率很大，但能量密度很低，最高加热温度也不高，焊接时加热缓慢，高温停留时间长，使得热影响区晶粒粗大，冲击韧度显著降低，必须经正火处理才能改善。

采取预热、多层焊和控制层间温度等其他工艺措施，可以调节和控制焊接热循环，从而改变金属的焊接性。

3. 焊接结构

焊接结构和焊接接头的设计形式，如结构形状、尺寸、厚度、坡口形式、焊缝布置及其截面形状等，都对焊接性有重要的影响。其主要影响是热的传递和力的状态方面。不同板厚、不同接头形式或坡口形状其传热方向和传热速度不一样，从而会对熔池结晶方向和晶粒成长产生影响。结构的形状、板厚和焊缝的布置等决定接头的刚度和拘束度，对接头的应力状态产生影响。设计中减少接头的刚度、避免交叉焊缝及焊缝过于密集、减少应力集中等，都是改善焊接性的重要措施。

4. 使用要求

焊接结构服役期间的工作温度、负载条件和工作介质等工作环境和运行条件，都要求焊接结构具有相应的使用性能。在低温下工作的焊接结构，必须具备抗脆性断裂性能；在高温下工作的结构应具有抗蠕变性能；在交变载荷下工作的结构应具有良好的抗疲劳性能；在酸、碱或盐类介质工作的焊接容器应具有较高的耐蚀性能等。总之，使用条件越苛刻，对焊接接头的质量要求就越高，材料的焊接性就越难以保证。

（二）金属材料焊接性的研究方法

一些新材料、新结构或新的工艺方法在正式投产之前，必须进行焊接性研究工作，以确保能获得优质的焊接接头。研究的基本方法是先分析后试验，即在焊接性理论分析的基础上再做必要的焊接性试验。焊接性分析可以避免试验的盲目性，焊接性试验可以验证理论分析的结果。

1. 焊接性分析

焊接性分析指运用焊接科学的理论知识和实践经验，对金属材料焊接的难易程度做出判断或预测。进行工艺焊接性方面的分析，主要是考察金属材料在给定的工艺条件下，产生焊接缺陷的倾向性和严重性。首先，从影响焊接性的材料因素、工艺因素和结构因素等方面入手，分析和估计焊接过程中可能会产生什么缺陷，对材料的工艺焊接性进行科学的预测。焊接工艺缺陷很多，分析的重点通常是材料的抗裂性能。按材料中合金元素及其含量间接地评估合金材料的焊接性是最常用的分析方法，如碳当量法和裂纹敏感指数法等。此外，也可利用合金相图判断热裂倾向，利用焊接CCT图可以预测有无冷裂的隐患、焊后接头的硬度等大致性能。

使用焊接性方面的分析，主要是考察金属材料在给定的焊接工艺条件下，焊成的接头或整个焊接结构是否满足设计的使用要求，如强度、韧度、塑性、疲劳、蠕变、耐蚀或耐磨等性能要求。对于以等性能原则设计的焊接接头，则以母材性能为依据，分别考察焊缝金属和焊接热影响区在焊接热过程的作用下可能引起不利于使用性能的变化。

进行焊接性分析时，要有重点和针对性，不同金属材料焊接性重点分析内容见表1-1。

表 1-1 不同金属材料焊接性重点分析内容

金属材料		焊接性重点分析内容
低碳钢		①厚板的刚性拘束裂纹；②热裂纹
中、高碳钢		①冷裂纹；②焊接；③ HAZ（热影响区）淬硬
低合金钢	热轧及正火钢	①冷裂纹；②热裂纹；③再热裂纹；④层状撕裂（厚大件）；⑤ HAZ 脆化（正火钢）
	低碳调质钢	①冷裂纹、根部裂纹；②热裂纹（含 Ni 钢）；③ HAZ 脆化；④ HAZ 软化
	中碳调质钢	①热裂纹；②冷裂纹；③ HAZ 脆化；④ HAZ 回火软化
	珠光体耐热钢	①冷裂纹；② HAZ 硬化；③再热裂纹；④持久强度
	低温钢	①低温缺口韧性；②冷裂纹
不锈钢	奥氏体不锈钢	①晶间腐蚀；②应力腐蚀开裂；③热裂纹
	铁素体不锈钢	① 475℃脆化；②相脆化；③热裂纹
	马氏体不锈钢	①冷裂纹；② HAZ 硬化
P/A 异种钢		①焊缝成分的控制（稀释率）；②熔合区过渡层；③熔合区扩散层；④残余应力
铸铁		①焊缝及熔合区"白口"；②热裂纹；③热应力裂纹；④冷裂纹
铝及铝合金		①氧化；②气孔；③热裂纹；④ HAZ 软化

2. 焊接性试验

焊接性分析是以理论知识和生产经验为依据进行的，一般应在理论分析的基础上有针对性地进行焊接性试验加以验证。特别是对于一些新材料、新开发的产品结构或新工艺，更应进行较为全面的焊接性试验，从而对材料的焊接性做出更为准确和全面的评价，同时也为编制焊接工艺提供可靠的依据。

总之，焊接性的分析与试验是焊接性研究中的两个重要方面。

三、焊接性试验内容简介

焊接性试验主要是测定焊接接头金属的性能是否可靠，其主要内容包括以下几个方面。

（1）测定焊缝金属抗热裂纹的能力。

（2）测定焊缝及热影响区金属抗冷裂纹的能力。

（3）测定焊接接头抗脆性断裂的能力。对于在低温下工作或承受冲击载荷的焊接结构，焊接过程会使接头发生粗晶脆化、组织脆化、热应变时效脆化等现象，造成接头韧性严重下降。因此，对这类焊接结构的用材，需要做抗脆断或抗脆性转变能力的试验。

（4）测定焊接接头的使用性能。根据焊接结构使用条件对焊接性提出的性能要求来确定试验内容，如焊接接头的耐晶间腐蚀及耐应力腐蚀试验等。厚板钢结构要求抗层状撕裂性能时，需要做 Z 向拉伸或 Z 向窗口试验，以测定该钢材抗层状撕裂的能力。

四、常用焊接性试验方法种类及选用原则

（一）常用焊接性试验方法种类

评定金属材料焊接性的试验方法很多，焊接性试验方法的分类如图 1-1 所示。工艺焊接性和使用焊接性两方面的试验，又分为直接法和间接法两种。直接法有两种情况，一种是仿照实际的焊接条件，通过焊接过程考察是否发生某种焊接缺陷或发生缺陷的严重程度，直接评价焊接性的优劣，即焊接性对比试验。

也可以通过试验确定出所需的焊接条件，即工艺适应性试验，这种情况多在工艺焊接性试验中使用。另一种是直接在实际产品上进行焊接性能测定的试验，这种情况主要用于使用焊接性的试验。间接法一般不需要焊出焊缝，只需对产品实际使用的材料做化学成分、金相组织或力学性能等方面的试验分析与测定，并对该材料的焊接性进行预测与评估。例如，利用计算出的碳当量数值去判断材料的焊接性。

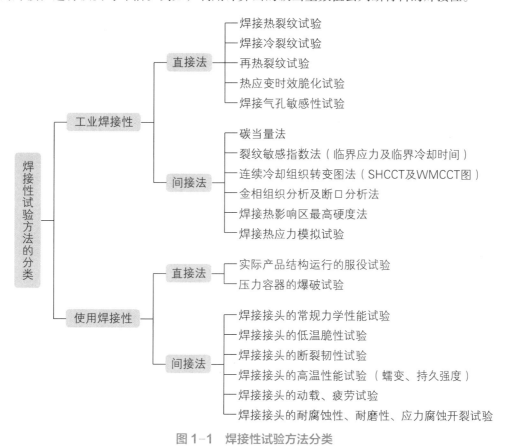

图1-1　焊接性试验方法分类

（二）常用焊接性试验方法选用原则

常用焊接性试验方法选用原则主要有以下4点。

1. 可比性

只有试验条件完全相同时，两个试验的结果才具有可比性。因此，凡是国家或国际上已经颁布的标准试验方法，应优先选择，并严格按标准的规定进行试验。尚未建立标准的，应选择国内外同行业中较为通用的或公认的试验方法进行。无标准时，须自行设计焊接性试验方法，且应把试验条件规定得明确具体。

2. 针对性

所选择的或自行设计的试验方法，其试验条件要尽量与实际焊接的条件相一致，这些条件包括母材、焊接材料、接头形式、接头受力状态、焊接工艺参数等。只有这样才能使焊接性试验具有良好的针对性，其试验结果才能较准确地显示出实际生产时可能发生的问题。

3. 再现性

焊接性试验的结果要稳定可靠，具有较好的再现性。试验数据不可过于分散，否则难以找出变化规律并总结出正确的结论。试验应尽量减少或避免人为因素的影响，尽量采用自动化、机械化的操作。试验条件和试验程序要严格，防止随意性。

4. 经济性

在获得可靠结果的前提下，力求减少人力、物力消耗，降低生产成本。

任务二 金属材料焊接工艺的编制认知

一、焊接工艺的概念

（一）焊接工艺与焊接工艺规程

根据《焊接术语》（GB/T 3375—1994），焊接工艺是指焊接过程中的一整套技术规定，其中包括焊前准备、焊接材料、焊接设备、焊接方法、焊接顺序、焊接操作及焊后热处理等。焊接工艺规程是指制造焊件有关的加工和实践要求的细则文件，可保证由熟练焊工或机器人操作工操作时质量的再现性。

（二）焊接工艺文件的种类

焊接工艺文件一般有三大类，即焊接工艺方案、通用焊接工艺规程和专用焊接工艺规程，这三大类工艺都应以评定合格的焊接工艺为基础。

1. 焊接工艺方案

焊接工艺方案仅对关键件或关键工艺提出解决问题的工艺路线和工艺原则，是宏观指导的工艺文件，一般用于询价报价阶段的技术投标，也用于工艺分析，即提出多项工艺方案进行比较分析。什么情况下必须做焊接工艺方案没有明确的规定，可依据供需双方的合同、供方的管理规定、产品的复杂程度、制造检验标准的难度等确定。

2. 通用焊接工艺规程

通用焊接工艺规程是反映某一类产品的共同特点和通用操作要求的工艺文件。例如，对于批量生产的承压设备，可以不针对每一台设备编制产品焊接工艺规程，而以通用焊接工艺规程的方式指导焊接生产。通用焊接工艺规程，既可以按不同产品来制定，如空气储罐、换热器、锅炉等通用焊接工艺规程；也可以按零部件编制，如封头拼接、接管与法兰、换热管与管板连接等通用焊接工艺规程。

在承压设备制造厂，通常按各种不同的焊接方法分别制定通用焊接工艺规程，如焊条电弧焊通用焊接工艺规程、CO_2 气保焊焊接工艺规程和埋弧焊通用焊接工艺规程等。将各种焊接方法的注意项目列入其中，避免在具体工艺卡中反复罗列，这种通用焊接工艺规程又称为焊接工艺守则，仅作为通用指导性工艺文件，一般不能代替产品焊接工艺。

而有的承压设备制造厂依据不同的母材分别制定通用焊接工艺规程，如碳钢焊接工艺规程、奥氏体不锈钢焊接工艺规程、铝及铝合金焊接工艺规程等。

3. 专用焊接工艺规程

专用焊接工艺规程是某特定范围内使用的焊接工艺文件，多数是针对具体产品。按照产品制定的焊接工艺规程，是在生产过程中使用较普遍的形式。每台产品单独成册，故称为"产品专用焊接工艺规程"，如某压力容器制造厂承接一台或多台空气储罐，其数量少、间隔时间长，这时可逐台编制产品焊接工艺规程。此外，还有支持性的焊接工艺文件，如碳弧气刨工艺规程、返修工艺规程等也属于专用焊接工艺规程。

二、焊接工艺方案的编制

（一）焊接工艺方案的编制原则

焊接工艺方案的制定者应利用编制依据，如产品图样、招标文件、法规标准、订货合同、焊接工艺评定、企业装备及设施条件等，结合制定者的知识、能力和工作经验，找出关键件和关键工艺，并提出相应的工艺路线和工艺原则。为便于择优，应有两个或多个原则或路线的对比，从技术的合理性和制造的经济性做权衡，从中确认一个最佳方案。

（二）焊接工艺方案的编制要点

1. 明确编制目的

编制焊接工艺方案的目的一般来说有两个：

（1）找出关键产品、关键件和关键工艺；

（2）找出解决上述关键工艺的工艺原则。

对于一个单元设备，必须找出关键件和关键工艺；对于一个工程项目，必须找出关键设备，这项工作一般由项目负责人或专业人员确定。所谓"关键"，指的是技术上的关键，就是对工程项目成败、对单元设备的制造和使用有决定性的影响。

2. 做好预防焊接缺陷分析

对关键设备焊接，焊接工艺编制人员应分析焊接时容易出现何种缺陷，并分析缺陷产生的原因和预防措施。这是制定焊接工艺方案的重点。

3. 做好结构合理性分析

（1）分析焊缝位置分布是否合理。例如焊缝是否避开截面尺寸突变区，焊缝间距是否满足大于3倍板厚且不小于100 mm，焊缝分布是否有利于组装、焊接和无损检测。焊缝布置应避免构成交叉或集中，如设备壳体挖补应避免直角以防止应力集中等。

（2）分析焊接节点设计是否合理。

焊接节点设计是否合理是指接头形式和坡口形式是否合理。例如，筒体组对环焊缝现场施焊，一般开单V形坡口而不开双V形坡口；8 mm板对接全焊透结构开V形坡口而不开X形坡口等。

4. 合理应用编制依据

编制焊接工艺方案的依据主要有：招标文件、产品图样、法规标准、技术条件、订货合同、焊接工艺评定报告、焊工职业资格证、企业焊接工艺文件、企业装备设施条件及企业的生产组织形式。

三、专用焊接工艺规程的编制

（一）专用焊接工艺规程的定义

产品专用焊接工艺规程是为指导某一设备焊接施工而制定的。专用焊接工艺规程是根据焊接工艺评定报告并结合实践经验而制定的直接用于焊接生产的工艺文件，它包括对焊接接头、母材、焊材、焊接位置、预热、电特性和操作技术等内容进行详细地规定，以保证焊接质量的再现性，一般用图表形式表达。

（二）编制依据

专用焊接工艺规程的编制依据与焊接工艺方案的编制依据类似，随着编制目的不同，编制依据的侧重点也会不同。客户要求是必须遵守的外来依据，内在依据要服务于外来依据，即达到保证焊接产品安全可靠又满足客户要求的目的。

（三）编制目的

1. 满足客户的要求

满足客户要求，这是基本的目的。客户在满足法规、标准和图样要求之外，往往要附加一些项目的技术质量、交货期、价格等要求。其中的技术质量要求要明确，不能存在疑点或模棱两可的情况。

2. 满足法规、标准和图样的要求

满足法规、标准和图样的要求，这是必须遵守的，特别对承压设备是强制性的要求。

3. 满足第三方监检的要求

满足第三方监检的要求是有条件的。当第三方验收需要以专用焊接工艺规程为依据时，或客户要求专用焊接工艺规程必须由第三方确认时，专用焊接工艺规程必须满足第三方监检的要求。

（四）编制范围

以承压设备为例，下列焊缝必须编制专用焊接工艺规程。

（1）受压元件之间的焊缝。

（2）与受压壳体内外壁相连接的焊缝，如与内壁相连接的支撑圈、支架、内壁堆焊，与外壁相连接的吊耳、支座弧板、铭牌架、筋板、垫板等。

定位焊技术要求可在专用焊接工艺规程中体现，也可另编。返修焊一般按照原工艺返修，也可编制专用焊接工艺规程。对于重要返修（裂纹返修）和超次返修，在查明原因后，可编制有针对性的专用焊接工艺规程。

（五）编制要求

（1）完整、正确、有效。

（2）尽可能提高效率，降低成本。例如，厚壁容器采用焊条电弧焊效率低，返修率高，成本高，若改用埋弧焊，则效率提高 1 ～ 3 倍，成本降低 1/3，若采用窄间隙埋弧焊，则工作量减少 1/3，效率提高 30%，成本再下降 30%。

（3）适合本单位实际，适用可行。要达到这一要求，焊接工艺人员要到车间与焊工商讨，征求一线焊工的意见，这是保证工艺可贯彻实施的基础。

（4）保证焊接质量。焊接工艺规程应避免产生焊接缺陷，或使缺陷减到最低限度。焊接工艺规程还应保证焊接接头的使用性，确保设备运行安全可靠。

（六）编制内容

焊接工艺规程编制内容可以分为通用焊接工艺规程内容和企业根据实际情况自定的工艺规程表格内容。

1. 通用焊接工艺规程内容

参考 NB/T 47015—2011《压力容器焊接规程》所推荐的焊接工艺规程表格共有四页，包括封面、接头编号表、焊接材料汇总表和接头焊接工艺卡。

（1）封面包括单位名称、规程编号、产品编号、图号、版次、修改标记及处数、编制人及日期、审核人及日期等。

（2）接头编号表包括产品结构示意图、接头编号、焊接工艺评定编号、焊工持证项目、无损检测要求。

（3）焊接材料汇总表列有焊条电弧焊、埋弧焊和气体保护焊三种，包括母材、焊条及规格、焊丝及规格、烘干温度及时间、保护气体及纯度、容器技术特性等。

（4）接头焊接工艺卡包括焊接接头名称、接头简图、焊接顺序、焊接方法、填充材料、焊接电流、电弧电压、焊接速度、线能量、焊后热处理等。

2. 企业根据实际情况自定的工艺规程表格内容

不少企业会根据自己企业的生产实际情况对工艺规程表格做相应的修改，使工艺规程符合本企业的生产实际，比较实用。

四、通用焊接工艺规程的编制

（一）编制依据

通用焊接工艺规程的编制依据主要有以下 4 个方面。

（1）相关的法规、标准。

（2）焊接工艺评定报告。

（3）焊接技术资料及经验积累。

（4）生产装备条件。

（二）编制要点

通用焊接工艺规程一般有 3 种类型，即针对不同产品的焊接工艺规程、针对不同焊接方法的焊接工艺规程和针对不同母材的焊接工艺规程。不管哪种类型都有其共同的编制要点和各自特有的编制要点。

1. 共同的编制要点

（1）选定焊接方法。

选定焊接方法是确定通用焊接工艺规程的核心。它关系到质量和生产率。

（2）选好焊接材料。

在确定母材和焊接方法之后，可以参考 NB/T 47015—2011《压力容器焊接规程》或相关资料选定焊接材料，必要时通过焊接工艺评定加以确认。

（3）选择坡口形式。

工艺编制单位应结合本单位的装备条件和生产管理经验，根据结构形式、接管与壳体连接形式、管－管板的连接形式等，制定坡口标准。

（4）以焊接工艺评定为依据。

编入通用焊接工艺规程的工艺参数，都要有焊接工艺评定支持，不能仅查焊接手册、焊接资料确定。

（5）明确施焊要点。通用焊接工艺规程的施焊要点及相对应的工艺措施应当明确，可通过工艺分析确定，以防止产生焊接缺陷。

（6）明确验收的检验要求。

焊后的焊缝外观检验、无损检测、耐蚀性检验、金相检验、焊缝成分检验、力学性能检验等，都要明确，并写入通用规程。

2. 特有的编制要点

（1）对于产品通用焊接工艺规程，若产品较为复杂，应先将产品划分为多个零部件，然后逐件编制，而对于结构较为简单的产品，不用划分部件。

（2）对于焊接方法的通用焊接工艺规程，必须突出该焊接方法的特点，然后叙述由该特点所决定的坡口选择、焊材选择、操作要点、工装设备等。例如埋弧焊焊接通用规程，其坡口形式与焊条电弧焊有较大的差别，考虑焊材选择不仅要考虑焊丝和焊剂型号，而且还要考虑两者的搭配；埋弧焊必须考虑焊剂垫、焊剂输送与回收装置、变位机等。规程中还应有不同材料、板厚和坡口形式的焊接规范参数表。

（3）对于母材的焊接通用工艺规程，必须突出母材的焊接性能特点和对应的工艺参数，即要确定好"难不难焊""如何焊"这两个问题。例如奥氏体不锈钢的通用焊接工艺规程，其工艺焊接性要求预防热裂纹和晶间腐蚀，这就应从冶金和工艺上采取相应的措施，包括焊接材料的选择、焊缝成形系数的控制、采用小电流快速焊、接触腐蚀介质的一侧最后焊等。

五、编制焊接工艺应注意事项

在设备制造中，焊接工艺规程是规定性工艺文件，带有一定的强制性，因此，焊接工艺编制时除注意前述焊接工艺要点外，还应注意以下焊接工艺的一般要求。

（一）正确性

焊接工艺的正确性是指焊接工艺本身的各项要求，如坡口形式及尺寸、焊接方法选用、焊材选择、焊接顺序、焊接工艺参数、焊前预热、焊后热处理等，均应符合焊接的基本规则与工厂的生产实际。

（二）完整性

焊接工艺的完整性有两层含义。一是对某一产品来说，受压元件之间的焊缝以及与受压元件相焊的焊缝均应制定焊接工艺，例如承压设备内件与壳体内壁相焊焊缝、铭牌架与壳体外壁相焊焊缝、管板堆焊焊缝等，都要有焊接工艺，而不仅仅限于 A、B、C、D 四类接头；另一含义是对某一工艺卡来说，对该节点所需的焊接工艺参数、施焊要点、工艺装备等均应列出，否则也称为不完整。例如清理方式、氩弧焊背面是否加保护气、层间温度控制、焊接顺序等，均应在工艺卡上标明。

工程案例

大型桥式起重机钢板拼接工艺要点

（三）有效性

焊接工艺的有效性主要是指所编工艺要能起到指导焊接施工的作用。这就要求所编的工艺焊工必须能看得到，看得懂，对于复杂设备和新产品，焊接工艺编制人员还应通过工艺交底让焊工掌握工艺要点，并督促工艺实施。

项目实训

一、实训描述

完成焊接工艺制定与评定的信息收集和归纳理解。

二、实训目标

通过焊接工艺编制及焊接工艺评定信息检索的专门训练达到以下目的。

（1）掌握检索智能焊接技术专业相关文献的基本方法。

（2）学会常用电子资源数据库的使用方法。

（3）掌握编制焊接工艺规程及撰写焊接工艺评定报告的基本思路及方法。

（4）懂得如何获得和利用文献情报，提高独立查找所需信息和处理信息的能力，具备独立获取新知识的能力和分析、整理文献的能力，为后续的毕业论文及走向工作岗位后的技术攻关、科学研究打下良好的基础。

三、实训准备

（一）设备及文献资源准备

相关网络资源，相关工具书等。

（二）人员准备

1. 岗位设置

建议三人一组组织实施，设置焊接性分析员、焊接工艺编制员、焊接工艺评定员三个岗位。

2. 岗位职责

（1）焊接性分析员主要负责相关焊接性分析相关材料的检索、整理等工作。

（2）焊接工艺编制员主要负责焊接工艺编制相关材料的检索、整理等工作。

（3）焊接工艺评定员主要负责焊接工艺评定相关材料的检索、整理等工作。

（4）小组成员协作互助，共同参与任务实施的整个过程。

四、检索焊接性分析相关文献

焊接性分析员根据母材分析的基本思路搜索相关的文献资源，如不同材料化学成分，不同材料焊接性分析、焊接性试验等，并在表1-2中汇总查阅资料出处及对应内容所在位置，文献资源形式不限。

表1-2 焊接性分析资料检索汇总表

序号	资料出处	标题	主要内容
如	GB/T 700—2006	碳素结构钢	查阅碳素结构钢的牌号、尺寸、外形、重量及允许偏差、技术要求、试验方法、检验规则、包装、标志和质量证明书

五、检索焊接工艺规程相关文献

焊接工艺编制员根据制定焊接工艺规程的基本思路进行检索，如焊接方法、焊接设备、焊接材料、焊缝坡口形式及基本尺寸、焊前准备、焊接技术要求、焊接工艺参数、焊接热处理等相关文献资源，并在表1-3中汇总资料出处及对应内容所在位置，文献资源形式不限。

表 1-3　焊接工艺规程资料检索汇总表

序号	资料出处	标题	主要内容
如	JB/T 9186—1999	二氧化碳气体保护焊工艺规程	查阅细丝（焊丝直径不超过 1.6 mm）二氧化碳气体保护焊的基本规则及要求

六、检索焊接工艺评定相关文献

焊接工艺评定员根据焊接工艺评定的基本内容检索相关文献资源，如力学性能试验、金相试验、焊接检验、焊缝缺陷分类及说明、焊缝外观质量等，并在表 1-4 中汇总查阅资料出处及对应内容所在位置，文献资源形式不限。

表 1-4　焊接工艺评定资料检索汇总表

序号	资料出处	标题	主要内容
如	GB/T 2650—2022	金属材料焊缝破坏性试验 冲击试验	查阅金属材料焊接接头的夏比冲击试验方法，以测定试样的冲击吸收功

七、实训评价与总结

（一）实训评价

各小组针对资料检索的思路及内容进行展示汇报，根据汇报的结果进行小组自评、互评，教师进行点评。

（二）实训总结

小组讨论总结并撰写实施报告，主要从以下几个方面进行阐述。

（1）我们学到了哪些方面的知识？

（2）我们的职业素养得到哪些提升？

（3）通过本次实训我们有哪些收获，在今后对自己有哪些方面的要求？

中国港珠澳大桥荣获国际焊接最高奖"Ug 国际大奖"

2022 年 4 月，中国港珠澳大桥建设工程荣获国际焊接学会"Ugo Guerrera Prize"奖（简称 Ug 国际大奖）。

Ug 国际大奖是国际焊接最高奖项，授予近十年内国际工程建设领域大型的优秀焊接工程技术团队，每三年评选一次。港珠澳大桥工程是继 2010 年北京奥运会主会场国家体育场"鸟巢"工程之后，我国再次获得的国际焊接最高奖项。

港珠澳大桥（见图 1-2）是世界上最长的跨海大桥，地理条件复杂，设计时速 100 千米/小时，跨越珠江口伶仃洋海域，是连接香港、珠海、澳门的大型跨海通道。港珠澳大桥集隧、岛、桥为一体，全长 55 千米，工程规模宏大、条件复杂，备受瞩目。设计者对桥梁制造质量非常重视，提出 120 年寿命要求；采用长度 110～152.6 米的大节段吊装架设方案；要求 42.5 万吨钢结构在 4 年内完成制造，工期十分紧迫。

图 1-2　中国港珠澳大桥

2018 年 10 月 24 日，港珠澳大桥正式通车。从珠海至香港原本 4 小时的车程缩短至 30 分钟。港珠澳大桥是在"一国两制"条件下粤港澳三地首次合作共建的超大型基础设施项目，大桥东接香港特别行政区，西接广东省（珠海市）和澳门特别行政区。港珠澳大桥建成通车，极大缩短了香港、珠海和澳门三地间的时空距离，在大湾区建设中发挥了重要作用。港珠澳大桥作为中国从桥梁大国走向桥梁强国的里程碑之作，不仅代表了中国桥梁先进水平，更是中国综合国力的体现。

我国中铁山桥集团有限公司、武船重型工程股份有限公司、唐山开元机器人系统有限公司、天津大学等单位，参与板单元自动化焊接技术、免涂装耐候钢焊接技术、高效焊接技术、迷你机器人焊接技术等研究，打破传统的钢桥制造模式，提高自动化焊接水平，实现了"大型化、工厂化、标准化、装配化"的制作要求，全面提高了港珠澳大桥钢箱梁的制造质量。首次将机器人焊接技术应用于国内钢桥制造领域，建成国内首条板单元自动化生产线；首次在我国大跨度钢桥制造上采用免涂装耐候钢焊接技术，并取得多项发明专利，确保港珠澳大桥制造质量和工期，为我国钢桥制造业技术和装备提升起到引领示范作用。部分技术如图 1-3 到图 1-8 所示。

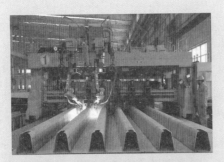

图1-3 板单元自动化组装系统

图1-4 板单元自动化焊接系统

图1-5 横隔板单元自动化焊接系统

图1-6 "中国结"拼装

图1-7 大节段钢箱梁运

图1-8 大节段钢箱梁海上吊装架设

中国港珠澳大桥工程中的科技创新：

国内首次研制的U形肋新型加工机床和组装焊接装备，解决了坡口加工质量和精度不易控制的难题；

研发了U形肋、板肋与面板组拼的自动组装机床，实现了自动行走、打磨、除尘、定位、压紧和定位焊的自动化。特别是采用机器人取代人工定位焊，国内外首创；

首次使用焊接机器人配合反变形翻转胎，实现多条加劲肋同步焊接，焊缝质量好，焊接效率高；

开发了焊接质量监控系统，实现了焊接参数的实时监控，确保了焊接质量可追溯性；

建立了国内首条钢箱梁板单元制造自动化生产线，首次实现大批量钢箱梁车间化拼装制造，从根本上避免了日照温差对钢桥制造精度产生不利影响，降低了不良气候对钢梁耐久性的影响；

青州航道桥桥塔采用双柱门形框架塔，为"中国结"造型，高50.30米，总宽28.09米，重780吨，采取整体镶嵌至163米高的桥塔，安装高度偏差控制在2毫米，倾斜度允许偏差仅为1/4000，填补了国内外桥梁将横系梁设计成异性结构形式的空白。

（资料来源：微信公众号"中铁山桥集团"）

1+X 考证任务训练

1. 解释下列名词：焊接性；焊接工艺；焊接工艺规程。

2. 金属材料的焊接性的含义是什么？材料焊接性的影响因素有哪些？

3. 常用焊接性试验方法种类有哪些？选用焊接性试验方法遵循的原则是什么？

4. 如何确定焊接工艺方案？焊接工艺方案的编制要点是什么？

5. 焊接工艺文件有哪些？

项目二　碳钢及低合金高强钢的焊接工艺认知

学习导读▶

　　本项目主要学习低碳钢、中碳钢、高碳钢及低合金高强度钢的种类、成分、性能特点、焊接性及焊接工艺要点，学习钢中合金元素的作用及对焊接性的影响。建议学习课时16课时。

学习目标▶

知识目标

（1）掌握低碳钢、中碳钢和高碳钢以及低合金高强度钢的种类、成分和性能。

（2）掌握低碳钢、中碳钢和高碳钢以及低合金高强度钢的焊接性。

（3）熟悉低碳钢、中碳钢和高碳钢以及低合金高强度钢的焊接工艺要点。

技能目标

（1）会分析低碳钢、中碳钢和高碳钢以及调质钢、耐热钢、低温钢的焊接性。

（2）会制定低碳钢、中碳钢和高碳钢以及调质钢、耐热钢、低温钢的焊接工艺参数。

（3）具备防止焊接裂纹等缺陷的能力。

素质目标

（1）通过学习榜样的力量，弘扬爱岗敬业、精益求精的工匠精神。

（2）树立控制焊接质量的意识。

任务一　认识常见焊接用碳钢及合金结构钢

一、焊接用碳钢

（一）碳钢的成分

　　碳钢是以铁为基本成分，碳含量低于2%，并有少量硅、锰以及磷、硫等杂质的铁碳合金。碳钢又称碳素钢。工业上应用的碳素钢碳含量一般不超过1.4%，因为含碳量超过此量后，钢表现出很大的硬脆性，并且加工困难，失去生产和应用价值。焊接用碳钢对杂质做了严格限制，另外还限制了铬、镍、铜、氮等元素的含量。

　　碳钢广泛地应用于船舶、车辆、桥梁、电站、锅炉、压力容器、建筑、家电、机械等行业，是钢材中用量最大、应用范围最广的钢材，也是目前焊接加工量最大、覆盖面最广的钢种。

（二）碳钢的分类

碳钢有不同的分类方法，按含碳量分为低碳钢（碳含量 ≤ 0.25%）、中碳钢（碳含量在 0.25% ～ 0.60% 之间）和高碳钢（碳含量 > 0.60%）；按钢材脱氧程度可分为沸腾钢、镇静钢和半镇静钢；按品质可分为普通碳素钢、优质碳素钢和高级优质碳素结构钢；按用途可分为结构钢和工具钢。根据某些行业特殊要求及用途，对普通碳素结构钢的成分和性能做调整，从而派生出一系列专业用碳素结构钢。其中与焊接关系密切的有压力容器用碳素钢、锅炉用碳素钢、桥梁用碳素结构钢和船用碳素结构钢等。

在焊接结构用碳钢中，常采用按含碳量分类的方法，因为某一含碳量范围内的碳素钢其焊接性比较接近，所以焊接工艺的制定原则也基本相同。

二、焊接用合金结构钢

用于制造工程结构和机器零件的钢统称为结构钢。合金结构钢是在普通碳素钢基础上添加适量的一种或多种合金元素而构成的铁碳合金。合金钢中除含硅和锰（作为合金元素或脱氧元素）外，还含有其他合金元素（如铬、镍、钼、钒、钛、铜、钨、铝、钴、铌、锆等），有的还含有某些非金属元素（如硼、氮等）。根据添加的元素，并采取适当的加工工艺，合金钢可获得高强度、高韧性、耐磨、耐腐蚀、耐低温、耐高温、无磁性等特殊性能。焊接结构制造中，合金结构钢主要用于制造压力容器、桥梁、船舶、大型金属构架及矿山冶金设备上的大型零部件。

根据国家标准 GB/T 13304.1—2008 和 GB/T 13304.2—2008 中合金结构钢中的低合金钢定义，其合金元素的质量分数一般不超过 5%。低合金钢的应用领域很广，种类繁多，分类的方法很多。对焊接生产中常用的一些低合金钢来说，综合考虑它们的性能和用途后，分为两大类：一类是高强度钢，主要应用于制造一些要求常规条件下能承受静载和动载的机械零件和工程结构，合金元素的加入是为了在保证足够的塑性和韧性的条件下获得不同的强度等级；另一类是专用钢，主要用于制造一些特殊条件下工作的机械零件和工程结构，它除了满足通常的力学性能外，还必须满足特殊环境下工作的要求，例如，专用钢还必须具有耐高温、耐低温或耐腐蚀等特殊性能的要求，这也就是这类钢的合金化特点。

（一）高强度钢

屈服点 $R_{eL} \geq 295$ MPa、抗拉强度 $R_m \geq 390$ MPa 的钢均称为高强度钢。这类钢主要用来制造一些在常规条件下承受静载荷或动载荷的零件或结构。对材料的主要的使用要求是保证产品在预定的工作条件下的力学性能。合金元素的加入是为了在保证足够塑性和韧性的条件下获得不同的强度等级，同时也可改善焊接性能。这类钢根据屈服点级别及热处理状态，一般又可分为三种类型：热轧及正火钢、低碳调质钢和中碳调质钢。

1. 热轧及正火钢

以热轧或正火状态供货和使用的钢称为热轧及正火钢。这类钢的 $R_{eL} = 295 \sim 490$ MPa，属非热处理强化钢，通过合金元素的固溶强化和沉淀强化而提高强度，包括微合金化控轧钢、抗层状撕裂的 Z 向钢等。这类钢广泛应用于常温下工作的一些受力结构，如压力容器、动力设备、工程机械、桥梁、建筑结构和管线等。但热轧及正火钢的强度受到强化方式的限制，只有通过热处理强化，才能在保证综合力学性能的基础上进一步提高强度。

2. 低碳调质钢

低碳调质钢的屈服强度（R_{eL}）= 441 ～ 980 MPa，$\omega_C \leq 0.25\%$，在调质状态下供货和使用，属于热处理强化钢。这类钢不仅强度高，而且具有优良的塑性和韧性，可直接在调质状态下焊接，焊后不需再进行调质处理。这类钢在焊接结构中得到了越来越广泛的应用，可用于大型工程机械、压力容器及舰船制造等。

低碳调质钢中合金元素的主要作用是提高钢的淬透性，通过调质处理得到低碳马氏体或贝氏体，不但提高了强度，而且保证了塑性和韧性。对同一强度级别的钢来说，调质钢比正火钢的合金元素含量低，从而具有更好的韧性和焊接性。新发展的 $R_{eL} \geqslant 490$ MPa 的 CF 钢，就属于含碳量极低（$\omega_C = 0.04\% \sim 0.09\%$）的微合金化调质钢，它具有很高的抗冷裂纹的性能和低温韧性。

低碳调质钢的缺点是：生产工艺复杂，成本高，进行热加工（成形、焊接等）时对工艺参数限制比较严格。

3. 中碳调质钢

中碳调质钢属于热处理强化钢，在调质状态下使用，这类钢的含碳量较高（$\omega_C > 0.3\%$），屈服强度（R_{eL}）一般在 $880 \sim 1176$ MPa 以上。它的淬硬性比低碳调质钢高得多，具有很高的硬度和强度，但塑性、韧性相对较低，给焊接带来很大的困难，一般需要在退火状态下进行焊接，焊后进行调质处理。这类钢主要用于制造一些大型的机械零件和要求减轻自重的高强度结构，如汽轮机、喷气涡轮机叶轮、飞机起落架和火箭的壳体等。

近年来这类钢中又开发出一些很有发展前途的新分支，如微合金化控轧钢、焊接无裂纹钢（CF 钢）、抗层状撕裂钢（Z 向钢）和焊接大热输入钢等。这些钢种的出现对进一步提高焊接质量和扩大焊接结构的应用具有重要的意义。

GB/T 1591—2018《低合金高强度结构钢》对钢的牌号、质量等级做了新的修订。

（1）原来低合金高强度结构钢仅要求碳（C）、硫（S）、磷（P）、硅（Si）、锰（Mn）的含量保证，而新标准中，要求增加微量元素铌（Nb）、钒（V）、钛（Ti）、铬（Cr）、镍（Ni）、铜（Cu）、钼（Mo）、氮（N）、铝（Al）等合金元素的含量保证，以更益于细化晶粒，提高强度、韧性、抗蚀性、耐磨性和淬硬性。

（2）GB/T 1591—2018 标准中还规定：将钢材下屈服强度改为上屈服强度，提高了名义强度值；系列钢材牌号中以 Q355 钢替代了原 Q345 钢。钢材在原来热轧状态（牌号为 Q355、Q390、Q420、Q460 共 4 种）交货的基础上，增加了正火与正火轧制钢（牌号为 Q355N、Q390N、Q420N、Q460N 共 4 种）、热机械轧制钢（牌号为 Q355M、Q390M、Q420M、Q460M、Q500M、Q550M、Q620M、Q690M 共 8 种）供工程应用。新增工艺类别的产品均具有更好的综合性能。

（3）对不同的钢材牌号规定了不同的质量等级，设计选材时，更适用于工程用材优化细化的要求。各牌号钢材的质量等级如表 2-1 所示。我们应按表 2-1 中的规定正确选用钢材质量等级，不应直接选用 A 级钢。

表 2-1 各牌号钢材的质量等级

钢材牌号	质量等级					
	A	B	C	D	E	F
Q355		√	√	√		√
Q355N		√	√	√	√	√
Q355M		√	√	√	√	
Q390		√	√	√		
Q390N		√	√	√	√	
Q390M		√	√	√	√	
Q420		√	√			
Q420N		√	√	√	√	

钢材牌号	质量等级					
	A	B	C	D	E	F
Q420M		√	√	√	√	
Q460		√				
Q460N			√	√	√	
Q460M			√	√	√	

注：1. Q460C 钢仅适用于型材和棒材，不适应于板材。
　　2. 钢材牌号不带后缀者为热轧状态钢材，带后缀"N""M"的分别为正火状态钢材和热机械轧制状态钢材。

（二）专业用钢

专业用钢是专用于某些特殊工作条件的钢种的总称，按用途不同分类品种很多，常用于焊接结构制造的有以下几类。

1. 珠光体耐热钢

珠光体耐热钢是以 Cr、Mo 为基础的低、中合金钢，随着工作温度的升高，还可以加入 V、W、Nb、B 等元素，具有较好的高温强度和高温抗氧化性，主要用于制造工作温度在 500～600℃的高温设备，如热动力设备和化工设备等。这种钢根据使用中的需要可以进行包括调质处理在内的各种热处理，焊后一般进行高温回火。

2. 低温钢

低温钢大部分是一些含 Ni 的低碳低合金钢，一般在正火或调质状态使用，主要用于各种低温装置（-40～-196℃）、严寒地区的一些工程结构（如桥梁和管线等）和露天矿山机械。近十几年来，在新能源方面由于液化石油气（≤-45℃）和液化天然气（-162℃）的开发和应用，需要大量的低温钢来制造存储和运输用的容器。与普通低合金钢相比，低温钢除了要满足通常的强度要求外，还必须保证在相应的低温条件下具有足够强的低温韧性。材料选用的主要依据是产品在工作温度下要求的韧度指标。

3. 低合金耐蚀钢

低合金耐蚀钢主要用于制造在大气、海水、石油、化工产品等腐蚀介质中工作的各种机械设备和焊接结构，除要求钢材具有合格的力学性能外，还应对相应的介质有耐蚀能力。耐蚀钢的合金系统随工作介质与腐蚀形式之不同而变化。应用低合金耐蚀钢，可以有效地减少因海水、大气等介质的腐蚀而消耗的钢材，据统计，全世界所有的金属制品中，每年由于腐蚀而报废的重量，大约相当于金属年产量的 1/3，因此，在合金结构钢中发展耐蚀钢具有重大的经济意义。

任务二　了解低碳钢的焊接工艺

低碳钢的含碳量小于 0.25%，塑性好，一般没有淬硬和冷裂倾向，其焊接性良好，一般不需要预热，所有的焊接方法都可以焊接。

低碳钢焊接要求焊缝和母材等强度，并具有良好的塑性和韧性。一般焊缝金属含碳量稍低于母材。适当的提高硅、锰的含量以及焊接时采用较高的冷却速度均可使焊缝金属和母材保持等强度。

一、焊接用低碳钢的成分和性能

焊接用低碳钢主要有普通碳素结构钢（如 Q215、Q235，质量等级分为 A、B、C、D 四级）、优质碳素结构钢（如 GB/T 699—2015《优质碳素结构钢》中的 08、10、15、20、25 等）、专业用钢（如 GB/T 713—2014《锅炉和压力容器用钢板》中的 20g、Q245R、Q345R，GB/T 6653—2017《焊接气瓶用钢板和钢带》中的 HP245、HP295，GB/T 712—2022《船舶及海洋工程用结构钢》中的一般强度钢，GB/T 714—2015《桥梁用结构钢》中的 Q235q 等）。

焊接常用低碳钢的化学成分和力学性能如表 2-2 和表 2-3 所示。

表 2-2　焊接常用低碳钢的化学成分

| 牌号 | 等级 | 化学成分（质量分数）/% | | | | | 标准 |
		C	Mn	Si	S ≤	P ≤	
Q215	A	0.09 ～ 0.15	0.25 ～ 0.55	≤ 0.30	0.050	0.045	GB/T 700—2006
	B				0.045		
Q235	A	0.14 ～ 0.22	0.30 ～ 0.65	≤ 0.30	0.050	0.045	
	B	0.12 ～ 0.20	0.30 ～ 0.70		0.045		
	C	≤ 0.18	0.35 ～ 0.80		0.040	0.040	
	D	≤ 0.17			0.035	0.045	
08		0.05 ～ 0.11	0.35 ～ 0.65	0.17 ～ 0.37	0.035	0.035	GB/T 699—2015
10F		0.07 ～ 0.13	0.25 ～ 0.50	≤ 0.07	0.035	0.035	
10		0.07 ～ 0.13	0.35 ～ 0.65	0.17 ～ 0.37	0.035	0.035	
15F		0.12 ～ 0.18	0.25 ～ 0.50	≤ 0.07	0.035	0.035	
15		0.12 ～ 0.18	0.35 ～ 0.65	0.17 ～ 0.37	0.035	0.035	
20		0.17 ～ 0.23	0.35 ～ 0.65	0.17 ～ 0.37	0.035	0.035	
25		0.22 ～ 0.29	0.50 ～ 0.80	0.17 ～ 0.30	0.035	0.035	
20g		≤ 0.20	0.50 ～ 0.90	0.15 ～ 0.30	0.035	0.035	GB/T 713—2014
Q245R		≤ 0.20	0.50 ～ 0.90	0.15 ～ 0.30	0.035	0.035	GB/T 713—2014
船体用碳素结构钢	A	≤ 0.21	≥ 2.5C	≤ 0.50	0.035	0.035	GB/T 712—2022
	B	≤ 0.21	0.80 ～ 1.20	≤ 0.35			
	D	≤ 0.21	0.60 ～ 1.20				
	E	≤ 0.18	0.70 ～ 1.20				
HP245		≤ 0.16	≤ 0.60	≤ 0.35	0.035	0.035	GB/T 6653—2017
HP295		≤ 0.20	≤ 1.00				
Q235q	C	≤ 0.20	0.40 ～ 0.70	≤ 0.30	0.035	0.035	GB/T 714—2015
	D	≤ 0.18	0.50 ～ 0.80	≤ 0.30	0.025	0.025	

表 2-3 焊接常用低碳钢的力学性能

牌号	等级	力学性能				
		屈服点 R_{eL}/MPa	抗拉强度 R_m/MPa	伸长率 A_5/%	收缩率 Z/%	冲击吸收功 /J
Q215	A	165 ～ 215（板厚区别对待）	335 ～ 450	26 ～ 31	—	—
	B					（20℃）27
Q235	A	185 ～ 235（板厚区别对待）	370 ～ 500	21 ～ 26	—	—
	B					（20℃）27
	C					（0℃）27
	D					（-20℃）27
08		≥ 195	≥ 325	≥ 33	≥ 60	—
10F		≥ 185	≥ 315	≥ 33	≥ 55	—
10		≥ 205	≥ 335	≥ 31	≥ 55	—
15F		≥ 205	≥ 355	≥ 29	≥ 55	—
15		≥ 225	≥ 375	≥ 27	≥ 55	—
20		≥ 245	≥ 410	≥ 25	≥ 55	—
25		≥ 275	≥ 450	≥ 23	≥ 50	71
20g		225 ～ 245（16 ～ 60 mm）	400 ～ 520	26 ～ 23（16 ～ 60 mm）	—	27
Q245R		225 ～ 245（16 ～ 60 mm）	400 ～ 520	25（16 ～ 60 mm）	—	31
船体用碳素结构钢	A	≥ 235	400 ～ 520	≥ 22	—	—
	B					（0℃）27
	D					（-20℃）27
	E					（-40℃）27
HP245		≥ 245	≥ 390	≥ 28	—	27
HP295		≥ 295	≥ 440	≥ 26		
Q235q	C	215 ～ 235（16 ～ 50 mm）	375 ～ 390（16 ～ 50 mm）	≥ 26	—	（0℃）27
		205（50 ～ 100 mm）	375（50 ～ 100 mm）			
	D	215 ～ 235（16 ～ 50 mm）	375 ～ 390（16 ～ 50 mm）	≥ 26	—	（-20℃）27
		205（50 ～ 100 mm）	375（50 ～ 100 mm）			

二、低碳钢的焊接性分析

低碳钢的含碳量在 0.25% 以下，含锰量在 0.25%～0.80% 之间，含硅量小于 0.35%。按国际焊接学会推荐的碳当量计算公式计算，其碳当量（CE）在 0.40% 以下时，焊接性非常优良，一般情况下不必采取预热、控制层间温度和焊后保温措施。但焊接低碳钢时，可能会出现以下问题。

（1）结构刚性过大的情况下，为了防止拉裂，焊前有必要适当预热至 100～150℃。

（2）当焊件温度低于 0℃时，一般应在始焊处 100 mm 范围内预热到手感温暖程度（约 15～30℃ 之间）。

（3）杂质 S、P 含量严重超标时（沸腾钢中较为多见），易于在晶界形成低熔点共晶产物聚集，导致熔合线附近产生液化裂纹，甚至在焊缝区产生热裂纹。

（4）焊缝扩散氢含量过大时，在厚板和 CE > 0.15% 情况下有产生氢致裂纹的可能性，在厚板 T 形接头和角接接头焊接时还有可能出现层状撕裂。焊缝含氮量超标时（> 0.008%）则会引起接头塑性和韧性的急剧降低。

（5）在焊接过热条件下，有可能在熔合区出现魏氏组织。

（6）用热输入较大的焊接方法（如埋弧焊、粗丝熔化极气体保护焊、电渣焊）会因热影响区晶粒粗大而导致接头塑性和韧性的下降。

三、低碳钢的焊接工艺

（一）焊接方法的选择

低碳钢焊接性优良，是所有钢材料中最易于施焊的。而且低碳钢非常适宜熔化焊，工程结构常用的各种熔焊方法，如焊条电弧焊、埋弧焊、电渣焊、各类熔化极或钨极气体保护焊、等离子弧焊、气焊等均可使用。同属熔焊范畴的热剂焊、激光焊和电子束焊，尽管焊接性优良，但一般较少用于低碳钢焊接。熔焊外的其他焊接方法，如电阻焊、摩擦焊、钎焊等也能用于低碳钢的焊接。近年来，各种高效率、高质量的焊接工艺和方法被开发，如单面焊双面成形、高效率铁粉焊条和重力焊条电弧焊、氩弧焊封底 - 焊条电弧焊联合使用法、采用烧结焊剂和快速焊剂的埋弧焊、窄间隙埋弧焊、药芯焊丝气体保护电弧焊、旋转电弧加热焊等。这些高效率、高质量的焊接方法在低碳钢结构中的应用日益广泛。

（二）焊接材料的选择

焊接方法确定后，此种焊接方法对应的焊接材料种类即确定。对低碳钢焊接材料，一般根据其强度和结构的重要性，选用相配套的焊接材料。

所选用或实际使用的焊接材料，应首先保证焊接接头最小强度不低于母材最小抗拉强度。此外还应根据熔敷金属的最低强度级别与母材最小抗拉强度要求做匹配，但焊后焊缝金属的实际强度与母材强度的关系，与熔敷金属和母材金属的 C、Mn、Si 含量差异有关。熔敷金属的合金元素最终进入焊缝中的数量，与参与脱氧的合金元素数量有关，参与脱氧的合金元素越多，最后焊缝金属中的合金元素的量就越少，有可能造成焊缝金属的强度低于母材。

对于重要的低碳钢结构，选择焊接材料时，还应考虑熔敷金属的塑性和冲击韧度要求。选用原则是应使焊接材料熔敷金属的塑性或冲击性能指标尽量达到或接近母材的塑性或冲击性能最低要求。

常用低碳钢的匹配焊条和施焊条件如表 2-4 所示。几种碳钢埋弧焊常用焊接材料选择如表 2-5 所示。

表2-4　常用低碳钢匹配的焊条和施焊条件

钢号	焊条选用				施焊条件
	一般结构（包括壁厚不大的中、低压容器）		承受动载荷或复杂的厚板结构，壁厚较大的压力容器低温环境下焊接		
	国标型号	牌号	国标型号	牌号	
Q235	E4303、E4313、E4301、E4320、E4311	J421、J422、J423、J424、J425	E4316、E4315（E5016、E5015）	J426、J427（J506、J507）	一般不预热
Q255					
Q275	E5016、E5015	J506、J507	E5016、E5015	J506、J507	厚板结构预热150℃以上
08、10、15、20	E4303、E4301、E4320、E4311	J422、J423、J424、J425	E4316、E4315（E5016、E5015）	J426、J427（J506、J507）	一般不预热
25、30	E4316、E4315	J426、J427	E5016、E5015	J506、J507	厚板结构预热150℃以上
20g	E4303、E4301	J422、J423	E4316、E4315（E5016、E5015）	J426、J427（J506、J507）	一般不预热
Q245R	E4303、E4301	J422、J423	E4316、E4315（E5016、E5015）	J426、J427（J506、J507）	一般不预热

注：表中括号内表示可以代用。

表2-5　碳钢埋弧焊常用焊接材料选择

钢号	埋弧焊焊接材料的选用		
	焊丝	焊剂	
		牌号	国际型号
Q235	H08A	HJ431、HJ430	F4Ax-H08A
Q255	H08A		
Q275	H08MnA		
15、20	H08A、H08MnA		—
25、30	H08MnA、H10Mn2		—
20g	H08MnA、H08MnSi、H10Mn2	HJ431、HJ430	F4A2-H08MnA
Q245R	H08MnA、H08MnSi、H10Mn2	HJ431、HJ430	F4A2-H08MnA

用焊条电弧焊焊接低碳钢时，母材和焊条的匹配有以下几点要求。

（1）匹配基础是等强原则。

（2）不同强度的低碳钢焊接时，按强度较低一侧的母材选择焊条，即通常所指的"低匹配原则"。

（3）同一强度级别的焊条，如无特殊情况应选择交直流两用的焊条。

（4）结构刚性过大，承受动载或交变载荷，工作温度较低（低于0℃）时，应优先选择碱性焊条。

低碳钢埋弧焊应按等强原则进行匹配,一般选用实芯焊丝,如 H08A 或 H08E 焊丝与高锰高硅低氟熔炼焊剂 HJ430、HJ431、HJ433 配合,应用甚广。焊接时,焊剂中 MnO 和 SiO_2 在高温下与铁反应,还原出 Mn 和 Si 进入溶池。熔池冷却时它们又成为脱氧剂,同时还有足够数量余留下来成为合金剂。焊接时有足够数量的 Mn 和 Si 的过渡,从而保证焊缝良好脱氧和合格的力学性能。所以,如选择无锰型、低锰型或中锰型焊剂,则焊丝应选用 H08MnA 或其他合金焊丝。

二氧化碳气体保护焊用焊丝可分为实芯焊丝和药芯焊丝两大类。用 MIG(熔化极惰性气体保护电弧焊)焊接低碳沸腾钢、半镇静钢,为防止由于钢中氧的有害作用而出现气孔,应选用有脱氧能力的焊丝。

电渣焊的熔池温度比埋弧焊低,焊接过程中焊剂的更新量较少,所以焊剂中的硅、锰还原作用弱。因此低碳钢电渣焊时,若仍按埋弧焊选 H08A 和高锰高硅低氟焊剂,则焊缝中得不到足够数量的硅和锰;另一方面,根据共存原则,锰的过渡与焊剂碱性关系很大,碱度越大,锰的过渡系数越大。为此,低碳钢电渣焊应选用中锰高硅中氟的 HJ360 与 H10Mn2 或 H10MnSi 焊丝配合,也可使用高锰高硅低氟的 HJ430 与 H10MnSi 焊丝匹配。

(三)焊接工艺要点

为确保低碳钢焊接质量,在焊接工艺方面须注意以下几点。

(1)焊前清除焊件表面铁锈、油污、水分等杂质,焊接材料使用前必须按说明书进行烘干。

(2)角焊缝、对接多层焊的第一层焊缝以及单道焊缝要避免采用窄而深的坡口形式,以防止出现裂纹、未焊透、夹渣等焊接缺陷。

(3)焊接刚性大的构件时,为了防止产生裂纹,宜采用焊前预热和焊后消除应力的措施。

(4)在环境温度低于 −10℃ 的条件下焊接低碳钢结构时接头冷却速度较快,为了防止产生裂纹,应采取以下减缓冷却速度的措施。

①焊前预热,焊时保持层间温度。

②采用低氢或超低氢焊接材料。

③定位焊时加大焊接电流,减慢焊接速度,适当增加定位焊缝截面和长度。必要时预热。

④整条焊缝连续焊完,尽量避免中断。

⑤不在坡口以外的母材上引弧,熄弧时,弧坑要填满。

⑥弯板、矫正和装配时,尽可能不在低温下进行。

⑦尽可能改善严寒下的劳动条件。

以上措施可单独采用或联合采用。低碳钢低温下焊接时的预热温度如表 2-6 所示。

表 2-6 低碳钢低温下焊接时的预热温度

环境温度 /℃	焊件厚度 /mm		预热温度 /℃
	梁、柱、桁架	管道、容器	
−30 以下	≤ 30	≤ 16	100 ~ 150
−20 ~ −30	31 ~ 34	17 ~ 30	100 ~ 150
−10 ~ −20	35 ~ 50	31 ~ 40	100 ~ 150
0 ~ −10	51 ~ 70	41 ~ 50	100 ~ 150

任务三 了解中碳钢的焊接工艺

中碳钢的含碳量为 0.25% ～ 0.60%，含锰量为 0.5% ～ 1.2%，含硅量为 0.17% ～ 0.37%。中碳钢除大量用于机器零件外，有些船舶、建筑钢结构也采用中碳钢，在实际工程中经常需要进行中碳钢的焊接。

中碳钢的焊接性随含碳量的增加逐步变差，加上 S、P 的影响，易产生热裂。这就要求焊接人员掌握中碳钢的焊接工艺要点：焊接方法应选用焊接热输入小的焊接方法；焊接材料尽量选用抗裂性好的低氢型焊条，考虑等强度匹配原则。

一、焊接用中碳钢的成分和性能

焊接用中碳钢主要有常用的优质碳素结构钢（如 30、35、45、55）和一般工程用铸钢（如 ZG270-500、ZG310-570、ZG340-640 等）。

焊接常用中碳钢的化学成分和力学性能如表 2-7 和表 2-8 所示。

表 2-7 焊接常用中碳钢的化学成分

牌号	化学成分（质量分数）/%					标准
	C	Mn	Si	S	P	
				≤		
30	0.27 ～ 0.34	0.50 ～ 0.80	0.17 ～ 0.37	0.035	0.035	GB/T 699—2015
35	0.32 ～ 0.39	0.50 ～ 0.80	0.17 ～ 0.37	0.035	0.035	
45	0.42 ～ 0.50	0.50 ～ 0.80	0.17 ～ 0.37	0.035	0.035	
55	0.52 ～ 0.60	0.50 ～ 0.80	0.17 ～ 0.37	0.035	0.035	
ZG270-500	≤ 0.40	≤ 0.90	≤ 0.50	0.040		GB/T 11352—2009
ZG310-570	≤ 0.50	≤ 0.90	≤ 0.60			
ZG340-640	≤ 0.60	≤ 0.90	≤ 0.60			

表 2-8 焊接常用中碳钢的力学性能

牌号	力学性能				
	屈服点（R_{eL}）/MPa	抗拉强度（R_m）/MPa	伸长率（A_5）/%	收缩率（Z）/%	冲击吸收功/J
30	≥ 295	≥ 490	≥ 21	≥ 50	63
35	≥ 315	≥ 530	≥ 20	≥ 45	55
45	≥ 355	≥ 600	≥ 16	≥ 40	39
55	≥ 380	≥ 645	≥ 13	≥ 35	—
ZG270-500	≥ 270	≥ 500	≥ 18	≥ 25	22
ZG310-570	≥ 310	≥ 570	≥ 15	≥ 21	15
ZG340-640	≥ 340	≥ 640	≥ 10	≥ 18	10

二、中碳钢的焊接性分析

中碳钢 ω_C 范围为 0.25% ～ 0.60%。当 ω_C 接近 0.30% 时，焊接性良好，随着 ω_C 的增加，焊接性逐渐变差，主要的问题是热影响区（HAZ）可能产生硬脆的马氏体组织，使其强度改变、脆化和硬化，冷裂纹敏感性增大。焊接时，因熔化母材中的碳（C）进入熔池，导致焊缝金属碳含量增加，也增加了气孔的敏感性。另外，随着碳含量的增加，增加了焊缝中的 S、P 偏析，焊缝产生热裂纹倾向增大。这种热裂纹在弧坑处较为敏感。

中碳钢既可用作强度较高的结构件，也可用作机械部件和工具。用作机械部件时，要求其强韧性匹配，甚至同时要求具备耐磨性。用作工具时，又要求其坚硬耐磨而非高强度。无论是高强度还是耐磨，常常通过热处理来达到所期望的性能。因此，中碳钢焊接前应已经正火或调质（淬火＋高温回火），如 45 钢作轴类零件时，是预先经过调质处理的。

若中碳钢焊前为退火状态，焊后可以进行调质处理以达到焊接构件的设计性能要求。焊接时选择的焊接材料十分重要和关键，应该保证焊缝在调质处理后同样能达到母材所期望的强韧性或耐磨性要求。若焊前为调质处理状态，一方面应保证焊接后焊缝的性能达到焊接构件的设计性能要求，另一方面，应保证焊接热影响区不过度软化，同时也应保证焊接热影响区不出现明显的硬化区和性能脆化区。降低热影响区软化的办法是采用较小的焊接热输入，而防止焊接热影响区硬化的办法是减缓冷却速度，如预热、后热、适当提高焊接热输入。若这些工艺措施仍不能保证焊缝和热影响区性能达到设计指标，可采取整体热处理办法解决。

三、中碳钢的焊接工艺

（一）焊接方法的选择

中碳钢焊接性较差，焊接方法应选用焊接热输入易控制且较小的方法，如焊条电弧焊、CO_2 气体保护焊、氩弧焊等。

不推荐使用埋弧焊，如必须使用，也只限于 $\omega_C<0.40\%$ 的中碳钢中薄板，如含碳量处于下限的 35 钢（ω_C 为 0.32% ～ 0.40%）及 30 钢（ω_C 为 0.27% ～ 0.35%）。焊接时选用低碳优质焊丝，如 H08A、H08E、H08MnA；匹配硅钙型烧结焊剂，如 SJ301、SJ302。焊前应 150℃ 预热，焊后立即进行去应力处理或去氢处理。

生产中，中碳钢埋弧焊产生裂纹的风险较大，在焊条电弧焊和 TIG 焊可以替代的情况下，慎用埋弧焊。

与埋弧焊相比，电渣焊由于其渣池对焊件良好的预热作用，以及冷却速度缓慢的特点，更适宜于中碳钢的焊接。若焊丝－焊剂组合选配恰当，焊接工艺参数合适，则焊缝及热影响区一般不会出现淬硬组织，焊后产生冷裂纹的倾向也小。缺点是只适合于厚板长直焊缝，且焊后应进行正火热处理以细化晶粒。如大型齿轮毛坯、电机底座、压力机机架、压力机轴辊、大型油压机支柱和柱体的焊接，用电渣焊能减少制造时间，节省焊剂消耗。

对于在中碳钢表面堆焊合金层，应选用低氢焊接方法（如 CO_2 气体保护焊）或低氢焊接材料（如埋弧焊），采用碱度较高的焊剂。为防止堆焊层剥离，可采用碳含量低、合金元素少的焊材先堆焊过渡层，再堆焊合金层。

修复厚大的中碳钢铸钢件时，应保证焊前预热温度比钢板预热温度高，焊后应立即进行消除应力处理。

（二）焊接材料的选择

1. 尽量选用低氢型焊接材料

应尽量选用抗裂性好的低氢型焊条，因为熔敷金属扩散氢量少，去硫能力强，故熔敷金属塑性、韧性良好，抗裂性好。如果选用非低氢型焊条（如钛铁矿型或钛钙型焊条）进行焊接，必须采取严格的工艺措施（如控制预热温度、减少母材熔合比等），才能获得满意的结果。

2. 注意焊缝金属与母材强度匹配

要求焊缝金属与母材等强度时，应选用强度级别相当的低氢碱性焊条；不要求等强时，则选用强度级别比母材约低一级的低氢型焊条，以提高焊缝的塑性、韧性和抗裂性能。例如，焊接母材为 490MPa 的钢，可选用 E4316、E4315 焊条。

3. 在特殊情况下选择合适的焊接材料

如母材不允许预热时，可选用铬－镍奥氏体不锈钢焊条焊接，焊缝金属为奥氏体组织，塑性好，可减少焊接接头应力，避免热影响区冷裂纹的产生。用于中碳钢焊接的铬－镍奥氏体不锈钢焊条有 E308-16（A102）、E308-15（A107）、E309-16（A302）、E309-15（A307）、E310-16（A402）、E310-15（A407）等。

4. 考虑焊前状态

用中碳钢制作的工具、模具，多数要求有较高的硬度和耐磨性，而强度不做高要求，常需要用热处理来满足性能要求。此时，选择焊接材料应考虑：若在热处理前即退火状态下焊接，则选用的焊条必须使焊缝金属成分与母材相近，以使焊后经热处理的焊缝金属达到与母材相同的性能；若在热处理后（一般为调质处理）的部件上焊接，则必须选用低氢碱性焊条，采取相应工艺措施，以防止裂纹和降低热影响区的软化。

（三）焊接工艺要点

（1）焊前预热。在大多数情况下，中碳钢焊接需要预热，控制层间温度（一般不能低于预热温度），以降低焊缝金属和热影响区的冷却速度，抑制马氏体的形成，提高焊接接头的塑性，减小残余应力。预热温度取决于碳当量、母材厚度、结构刚度、焊条类型和工艺方法，如表 2-9 所示。对于刚度大的大型结构需采取局部预热时，要注意防止由于预热不当引起应力的增加。

表 2-9 中碳钢焊接用焊条、预热及消除应力热处理温度

钢号	焊条						板厚 /mm	预热及层间温度 /℃	消除应力热处理温度 /℃
	不要求等强度		要求等强度		要求高塑、韧性				
	型号	牌号	型号	牌号	型号	牌号			
30	E4316	J426	—	—			25 ～ 50	> 100	600 ～ 650
	E4315	J427			E308-16 E309-16 E309-15 E310-16 E310-15	A102 A302 A307 A402 A407			
35	E4303	J422	E5016	J506					
	E4301	J423	E5015	J507			50 ～ 100	> 150	600 ～ 650
ZG270-500	E4316	J426	E5516	J556					
	E4315	J427	E5515	J557					

续表

钢号	焊条						板厚/mm	预热及层间温度/℃	消除应力热处理温度/℃
	不要求等强度		要求等强度		要求高塑、韧性				
	型号	牌号	型号	牌号	型号	牌号			
45	E4316	J426	E5516	J556			≤ 100	> 200	600 ～ 650
	E4315	J427	E5515	J557					
ZG310-570	E5016	J506	E6016	J606	E308-16	A102			
	E5015	J507	E6015	J607	E309-16	A302			
55	E4316	J427	E6016	J606	E309-15	A307	≤ 100	> 250	600 ～ 650
	E4315	J426	E6015	J607	E310-16	A402			
ZG340-640	E5016	J506	—	—	E310-15	A407			
	E5015	J507	—	—					

注：用铬－镍奥氏体不锈钢焊条时，预热温度可降低或不预热。

（2）为减少热裂纹和消除气孔，宜采用U形坡口，也可用V形坡口，以降低母材熔合比。焊前应将焊补处的缺陷、裂纹、夹渣等彻底清除，清除油污、氧化物等杂质。需要定位焊时，焊缝不宜过小。

（3）第一层焊缝应用小直径焊条，小电流慢速焊接，以减小熔深，防止出现裂纹，但要注意熔透。焊条进行400℃、2 h烘干。

（4）焊接时锤击焊缝减少残余应力。

（5）采用直流反接，焊接电流较低碳钢小10% ～ 15%。

（6）焊后处理。焊后最好立即进行消除应力热处理，至少应在焊件冷却到预热温度或层间温度之前进行，特别是对大厚度工件、大刚度结构件。消除应力回火温度一般为600 ～ 650℃，焊件在炉中加热和冷却应平缓，以减少截面厚度方向的温度梯度。

（7）后热。若焊后不能立即消除应力，也应当进行后热，便于扩散氢逸出。后热温度视具体情况而定，后热保温时间大约每10 mm厚度为1 h左右。

任务四　了解热轧及正火钢的焊接工艺

一、热轧及正火钢的成分与性能

屈服强度为295 ～ 490 Mpa的低合金高强钢，一般是在热轧或正火状态下供货使用，故称为热轧钢或正火钢，属于非热处理强化钢。典型热轧及正火钢的化学成分如表2-10所示，力学性能如表2-11所示。

表 2-10 几种典型热轧及正火钢的化学成分

牌号	化学成分（质量分数）/%											备注
	C	Mn	Si	S ≤	P ≤	V	Nb	Ti	Cr	Ni	其他	
Q295	≤ 0.16	0.80 ～ 1.50	≤ 0.55	0.040	0.040	0.02 ～ 0.15	0.015 ～ 0.06	0.02 ～ 0.20				
Q345	≤ 0.20	1.00 ～ 1.60	≤ 0.55	0.040	0.040	0.02 ～ 0.15	0.015 ～ 0.06	0.02 ～ 0.20				
Q390	≤ 0.20	1.00 ～ 1.60	≤ 0.55	0.040	0.040	0.02 ～ 0.20	0.015 ～ 0.06	0.02 ～ 0.20				
Q420	≤ 0.20	1.00 ～ 1.70	≤ 0.55	0.040	0.040	0.02 ～ 0.20	0.015 ～ 0.06	0.02 ～ 0.20				
18MnMoNbR	≤ 0.22	1.20 ～ 1.60	0.15 ～ 0.50	0.030	0.035		0.025 ～ 0.05				Mo 0.45 ～ 0.65	
13MnNiMoNbR	≤ 0.15	1.20 ～ 1.60	0.15 ～ 0.50	0.025	0.025		0.005 ～ 0.02		0.20 ～ 0.40	0.60 ～ 1.00	Mo 0.20 ～ 0.40	
WH530	≤ 0.18	1.20 ～ 1.60	0.20 ～ 0.55	0.030	0.030		0.01 ～ 0.040					武汉钢铁公司研制
19Mn5	0.17 ～ 0.23	1.00 ～ 1.30	0.40 ～ 0.60	0.050	0.050							
D36	0.12 ～ 0.18	1.20 ～ 1.60	0.10 ～ 0.40	0.006	0.02	0.02 ～ 0.08	0.02 ～ 0.050					Z 向钢
X60	≤ 0.12	1.00 ～ 1.30	0.10 ～ 0.40	0.025	0.030							管线钢

注：Q295、Q345、Q390、Q420 四种钢，以 ω_P、ω_S 含量不同分为 A ～ E 五级，表列数据为 B 级。

表 2-11 几种典型热轧及正火钢的力学性能

牌号	热处理状态	力学性能			
		R_{el}/MPa	R_m/MPa	A_5/%	冲击吸收功 /J
Q295	热轧	≥ 295	390 ～ 570	≥ 23	34（20℃，纵向）
Q345	热轧	≥ 345	470 ～ 630	≥ 21	34（20℃，纵向）
Q390	热轧	≥ 390	490 ～ 650	≥ 19	34（20℃，纵向）
Q420	正火	≥ 420	520 ～ 680	≥ 18	34（20℃，纵向）
18MnMoNbR	正火 + 回火	≥ 490	≥ 637	≥ 16	34（20℃，横向）
13MnNiMoNbR	正火 + 回火	≥ 392	569 ～ 735	≥ 18	31（0℃，横向）
WH530	正火	≥ 370	530 ～ 660	≥ 20	31（-20℃）
19Mn5	正火 + 回火	≥ 304	510 ～ 608	—	49（20℃）
D36	正火	≥ 353	≥ 490	≥ 21	34（-40℃）
X60	控轧	≥ 414	≥ 517	20.5 ～ 23.5	54（-10℃）

（一）热轧钢

屈服强度为 295 ~ 390 MPa 的钢，大都属于热轧钢。热轧钢的合金系统基本上为 C-Mn 系或 C-Mn-Si 系，主要靠 Mn、Si 的固溶强化作用提高强度，也可再加入 V、Nb 以达到细化晶粒和沉淀强化的作用。在低碳（$\omega_C \leqslant 0.2\%$）条件下，$\omega_{Mn} \leqslant 1.6\%$，$\omega_{Si} \leqslant 0.6\%$ 时，可以保持较高的塑性和韧性。Si 的质量分数超过 0.6% 后对韧性不利，使韧脆转变温度提高。C 的质量分数超过 0.3% 或 Mn 的质量分数超过 1.6% 后，焊接时易出现裂纹，在热轧钢焊缝区还会出现淬硬组织。因此，合金元素的用量与钢的强度水平都受到限制。热轧钢的综合力学性能和加工工艺性能都较好，而且原材料资源丰富，冶炼工艺简单，因而在国内外得到普遍应用。

Q345（2019 年后现行标准规定由 Q355 取代）是我国于 20 世纪 50 年代（1957 年）研制生产和应用最广泛的热轧钢，用于南京长江大桥和我国第一艘万吨远洋货轮。我国低合金钢系列中的许多钢种是在 Q345 基础上发展起来的。与 Q235 相比，ω_{Mn} 由 0.65% 提高到 1.00% ~ 1.6%。并加入微量 V、Nb、Ti 等元素，强度提高近 50%。以 Q345 取代 Q235，可节约材料 20% ~ 30%。按照钢中硫、磷的含量，Q345 又分为 A ~ E 5 个质量等级。其中 Q345A 相当于旧牌号的 16Mn，Q345C 相当于锅炉压力容器用钢中的 16Mng 和 16MnR。

Q390 钢是在 Q345 的基础上提高了钒的含量，并加入一定量的铬（$\omega_{Mn} \leqslant 0.30\%$）和镍（$\omega_{Ni} \leqslant 0.70\%$）而成的。V 的增加进一步保证了沉淀强化作用和细化晶粒作用。铬（Cr）是固溶强化元素，而且能增加钢中珠光体的相对含量，少量的 Cr 对钢的塑性无明显影响。镍也是固溶强化元素，对一般非热处理强化钢，加入镍（Ni）可提高强度而不降低塑性和韧性。

热轧钢的组织为细晶粒铁素体 + 珠光体，一般在热轧状态下使用。在特殊情况下，如要求提高冲击韧度和板厚，也可在正火状态下使用。例如，Q345 在个别情况下，为了改善综合性能，特别是厚板的冲击韧度，可进行 900 ~ 920℃ 正火处理，正火后强度略有降低，但塑性、韧性（特别是低温冲击韧度）有所提高。

（二）正火钢

正火钢屈服点一般在 345 ~ 490 MPa 之间，它在 C-Mn 系或 Mn-Si 系的基础上除添加固溶强化元素外，再添加一些碳、氮化合物形成元素，如 V、Nb、Ti 和 Mo 等，通过正火处理后形成细小的碳、氮化合物从固溶体中沉淀析出，并同时起到细化晶粒的作用，从而在提高钢材强度的同时，改善了塑性和韧性。正火钢中的含钼钢需在正火 + 回火条件下才能保证良好的塑性和韧性。因此，正火钢又可分为在正火状态下使用的和正火 + 回火状态下使用的两类。

1. 正火状态下使用的钢

这类钢中除 Q390（15MnTi）外，主要是含 V、Nb 钢。利用 Nb 和 V 的碳、氮化物的沉淀强化和细化晶粒的作用来达到良好的综合性能。另外，利用 Nb 和 V 的强化作用，可以适当地降低钢的含碳量，有利于改善材料的焊接性和韧性。属于这种类型的钢有 Q420、WH530 和 WH590 等。Q420 的化学成分与 Q390 相比，ω_{Mn} 和 ω_{Cr} 的上限值略有提高。为了保证碳化物充分析出，需要进行正火处理。由于碳化物质点的沉淀强化与细化晶粒作用，在提高强度的同时还能改善韧性。此外，碳化物的析出降低了固溶在基体中的碳，使淬透性下降的同时，焊接性亦有所改善。

WH530 是武汉钢铁公司为了适应市场需要研制的新钢种，其强度、韧性优于目前应用较广泛的 16MnR，焊接性良好。该钢的供货牌号为 15MnNbR（WH530）。WH530 钢板的成功研制与生产，为水电站压力钢管、压力容器（特别是球形储罐）用钢提供了新的品种。

WH590 的供货牌号为 17MnNiVNbR，它是属于 $R_m \geqslant 590$ MPa 且具有高韧性和优良焊接性的正火型高强度钢。WH590 的研制成功，将对改变我国液化气体槽车壁厚大、自重系数高、容量比小的现象有明显的效果，从而有力地促进国产槽车的大型化。

2. 正火 + 回火状态使用的含 Mo 钢

这类钢中一般加入少量 Mo（$\omega_{Mo} \leqslant 0.5\%$），Mo 可以提高强度、细化组织，并提高钢的中温耐热性能。但含 Mo 钢在正火后往往得到上贝氏体 + 少量铁素体，韧性和塑性指数不高，必须在正火后进行回火才能获得良好的塑性和韧性。大多数含 Mo 的低合金钢是在 Mn-Mo 系的基础上添加 Ni 或 Nb，Ni 可提高厚板的低温韧性，如 13MnNiMoNb 钢。

13MnNiMoNb 钢是我国在 20 世纪 80 年代末引进国外配方研制而成的。由于含碳量低（$\omega_C \leqslant 0.16\%$），合金化配方合理，因此这种钢具有较高的强度和韧性，并有良好的焊接性，特别是对再热裂纹的敏感性很低。13MnNiMoNb 钢在制造高压锅炉锅筒及其他高压容器中得到广泛应用。

Mn-Mo 系中加入少量的 Nb，可以进一步提高钢的强度。18MnMoNb（Q490）钢的 $R_{eL} \geqslant 490$ MPa，主要用于制造高压锅炉锅筒，但由于含碳量较高（ω_C 为 0.17% ～ 0.23%），焊接性不如 13MnNiMoNb，而且在正火 + 回火状态的力学性能不够稳定。20 世纪 80 年代末，13MnNiMoNb 取代了部分 18MnMoNb。

表 2-10 中的 D36 钢是属于保证厚度方向性能的低合金钢，又称 Z 向（即厚度方向）钢。由于严格控制了含硫量（$\omega_S \leqslant 0.006\%$），Z（Z 向断面收缩率）可达 35%，因而具有良好的抗层状撕裂能力。

微合金化控轧钢是 20 世纪 70 年代发展起来的新钢种。利用加入微量 Nb、V、Ti 等元素和控制轧制等新技术来达到细化晶粒和沉淀强化相结合的效果，同时在冶炼工艺上采取降 C、降 S、改变夹杂物形态、提高钢的纯净度等措施，使钢材具有均匀的细晶粒等轴铁素体基体。因此，这种钢在轧制状态下就具有相当于或优于正火钢的质量，具有高强度、高韧性和良好的焊接性等优点。其主要用于制造石油、天然气的输送管线，如 X60 管线钢等。

二、热轧及正火钢的焊接性分析

热轧及正火钢随着强度级别的提高和合金元素含量的增加，焊接难度增大。这类钢焊接的主要问题是热影响区的脆化和各种裂纹的产生。

（一）热影响区的脆化

热影响区的脆化与所焊钢材的类型及合金系等有很大关系。热轧及正火钢焊接时，热影响区的脆化主要表现为过热区脆化和可能发生的应变脆化（发生在部分合金含量较低的钢中）。

1. 过热区脆化

过热区又叫粗晶区，是指热影响区中熔合线附近母材被加热到 1100℃ 以上的区域。由于该区温度高，奥氏体晶粒长大显著，一些难熔质点（如碳化物和氮化物）的溶入导致性能变化，如难熔质点溶入后，在冷却过程中来不及析出而使材料变脆；过热的粗大奥氏体晶粒增加了它的稳定性，随着钢材成分的不同、焊接热输入不同，冷却过程中可能产生有害组织，如魏氏组织、粗大的马氏体、塑性很低的混合组织（即铁素体、高碳马氏体和贝氏体的混合组织）和 M-A 组织等。因此，过热区的性能变化不仅取决于焊接热输入，而且与钢材本身的类型和合金系统有着密切关系。

热轧钢是 C-Mn 系、Mn-Si 系的固溶强化钢，热轧状态下，合金元素可全部固溶，保证了良好的综合性能。这类钢在高强钢中合金元素含量最低，淬透性也最差，焊接时在过热区发生马氏体转变的可能性较小，仅在焊接接头截面尺寸很大、焊接现场温度偏低，并且焊接热输入较小时，才会出现马氏体。这种马氏体含碳量低，且转变温度较高，冷却过程中发生自回火，其韧性比高碳马氏体高得多。因此热轧钢焊接时淬硬脆化倾向很小。

导致热轧钢过热区脆化的原因是焊接热输入偏高，使该区的奥氏体晶粒严重长大，转变产物（先析出铁素体和共析铁素体）除沿晶界析出外，还向晶内延伸，形成魏氏体组织及其他塑性低的混合组织，从而使过热区脆化。因此，对于像 Q345 这样固溶强化的热轧钢，焊接时，采用适当低的热输入措施来抑制奥氏体晶粒长大以及魏氏组织的出现，是防止过热区脆化的关键。

正火钢过热区脆化的原因主要是在 1100℃ 的高温下，起沉淀强化作用的碳化物、氮化物质点分解并溶于奥氏体中，而在随后的冷却过程中来不及再析出而固溶在基体中，结果使铁素体的硬度上升，韧性下降。所以正火钢过热区的韧性随热输入的增加而下降，并与沉淀强化元素的含量有关。以相当于 Q390 的 15MnTi 为例，钢中的含钛量增加，过热区冲击韧度急剧下降（图 2-1）。当 ω_{Ti} 一定时，热输入 E 减小到一定程度后，过热区的冲击韧度随 E 的下降而明显提高（图 2-2）。这是由于 E 减小可以减少过热区在高温停留的时间，抑制了碳化钛和氮化钛的溶解，从而有效地防止了脆化。

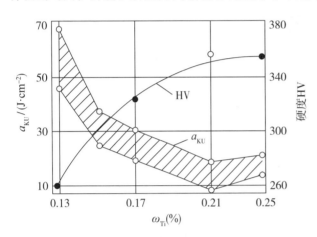

图 2-1 15MnTi 钢过热区的冲击韧度
（-40℃）、铁素体显微硬度与 ω_{Ti} 的关系

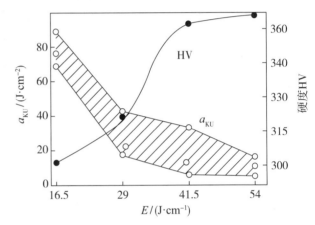

图 2-2 焊接热输入对 15MnTi 钢过热区
（-40℃）冲击韧度和铁素体显微硬度的影响

2. 热应变脆化

热应变脆化是指钢在 200℃ ～ Ac1 温度范围内，受到较大的塑性变形（5% ～ 10%）后，出现断裂韧性明显下降，脆性转变温度明显升高的现象。对于 C-Mn 系热轧钢及氮含量较高的钢，一般认为热应变脆化是由于氮、碳原子聚集在位错周围，对位错造成钉轧作用造成的。一般认为在 200 ～ 400℃ 时热应变脆化最为明显，大多发生在固溶含氮的低碳钢和强度较低的低合金钢中，焊前母材存在缺口时，热影响区的热应变脆化更为严重。若钢中加入足够的氮化物形成元素，可以显著降低热应变脆化倾向。

消除热应变脆化的有效措施是进行焊后热处理，工艺采用 600℃ 左右消除应力退火，材料的韧性可恢复到原有水平。试验数据表明，Q345（16Mn）钢焊后，韧脆转变温度比焊前提高 53℃，Q420（15MnVN）钢焊后，韧脆转变温度升高 30℃，说明二者都有一定的热应变脆化倾向。Q420 中虽然加入了氮，但因钒（V）有固氮作用，故脆化倾向比 Q345 低些。Q345 钢经 600℃ ×1 h 退火处理后，韧性基本恢复正常。

（二）焊接裂纹

1. 热裂纹

热轧及正火钢的含碳量较低，而含锰量较高，Mn/S 比值较大，因而具有较好的抗热裂性能，正常情况下焊缝不会出现热裂纹。但若母材成分反常，如碳与硫同时居上限或存在严重偏析，则有产生热裂纹的可能。图 2-3 为硫和锰对热裂纹的影响曲线，为防止热裂纹，应在提高焊缝含锰量的同时降低碳、硫的含量。具体措施可选用脱硫能力较强的低氢型焊条，埋弧焊时选用超低碳焊丝配合高锰高硅焊剂，并从工艺上减少熔合比、增大焊缝的成形系数等。

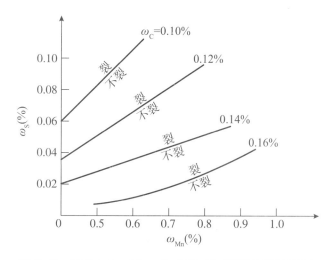

图 2-3　焊缝中 C、Mn、S 含量对角焊缝热裂纹的影响

2. 冷裂纹

导致焊接冷裂纹的三个主要因素是钢材的淬硬倾向、焊缝的扩散氢含量和接头的拘束应力，其中淬硬倾向是决定性的。因此，钢材的淬硬倾向可以作为判断冷裂纹敏感性的标准之一。而淬硬倾向又可以通过碳当量、焊接热影响区最高硬度或焊接热影响区连续冷却转变曲线（SH-CCT）来判断。

热轧及正火钢中由于加入了一定的合金元素，因此淬硬倾向比低碳钢要大些。以 Q345 与 Q235 的对比为例，Q345（以 16Mn 为代表）发生珠光体转变所需的冷却速度比 Q235 要低，更容易发生马氏体转变。在快冷时，Q345 钢在铁素体析出后，余下的奥氏体就有可能转变成高碳马氏体或贝氏体。而当冷却速度降低时，二者组织转变情况差别不大，说明冷却速度较高时，热轧钢的冷裂纹敏感性高于低碳钢。

利用焊道下最高硬度值判断钢材的淬硬倾向是一种简单易行的方法。为了不产生冷裂纹，避免出现不利的淬硬组织，可以把热影响区的最高硬度控制在某一刚好不出现冷裂纹的临界值，即最高硬度允许值。有此控制指标后，就可以对被焊钢材热影响区的最高硬度值进行实测，然后与最高硬度允许值进行比较，即可评定该材料的冷裂倾向，确定焊前预热温度。这个值与钢材的强度级别、化学成分都有关系。

表 2-12 列出的是 16Mn 和 15MnVN 两种材料热影响区最高硬度试验结果，从表中可以看出两者都具有一定的淬硬倾向，其中 15MnVN 比 16Mn 大。

表 2-12　板厚为 36 mm 的 Q345（16Mn）和 Q420（15MnVN）热影响区最高硬度

序号	预热温度 /℃	最高硬度 /HV	
		Q345（16Mn）	Q420（15MnVN）
1	室温	384	468
2	50	373	—
3	100	329	399
4	150	—	394

3. 去应力裂纹

含钼（Mo）正火钢的厚壁压力容器结构，在进行焊后消除应力热处理或焊后再次高温加热（包括长期高温使用）的过程中，可能出现另一种形式的裂纹，即消除应力裂纹，也称再热裂纹（简称 SR 裂纹）。此外，沉淀强化的钢或合金（如珠光体耐热钢、奥氏体不锈钢等）的接头中，也可能产生消除应力裂纹。

4. 层状撕裂

层状撕裂的产生不受钢材的种类和强度级别的限制，它主要与钢的冶炼质量、板厚、接头形式和 Z 向应力有关。一般认为，钢中的含硫量与 Z 向断面收缩率（Z）是衡量抗层状撕裂能力的主要判据。经验表明，当 Z > 20% 时，即使 Z 向拘束应力较大，也不会产生层状撕裂。因此，焊接有可能产生层状撕裂的重要结构，可采用 Z 向钢（如 D36）或国外的 ZC、ZD 级（$\omega_S \leq 0.006\%$、Z > 25%）钢。D36 钢的 Z 最高可达 55%。但这些钢在冶炼时需要采用特殊的脱硫、脱气（H、N）和控制夹杂物的措施，成本较高。因此，当须采用一般的热轧正火钢制造较厚的焊接结构时，焊前对钢材应作 Z 向（即厚度方向）拉伸实验，尽量选择 Z 值高的钢种；在设计方面应设计出能避免或减轻 Z 向应力和应变的接头或坡口形式；在工艺方面，在满足产品使用要求的前提下可选用强度级别较低的焊接材料或堆焊低强度焊缝作过渡层，并采取预热和降氢等工艺措施。

三、热轧及正火钢的焊接工艺

（一）焊接方法的选择

热轧及正火钢能适应许多焊接方法，选择时主要考虑产品结构、板厚、性能要求和生产条件等因素，生产中常用的焊接方法有焊条电弧焊、埋弧焊和熔化极气体保护焊。钨极氩弧焊通常用于薄板或要求全焊透的薄壁管和厚壁管道等工件的封底焊。大型厚板结构可用电渣焊，其缺点是电渣焊缝及热影响区严重过热；焊后通常需正火处理，导致生产周期长、成本高。20 世纪 70 年代末发展的窄间隙焊具有生产率高、焊接质量好、节约能源及焊接材料等优点。而且由于热影响区窄，窄间隙焊更适用于焊接焊接性较差的钢。窄间隙焊包括气保焊和埋弧焊两种方法，由于窄间隙气保焊存在难以完全消除坡口侧壁未焊透及夹渣等缺点，因此后来又发明了窄间隙埋弧焊。其一般采用 Φ3 mm 焊丝，15 ~ 35 mm 的间隙。根据生产率要求，可以选用单丝焊丝或双丝焊丝，焊接钢板厚度可达 250 mm。板厚为 100 mm 时，双丝窄间隙埋弧焊比普通埋弧焊的效率提高 1 倍，比单丝窄间隙埋弧焊提高 60%。国内采用双丝窄间隙埋弧焊已成功地焊接了低合金厚壁压力容器。

（二）焊接材料的选择

焊接热轧及正火钢时，焊缝的主要缺陷是裂纹问题。根据对热轧及正火钢的焊接性分析，这类钢焊缝金属的热裂倾向及冷裂倾向在正常情况下是不大的。因此，选择焊接材料的主要准则是保证焊缝金属的强度、塑性和韧性等力学性能与母材相匹配，为此，须注意以下问题。

1. 选择相应强度级别的焊接材料

为了达到焊缝与母材的力学性能相等，在选择焊接材料时应该从母材的力学性能出发，而不是从化学成分出发选择与母材成分完全一样的焊接材料。因为力学性能并不完全取决于化学成分，它还与材料所处的组织状态有很大关系。在焊接条件下，焊缝金属的冷却速度很快，完全脱离了平衡状态，使焊缝金属具有一个特殊的过饱和的铸态组织。如果选用与母材相同成分的焊材，焊缝金属的性能将表现为强度很高，而塑性、韧性都很低，这对焊接接头的抗裂性能和使用性能都是非常不利的。因此，往往要求焊缝的合金元素低于母材的含量，其中 ω_C 不超过 0.14%，其他合金元素往往也低于母材中的含量。例如，适用于焊接 Q420（15MnVN）的焊条 E5515 的化学成分为：$\omega_C \leq 0.12\%$，$\omega_{Mn} \approx 1.2\%$，$\omega_{Si} \approx 0.5\%$。所以从成分上看，含 C 量、含 Mn 量都比 15MnVN 低，而且根本不含沉淀强化的元素 V。但焊缝金属的 R_m 能到 549 ~ 608 MPa，同时还具有很高的塑性和韧性（A = 22% ~ 32%，a_{kv} = 196 ~ 294 J/cm²）。

2. 必须同时考虑熔合比和冷却速度的影响

焊缝的化学成分和性能与母材的熔入量（熔合比）有很大关系，而母材溶入焊缝组织的过饱和度与冷却速度有很大关系。采用同样的焊接材料，由于熔合比或冷却速度不同，所得焊缝的性能会有很大差别。因此，焊条或焊丝成分的选择应考虑到板厚和坡口形式的影响。例如 Q345（16Mn）钢对接不开坡口用埋弧焊，其熔合比大，从母材熔入焊缝金属的元素增多，这时采用合金成分低的 H08A 焊丝配合 HJ431 焊剂，即可满足焊缝金属的力学性能要求。但对于厚板对接开坡口，仍用 H08A 配 HJ431 焊剂，则会因熔合比小，使焊缝的合金元素减少或强度偏低。因此，需要采用含 Mn 高的 H08MnA 或 H10Mn2 焊丝与 HJ431 焊剂配合。

不开坡口的角接焊时，虽然母材的熔入量也不多，但由于冷却速度比对接焊时大，若采用同样的焊接材料焊接，角焊缝的强度比对接焊缝的高，而塑性低于对接焊缝。因此焊接 Q345（16Mn）钢角焊时，应选用合金成分较低的焊接材料（如 H08A 焊丝配合 HJ431 焊剂），以获得综合力学性能较好的焊缝。

3. 考虑焊后热处理对焊缝力学性能的影响

当焊缝强度余量不大时，焊后热处理（如消除应力退火）后焊缝强度有可能低于要求，这时宜选用合金成分稍高的焊接材料。例如焊接大坡口 Q390（15MnV）中厚板，若焊后进行消除应力热处理，须选用 H08Mn2Si 焊丝，若选用 H10Mn2 会导致焊缝强度偏低。对于焊后需冷卷或冷冲压的焊件，应使焊缝具有较高的塑性。

4. 考虑结构因素的影响

对于厚板、拘束度大或冷裂倾向大的焊接结构，以及重要的产品，应选用低氢或高韧性的焊接材料。例如，厚板结构多层焊时，第一层打底焊缝最易产生裂纹，这时应选用强度稍低，但塑性、韧性较好的低氢或超低氢焊接材料。又如核容器、海上钻井平台、船舶等重要焊接结构，为了确保安全使用，必须选用能使焊缝具有较高的低温冲击韧度和断裂韧度的焊接材料。

热轧及正火钢常用焊接材料如表 2-13 所示。

表 2-13　热轧及正火钢常用焊接材料

牌号	强度等级 R_{eL}/MPa	焊条电弧焊焊条	埋弧焊		电渣焊		CO_2 气体保护焊焊丝
			焊剂	焊丝	焊剂	焊丝	
Q295 09Mn2Si	295	E4301 E4303 E4315 E4316	HJ430 HJ431 SJ301	H08A H08MnA	—	—	H10MnSi H08Mn2Si H08Mn2SiA
Q345 Q345（Cu）	345	E5001 E5003 E5015 E5015-G E5016 E5016-G E5018 E5028	SJ501	薄板 HO8A HO8MnA	HJ431 HJ360	H08MnMoA	H08Mn2Si H08Mn2SiA YJ502-1 YJ502-3 YJ506-4
			HJ430 HJ431 SJ301	不开坡口对接 H08A 中板开坡口对接 H08MnA H10Mn2			
			HJ350	厚板深坡口 H10Mn2 H08MnMoA			

牌号	强度等级 R_{eL}/MPa	焊条电弧焊 焊条	埋弧焊		电渣焊		CO_2 气体保护焊 焊丝
			焊剂	焊丝	焊剂	焊丝	
Q390 Q390（Cu）	390	E5001 E5003 E5015 E5015-G E5016 E5016-G E5018 E5028 E5515-G E5516-G	HJ430 HJ431	不开坡口对接 H08MnA 中板开坡口对接 H10Mn2 H10MnSi	HJ431 HJ360	H10MnMo H08Mn2MoVA	H08Mn2Si H08Mn2SiA
			HJ250 HJ350 HJ101	厚板深坡口 H08MnMoA	—	—	—
Q420 15MnVTiRE 15MnVNCu	440	E5515-G E5516-G E6015-D1 E6015-G E6015-D	HJ431	H10Mn2	HJ431 HJ360	H10MnMo H08Mn2MoVA	H08Mn2Si H08Mn2SiA
			HJ350 HJ250 HJ101	H08MnMoA H08Mn2MoA			
18MnMoNb 14MnMoV 14MnMoNCu	490	E6015-D1 E6015-G E6016-D1 E7015-D2 E7015-G	HJ250 HJ350 HJ101	H08Mn2MoA H08Mn2MoVA H08Mn2NiMo	HJ431 HJ360 Hj250	H10Mn2MoA H10Mn2MoVA H10Mn2NiMoA	H08Mn2SiMoA
X60 X65	414 450	E4311 E5011 E5015	HJ431 HJ101	H08Mn2MoA H08MnMoA	—	—	—

（三）焊接工艺参数的选择

1. 焊接热输入

热轧及正火钢焊接热输入的依据主要是防止过热区脆化和焊接裂纹两个方面。根据焊接性分析，各类钢的脆化倾向和冷裂倾向是不同的，因此对热输入的要求也不同。

对碳当量 CE（IIW）< 0.4% 的热轧正火钢，如 Q295（09Mn2、09MnNb）钢和含碳偏下限的 Q345（16Mn）钢等，其强度级别在 390 MPa 以下，它们的过热敏感性不大，淬硬倾向较小，对热输入基本没有严格的限制。当焊接含碳量偏高的 Q345 钢时，由于淬硬倾向加大，马氏体的含碳量也提高，较小的热输入时冷裂倾向增大，过热区的脆化也变得严重，为防止冷裂纹，焊接时宜用偏大的热输入。

对于含 Nb、V、Ti 等强度级别较低的正火钢，如 Q420（15MnVN、15MnVTi 等）为了避免出现由于沉淀相的溶入和晶粒长大引起的脆化，宜选择偏小的焊接热输入。焊条电弧焊推荐用 15 ～ 55kJ/cm，埋弧焊用 20 ～ 50 kJ/cm。这类钢因含碳量偏低，用较小的热输入，快速冷却可得到韧性较好的下贝氏体或低碳马氏体组织。

但对淬硬倾向大、含碳量和合金元素量较高，屈服点高于 490 MPa 的正火钢（如 18MnMoNb 等），随着热输入减小，过热区韧性降低，容易产生延迟裂纹。因而一般焊接这类钢时，热输入偏大一些较好。但热输入增大，使冷却速度减慢，会引起过热，为防止过热，应采用偏小的焊接热输入，显然与防止冷裂相矛盾。在这种两者难以兼顾的情况下，采用较大的热输入的效果不如采用较小的热输入加预热工艺更合理。预热温度控制恰当时，既能避免裂纹，又能防止晶粒的过热。对 18MnMoNb 钢焊接时，焊条电弧焊采用

20 kJ/cm 以下的热输入，埋弧焊用 35 kJ/cm 以下的热输入，焊前 150～180℃预热，层间温度在 300℃以下，焊后立即进行 250～350℃的后热处理，就可以防止裂纹产生，并获得良好的接头力学性能。

2. 预热温度的确定

预热主要是为了防止裂纹，同时兼有一定改善接头性能的作用。但预热却会恶化劳动条件、延长生产周期、增加制造成本。过高的预热温度和层间温度反会使接头的韧性下降。因此，焊前是否需要预热和预热到多少温度，应慎重考虑。

预热温度的确定取决于钢材的化学成分、焊件结构形状、拘束度、环境温度和焊后热处理等。随着钢材碳当量、板厚、结构拘束度增大和环境温度下降，焊前预热温度也需要相应提高。焊后进行热处理的可以不预热或降低预热温度。

多层焊时掌握好层间温度，本质上也是一种预热。一般层间温度等于或略大于预热温度。表 2-14 为常用热轧及正火钢的预热温度和焊后热处理温度。

表 2-14　常用热轧及正火钢焊接的预热温度和焊后热处理温度

强度等级 R_{eL}/MPa	钢号	厚度/mm	预热温度/℃	焊后热处理温度/℃	
				电弧焊	电渣焊
295	09Mn2 09Mn2Si 09MnV 12Mn	（一般供应的板厚 $\delta \leqslant 16mm$）	不预热	不热处理	不热处理
345	16Mn 16MnR 14MnNb EH32 EH36 D36（36Z）	≤40	不预热	不热处理或在 600～650 回火	900～930 正火 600～650 回火
		>40	≥100		
390	15MnV 15MnTi 14MnMoNb EH40	≤32	不预热	不热处理或在 530～580 回火	950～980 正火 560～590 或 630～650 回火
		>32	≥100		
440	15MnVN 14MnVTiRE	≤32	不预热	—	—
		>32	≥100		
	CF60 CF62	≤25	不预热	—	—
		>25	50～100		
490	18MnMoNb 14MnMoV	—	≥150	600～650 回火	950～980 正火 600～650 回火

由于影响预热温度的因素很多，因此表 2-14 中推荐的预热温度只能作为参考，工程上应用还必须结合具体情况经试验后才能确定。

3. 后热及焊后热处理

（1）后热。

后热是指焊接结束或焊完一条焊缝后，将焊件或焊接区立即加热到 150～250℃，并保温一段时间的热处理工艺；而消氢处理则是在 300～400℃加热温度范围内保温一段时间的处理工艺。两种处理的目的都是加速焊接接头中氢的扩散逸出，消氢处理效果比低温后热更好。焊后及时后热及消氢处理是防止焊接冷裂纹的有效措施，特别是对于氢致裂纹敏感性较强的 18MnMoNb、14MnMoV 等钢厚板焊接接头，采用这一工艺不仅可以降低预热温度、减轻劳动强度，而且可以采用较低的焊接热输入使焊接接头获得良好的综合力学性能。对于厚度超过 100 mm 的厚壁压力容器及其他重要的产品构件，焊接过程中至少应进行 2～3 次中间消氢处理，以防止因厚板多道多层焊氢的积聚引发氢致裂纹。

（2）焊后热处理。

除电渣焊使焊件严重过热而需进行正火处理外，在其他焊接条件下，均应根据使用要求来考虑是否需要焊后热处理。一般情况下，热轧及正火钢焊后是不需要热处理的，但对要求抗应力腐蚀的焊接结构、低温下使用的焊接结构及厚壁高压容器等，焊后都需进行消除应力的高温回火。确定回火温度的原则有以下几点。

①不要超过母材原来的回火温度，以免影响母材本身的性能，约比母材回火温度低 30～60℃。

工程案例

正火钢焊接

②对于一些有回火脆性的材料，回火时要避开出现脆性的温度区间。例如，对一些含 V 或 V+Mo 的低合金钢，回火时应提高冷却速度，避免在 600℃左右的温度区间停留时间过长，以免因 V 的二次碳化物析出而造成脆化，如 Q420 消除应力处理的温度为（550±25）℃。

另外，对于 $R_{eL} \geqslant 490$ MPa 的高强度钢，由于产生延迟裂纹的倾向较大，要求焊后及时进行回火处理，达到在消除应力的同时起到除氢的作用。

任务五 了解低碳调质钢的焊接工艺

一、低碳调质钢的成分与性能

低碳调质钢的屈服强度一般在 450～980 MPa，这类钢为了保证良好的综合性能和焊接性，要求 ω_C 一般在 0.18% 以下。加入一些合金元素，如 Mn、Cr、Ni、Mo、V、Nb、B、Cu 等，目的是提高钢的淬透性和马氏体的回火稳定性，这类钢由于含碳量低，淬火后会得到低碳马氏体，具有良好的焊接性，因此被广泛应用于一些重要的焊接结构上。低碳调质钢主要应用于工程机械和矿山机械，如推土机、挖掘机、煤矿液压支架、重型汽车及工程起重机等，此外还用于高压管线、桥梁等钢结构、核压力容器、核动力装置、舰船及航天装备等。低碳调质钢的综合性能除了取决于其化学成分外，还取决于热处理是否正确。这类钢的热处理一般为淬火＋回火，得到的组织是回火马氏体或回火贝氏体。也有少数钢采用正火＋回火，或双相区淬火（或正火）。

常用低碳调质钢的化学成分如表 2-15 所示，力学性能如表 2-16 所示。

表2-15　常用低碳调质钢的化学成分

钢号	化学成分（质量分数）/%											Pcm/%	CE(IIW)/%	备注
	C	Si	Mn	P	S	Cr	Ni	Mo	Cu	V	其他			
14MnMoVN	0.14	0.30	1.41	0.012	0.035	—	—	0.17	—	0.13	N0.0155	0.265	0.50	—
14MnMoNbB	0.12~0.18	0.15~0.35	1.30~1.80	≤0.03	≤0.030	—	—	0.45~0.7	≤0.40	—	Nb0.02~0.07 B0.0005~0.0030	0.275	0.56	—
15MnMoVNRE	≤0.18	≤0.60	≤1.70	≤0.035	≤0.030	—	—	0.35~0.60	—	0.03~0.08	N0.02~0.03 RE0.10~0.20	—	—	—
WCF60,WCF62	≤0.09	0.15~0.35	1.10~1.50	≤0.03	≤0.02	≤0.30	≤0.50	≤0.30	—	0.02~0.06	B≤0.003	0.226	0.47	国产低裂纹钢
HQ70A	0.09~0.16	0.15~0.40	0.60~1.20	≤0.03	≤0.03	0.30~0.60	0.30~1.00	0.20~0.40	0.15~0.50	—	V+Nb≤0.1 B0.0005~0.0030	0.282	0.52	国产工程机械用钢
HQ80C	0.10~0.16	0.15~0.35	0.60~1.20	≤0.025	≤0.015	0.60~1.20	—	0.30~0.60	0.15~0.50	0.03~0.08	B0.0005~0.0030	0.297	0.58	—
T-1	0.10~0.20	0.15~0.35	0.60~1.00	≤0.035	≤0.040	0.40~0.65	0.70~1.0	0.40~0.60	0.15~0.50	0.03~0.08	—	0.295	0.58	美国
HY-130	0.12	0.15~0.35	0.60~0.90	≤0.010	≤0.015	0.40~0.70	4.75~5.25	0.30~0.65	0.15~0.50	0.05~0.10	—	0.317	0.80	美国
WEL-TEN80	≤0.16	0.15~0.35	0.60~1.20	≤0.03	≤0.03	0.40~0.80	0.40~1.50	0.30~0.60	0.15~0.50	≤0.10	B≤0.006	0.299	0.60	日本

表 2-16　常用低碳调质钢的力学性能

钢号	板厚 /mm	拉伸性能			冲击性能		
		抗拉强度 (R_m) /MPa	屈服强度 (R_{eL}) /MPa	伸长率 (A_5) /%	试验温度 /℃	缺口形式	冲击吸收功 /J
14MnMoVN	18～40	≥690	≥590	≥15	-40	U	≥27
14MnMoNbB	<8 10～50	≥755	≥686	≥12 ≥13	-40	U	≥31
15MnMoVNRE	≤16 17～30	—	≥686 ≥666	—	-40	U	≥27
WCF60	14～50	590～720	≥450	≥17	-20	V	≥47
WCF62	14～50	610～740	≥490	≥17	-20	V	≥47
HQ70A	≥18	≥685	≥590	≥17	-40	V	≥29
HQ80C	≤50	≥785	≥685	≥16	-40	V	≥29
T-1	5～64	794～931	≥686	≥18	-45	V	≥27
HY-130	16～100	882～1029	895	≥15	-18	V	≥68
WEL-TEN80	50	784～931	≥686	≥16	-15	V	≥35

二、低碳调质钢的焊接性

低碳调质钢的 ω_C 实际都在 0.18% 以下，焊接性良好。焊后在热影响区除发生脆化外，还存在软化问题。

(一) 焊接裂纹

1. 焊缝中的结晶裂纹

低碳调质钢一般含碳量都较低，含锰量又较高，且对硫、磷杂质的控制也较严，因此结晶裂纹倾向较小。只要正确选择相应的焊接材料，是不会产生焊缝热裂纹的。

2. 热影响区液化裂纹

这种裂纹主要形成于高 Ni 低 Mn 的低碳调质钢中，如果钢中的 C、S 含量较高或 Mn/S 较低时，在热影响区过热区易出现液化裂纹。

液化裂纹的产生倾向主要和 Mn/S 比有关。碳含量越高，要求的 Mn/S 也越高。当碳的质量分数超过 0.2%，Mn/S > 30 时，液化裂纹敏感性较小；Mn/S 比超过 50 后，液化裂纹的敏感性更低。此外，Ni 对液化裂纹的产生起着明显的有害作用。例如 HY-80 钢，由于 Mn/S 比较低，Ni 含量又较高，所以对液化裂纹也较敏感。相反，HY-130 钢的 Ni 含量比 HY-80 更高，但由于碳含量很低（$\omega_C \leqslant 0.12\%$），S 含量也很低（$\omega_S \leqslant 0.01\%$），Mn/S 比高达 60～90，因此它对热影响区的液化裂纹并不敏感。

总之，避免热裂纹或液化裂纹的关键在于控制 C 和 S 的含量，保证高的 Mn/S 比，尤其是当 Ni 含量高时，要求更为严格。

工艺因素对焊接区液化裂纹的形成也有很大的影响。焊接热输入越大，热影响区晶粒越粗大，晶界熔化越严重，液态晶间层存在的时间也越长，液化裂纹产生的倾向就越大。因此，这类裂纹一般发生在高热输入的焊接方法（如埋弧焊）中，如焊条电弧焊时只有在对液化裂纹很敏感的钢中才有可能出现这类裂纹。为了防止液化裂纹的产生，从工艺上应采用热输入较小的焊接方法，并注意控制熔池形状、减小熔合区凹度等。

3. 冷裂纹

这类钢是在低碳钢的基础上通过加入较多的提高淬透性的合金元素来获得强度高、韧性好的低碳马氏体和部分下贝氏体的混合组织。马氏体虽属淬火组织，但由于含碳量很低，仍保持了较高的韧性，又加上它的转变温度 M_s 较高，如果在此温度下冷却得较慢，生成的马氏体得以自回火，冷裂纹就可以避免。如果马氏体转变时的冷却速度很快，得不到自回火，其冷裂倾向就会很大。因此，在焊接高拘束度的厚板时须防止冷裂纹产生。

低碳调质钢对扩散氢 [H] 比较敏感，当 [H] 控制不严时，冷裂纹敏感性增大。

4. 再热裂纹

再热裂纹又称消应力裂纹，由于 Cr、Mo、V、Nb、Ti、B、Cu 等再热裂纹敏感元素的存在，此类钢的再热裂纹敏感性比正火钢有所增加。V 对再热裂纹的影响最大，Mo 次之，而当二者共存时会更为敏感。一般认为 Mo-V 钢，特别是 Cr-Mo-V 钢对再热裂纹的敏感性最高，Mo-B 钢、Cr-Mo 钢也有一定的敏感性。不同成分的钢对再热裂纹敏感的温度范围不尽相同，焊接时可通过降低退火温度、进行适当预热或后热等措施防止和消除再热裂纹。

（二）热影响区的性能变化

1. 过热区的脆化

这类钢产生过热区的脆化除了奥氏体晶粒粗化引起外，还会由于形成脆性混合组织（上贝氏体和 M-A 组合）而引起。这些脆性混合组织的形成与合金化程度及 $t_{8/5}$ 时间（指熔池温度从 800℃降到 500℃的所需时间）的控制有关。低碳调质钢热影响区最理想组织为体积分数 70%～90% 的低碳马氏体＋体积分数为 30%～10% 的下贝氏体，控制 $t_{8/5}$ 是取得上述组织的关键。研究表明这类钢都有各自最佳 $t_{8/5}$，如 HQ70B 钢最佳 $t_{8/5}$ 在 23 s 左右，WEL-TEN80C 钢和 T-1 钢最佳 $t_{8/5}$ 在 11 s 左右。一般情况下，冷却速度过快会引起脆化，过慢则强度和韧性不能保证，但也有冷却速度过慢反而引起脆化的，如 WEL-TEN80C 钢就不能以过大的热输入进行焊接，板厚 ≤ 13mm 时一般不需要预热，否则将因冷却速度过慢（$t_{8/5}$ 过长）而在粗晶区产生上贝氏体、M-A 组织引起脆化。低碳调质钢的这些特性，在制定焊接工艺时必须引起足够重视。对任意一种低碳调质钢而言，要得到较为理想的过热区组织，就必须有适当的冷却速度，即需要合理的热输入与预热温度的配合。控制焊接热输入和采用多层多道焊接工艺，能避免低碳调质钢热影响区出现高硬度的马氏体或 M-A 混合组织，起到改善抗脆能力的作用，对提高热影响区韧性有利。

2. 焊接热影响区的软化

热影响区的软化是低碳调质钢焊接的一个普遍问题，强度越高，接头软化问题越严重。软化发生的温度区间为热影响区内加热温度高于母材回火温度至 A_{c1}。由于碳化物的积聚长大而使钢材软化，而且温度越接近 A_{c1} 的区域，软化越严重，因此，焊后不再进行调质处理的低碳调质钢，制定焊接工艺时应该注意在保证不发生脆化的前提下，尽可能降低预热温度，并以较小的热输入施焊。

三、低碳调质钢的焊接工艺

在制定低碳调质钢焊接工艺时，必须注意解决好冷裂纹、热影响区的脆化和热影响区的软化三个问题。为防止冷裂纹的产生，要求马氏体转变时的冷却速度不能太快，让马氏体获得自回火作用。为防止热影响区发生脆化，要求熔池在 500～800℃之间的冷却速度大于产生脆性混合组织的临界速度。热影响区软化的问题可以通过采用较小的焊接热输入等工艺措施解决。

（一）焊前准备

只有合理的接头设计、良好的坡口加工及装配和适当的焊接检验，才能保证低碳调质钢的性能良好。

1. 接头与坡口形式设计

对于屈服点（R_{eL}）≥ 600 MPa 的低碳调质钢，焊缝布置与接头的应力集中程度都对接头质量有明显的影响。不正确的焊缝位置会导致截面突变、未焊透、未熔合、咬边或焊瘤并造成缺口，引起应力集中。设计接头时，应避免将焊缝布置在断面突然变化的部位，且应考虑焊接操作和焊后检验是否方便。一般来讲，对接焊缝比角焊缝更为合理，因为后者应力集中系数大，并有明显的缺口效应。同时，对接焊缝更便于进行射线或超声波探伤。坡口形式以 U 形或 V 形为佳，单边 V 形坡口或单边 J 形坡口也可采用，但必须在工艺规程中注明，两个坡口面必须完全焊透。为了降低焊接应力，可采用双 V 形坡口或双 U 形坡口。对接接头焊后，应将余高打磨平以保证接头有足够的疲劳强度。角接接头容易产生应力集中、降低疲劳强度的问题。角焊缝焊趾处的机械打磨、TIG 重熔或锤击强化都可以提高角接接头的疲劳强度，但必须选择合适的打磨、重熔或锤击工艺。

2. 坡口制备

低碳调质钢的坡口可以用气割切割，但切割边缘有硬化层，应通过加热或机械加工消除。板厚 < 100 mm 时，切割前不需预热。板厚 ≥ 100 mm 时，应进行 100 ～ 150℃预热。强度等级较高的钢，最好用机械切割或等离子弧切割。

（二）焊接方法的选择

调质状态下的钢材，只要加热温度超过它的回火温度，性能就会发生变化。因此，焊接时热的作用使热影响区强度和韧性下降的情况几乎是不可避免的。强度级别越高，这个问题就越突出。解决的办法：一是采用焊后重新调质处理；二是尽量控制焊接热量对母材的作用。所以，对于焊后不再调质处理的低碳调质钢，应选择能量密度大的焊接方法，如钨极氩弧焊、熔化极气体保护焊、电子束焊等。对于母材屈服强度 R_{eL} ≥ 980 MPa 的低碳钢，如 10Ni-Cr-Mo-Co 等，采用钨极氩弧焊、电子束焊等可以获得好的焊接质量；对于 R_{eL} ≤ 980 MPa 的低碳调质钢，焊接方法可以采用焊条电弧焊、埋弧焊、熔化极气体保护焊和钨极氩弧焊等；但对 R_{eL} ≥ 686 MPa 的低碳调质钢来说，熔化极气体保护焊（如 Ar+CO$_2$ 混合气体保护焊）是最合适的工艺方法。此外，如果采用多丝埋弧焊和电渣焊等热输入大、冷却速度慢的焊接方法，焊后必须重新进行调质处理。

（三）焊接材料的选择

由于低碳调质钢焊后一般不再进行热处理，故在选择焊接材料时，要求焊缝金属在焊态下具有接近母材的力学性能。在特殊情况下，如结构的刚度或拘束度很大，冷裂纹难以避免时，必须选择比母材强度稍低一些的材料作为填充金属。

由于低碳调质钢有产生冷裂纹的倾向，严格控制焊接材料中的 [H] 就显得十分重要。因此，在焊条电弧焊时应选用低氢或超低氢焊条，焊接要按规定要求进行烘干。焊丝表面要干净、无油污生锈等，保护气体或焊剂也应去水分。表 2-17 为常用低碳调质钢的焊接材料选用示例。

（四）焊接工艺参数的选择

控制焊接时的冷却速度是防止焊接低碳调质钢产生冷裂纹和发生热影响区脆化的关键。快速冷却对防止脆化有利，但对防止冷裂纹不利。反之，减缓冷却速度可防止冷裂纹，却易引起热影响区脆化。因此，必须找到两者兼顾的最佳冷却速度，而冷却速度主要是由焊接热输入决定的，会同时受焊件散热条件和预热等因素影响。

表2-17　常用低碳调质钢的焊接材料选择示例

钢号	焊条电弧焊 型号	焊条电弧焊 牌号	气体保护焊 气体	气体保护焊 焊丝	埋弧焊 焊丝	埋弧焊 焊剂	电渣焊 焊丝	电渣焊 焊剂
WCF-60 WCF-62	E6015-D1 E6015-G E6016-D1 E6016-G	J607 J607Ni J607RN J606	CO_2 或 Ar+CO_2 20%	ER55-D2 ER55-D2Ti GHS-60 PK-YJ607	H08MnMMoA H10Mn2 H10Mn2Si H08MnMoTi	HJ431 SJ201 SJ101 HJ350 SJ104	H10Mn2MoVA	HJ360 HJ431
HQ70 14MnMoVN 12Ni3CrMoV	E7015-D2 E7015-G	J707 J707Ni J707RH J707NiW		ER69-1 ER69-3 GHS-60N GHS-70 YJ707-1	HS-70A HO8Mn2NiMoVA H08Mn2NiMo	HJ350 HJ250 SJ101	H10Mn2NiMoA H10Mn2NiMoVA	HJ360 HJ431
14MnMoNbB 15MnMoVNRE WEL-TEN70 WEL-TEN80	E7015-D2 E7015-G E7515-G E8015-G	J707 J707Ni J707RH J707NiW J757 J757Ni J807 J807RH	Ar+CO_2 20% 或 Ar+O_2 1% ~ 2%	ER76-1 ER83-1 H08MnNi2Mo GHS-80B、 80C	H08Mn2MoA H08Mn2Ni2CrMoA	HJ350	H08Mn2MoA H08Mn2Ni2 H08Mn2Ni2CrMo	HJ360 HJ431
12NiCrMoV	E8015-G	J807RH J857 J857Cr J857CrNi	—	—	—	—	—	—
T-1	E7015-D2 E7015-G E7515-G	J707 J707Ni J707RH J757 J757Ni	—	ER76-1 ER83-1 GHS-80B、 80C	—	—	—	—
HQ80	—	GHH-80	Ar+CO_2 20%	GHQ-80	—	—	—	—
HQ100	—	J956	Ar+CO_2 20%	GHQ-100	—	—	—	—
HY-130	E14018	—	Ar+CO_2 2%	Mn－Ni－Cr－ Mo 专用焊丝	—	—	—	—

1. 焊接热输入的确定

焊接热输入影响焊接冷却速度，如前所述，每种低碳调质钢有一最佳 $t_{8/5}$（或 $t_{8/3}$），在这个冷却速度下，热影响区有良好的抗裂性能和韧性。$t_{8/5}$ 可以通过试验或借助钢材的焊接 CCT 图来确定，然后确定出焊接热输入。为了防止冷裂纹的产生，通常是在满足热影响区韧性要求的前提下，确定出最大允许的焊接热输入。如果受种种条件限制不能保证接头的冷却速度达到最佳值，也一定要避免采用过大的热输入，可以采取预热来使冷却速度降低，冷却速度以小于不出现裂纹的极限值为宜。

2. 预热温度的确定

焊接低碳调质钢时，为降低马氏体转变时的冷却速度以防止冷裂纹的产生，常常需要采用预热。预热使 $t_{8/5}$ 延长，有助于使马氏体完成自回火，但 $t_{8/5}$ 过长会使冷却速度低于临界冷却速度（出现上贝氏体和 M-A 组织的冷却速度）从而导致热影响区脆化。故在允许的热输入范围内如果可以避免冷裂纹，最好不预热，否则也只采取较低（≤ 200℃）的预热温度。也可以通过试验，确定防止冷裂纹的最佳预热温度范围。几种低碳调质钢的最低预热温度和层间温度如表 2-18 所示。

表 2-18　几种低碳调质钢的最低预热温度和层间温度

单位：℃

板厚 /mm	15MnMoVN	14MnMoNbB	T-1[1]	HY-130[1][2]	A517
< 13	—	—	10	24	10
13 ～ 16	100 ～ 150	100 ～ 150	10	24	10
16 ～ 19	150 ～ 200	150 ～ 200	10	52	10
19 ～ 22	150 ～ 200	150 ～ 200	10	52	10
22 ～ 25	200 ～ 250	200 ～ 250	10	93	10
25 ～ 35	200 ～ 250	200 ～ 250	66	93	66
35 ～ 38	—	—	66	107	66
38 ～ 51	—	—	66	107	66
> 51	—	—	93	107	93

①最高预热温度不得大于表中温度 65℃。
② HY-130 的最高预热温度建议：16 mm 65℃，16 ～ 22 mm 93℃，22 ～ 35 mm 135℃，> 35 mm 149℃。

3. 焊后热处理的确定

低碳调质钢通常在调质状态下进行焊接，在正常焊接条件下焊缝及热影响区可以获得高强度和韧性，焊后一般不进行热处理。反之，如果在 510 ～ 690℃范围进行退火处理，反而会使缺口韧性恶化。消除应力处理时的冷却速度越低，韧性降低程度越严重。只有在下列情况下才进行焊后热处理。

工程案例

低碳调质钢焊接

（1）焊后（如电渣焊等）焊缝或热影响区严重脆化或软化导致失强过大，这时需要进行重新调质热处理。

（2）焊后需进行高精度加工，要求保证结构尺寸稳定。

（3）要求耐应力腐蚀的焊件，工作介质有导致应力腐蚀开裂的可能，需进行消除应力热处理。

为保证材料的强度和韧性，消除应力热处理的温度应比母材原来调质处理的回火温度低 30℃左右。

任务六 了解中碳调质钢的焊接工艺

一、中碳调质钢的成分和性能

中碳调质钢的成分对焊接性影响很大，硫元素（S）可以增加热裂敏感性；磷元素（P）可以降低塑性和韧性，增加冷裂敏感性。几种中碳调质钢的化学成分和力学性能如表 2-19 和表 2-20 所示。

表 2-19 几种中碳调质钢的化学成分

单位：%

钢号	C	Mn	Si	Cr	Ni	Mo	V	S	P
30CrMnSiA	0.28 ~ 0.35	0.80 ~ 1.10	0.90 ~ 1.20	0.80 ~ 1.10	≤ 0.30	—	—	≤ 0.030	≤ 0.035
30CrMnSiNi2A	0.27 ~ 0.34	1.00 ~ 1.30	0.90 ~ 1.20	0.90 ~ 1.20	1.40 ~ 1.80	—	—	≤ 0.025	≤ 0.025
40CrMnSiMoVA	0.37 ~ 0.42	0.80 ~ 1.20	1.20 ~ 1.60	1.20 ~ 1.50	≤ 0.25	0.45 ~ 0.60	0.07 ~ 0.12	≤ 0.025	≤ 0.025
35CrMoA	0.30 ~ 0.40	0.40 ~ 0.70	0.17 ~ 0.35	0.90 ~ 1.30	—	0.20 ~ 0.30	—	≤ 0.030	≤ 0.035
35CrMoVA	0.30 ~ 0.38	0.40 ~ 0.70	0.20 ~ 0.40	1.00 ~ 1.30	—	0.20 ~ 0.30	0.10 ~ 0.20	≤ 0.030	≤ 0.035
34CrNi3MoA	0.30 ~ 0.40	0.50 ~ 0.80	0.27 ~ 0.37	0.70 ~ 1.10	2.75 ~ 3.25	0.25 ~ 0.40	—	≤ 0.030	≤ 0.035
40CrNiMoA	0.36 ~ 0.44	0.50 ~ 0.80	0.17 ~ 0.37	0.60 ~ 0.90	1.25 ~ 1.75	0.15 ~ 0.25	—	≤ 0.030	≤ 0.030
4340（美）	0.38 ~ 0.40	0.60 ~ 0.80	0.20 ~ 0.35	0.70 ~ 0.90	1.62 ~ 2.00	0.20 ~ 0.30	—	≤ 0.025	0.025
H-11（美）	0.30 ~ 0.40	0.20 ~ 0.40	0.80 ~ 1.20	4.75 ~ 5.50	—	1.25 ~ 1.75	0.30 ~ 0.50	≤ 0.010	≤ 0.010
D6AC	0.42 ~ 0.48	0.60 ~ 0.90	0.15 ~ 0.35	0.90 ~ 1.20	0.40 ~ 0.70	0.90 ~ 1.10	0.05 ~ 0.10	≤ 0.015	≤ 0.015
30Cr3SiNiMoV	0.32	0.70	0.96	3.10	0.91	0.70	0.11	0.003	0.019

表 2-20 几种中碳调质钢的力学性能

钢号	热处理规范	屈服强度 (R_{eL}) /MPa	抗拉强度 (R_m) /MPa	伸长率 (A_5) /%	断面收缩率 (Z) /%	冲击吸收功 /J	硬度 /HBW
30CrMnSiA	870 ~ 890℃油淬 510 ~ 550℃回火	≥ 833	≥ 1078	≥ 10	≥ 40	≥ 49	346 ~ 363
	870 ~ 890℃油淬 200 ~ 260℃回火	—	≥ 1568	≥ 5	—	≥ 25	≥ 444

续表

钢号	热处理规范	屈服强度（R_{eL}）/MPa	抗拉强度（R_m）/MPa	伸长率（A_5）/%	断面收缩率（Z）/%	冲击吸收功/J	硬度/HBW
30CrMnSiNi2A	890～910℃油淬 200～300℃回火	≥ 1372	≥ 1568	≥ 9	≥ 45	≥ 59	≥ 444
40CrMnSiMoVA	890～970℃油淬 250～270℃回火 4小时空冷	—	≥ 1862	≥ 8	≥ 35	≥ 49	HRC ≥ 52
35CrMoA	860～880℃油淬 560～580℃回火	≥ 490	≥ 657	≥ 15	≥ 35	≥ 49	197～241
35CrMoVA	880～900℃油淬 640～660℃回火	≥ 686	≥ 814	≥ 13	≥ 35	≥ 39	255～302
34CrNi3MoA	850～870℃油淬 580～670℃回火	≥ 833	≥ 931	≥ 12	≥ 35	≥ 39	285～341
40CrNiMoA	840～860℃油淬 550～650℃水或空冷	≥ 833	≥ 980	12	50	79	—
4340（美）	约870℃油淬 约425℃回火	～1305	～1480	～14	～50	25	～435
H-11（美）	980～1040℃空淬	～1725	—	—	—	—	—
	约540℃回火	～2070					
	约480℃回火						
D6AC	880℃油淬	≥ 1470	≥ 1570	～14	～50	25	
	550℃回火						
30Cr3SiNiMoV	910℃油淬 280℃回火	—	≥ 1666	> 9	—	—	—

二、中碳调质钢的分类

中碳调质钢按其合金系可分成以下几类。

（一）Cr 钢

如 40Cr，钢中加入 ω_{Cr} < 1.5% 的 Cr 可以有效提高钢的淬透性，同时增加低温或高温回火稳定性，但会产生回火脆性。40Cr 是一种被广泛应用的 Cr 调质钢，具有良好的综合力学性能，较高的淬透性，高的疲劳强度，常用于制造较重要的、交变载荷下工作的零件，如焊接加工的齿轮和轴类。

（二）Cr-Mo 钢

Cr-Mo 钢是在 Cr 钢的基础上发展起来的中碳调质钢，例如，35CrMoA 和 35CrMoVA 钢都属于 Cr-Mo 钢系。Cr 钢中加入少量 Mo（ω_{Mo} = 0.15%～0.25%）可以消除铬钢的回火脆性，提高淬透性，并使钢具有较好的强度与韧性，同时 Mo 还能提高钢的高温强度。V 可以细化晶粒，提高强度、塑性和韧性，增加高温回火稳定性。这类钢一般用于制造动力设备中的一些承受负荷较高、截面较大的重要零部件，如汽轮机叶轮、主轴和发电机转子等。由于这类钢的含碳量较高、淬透性较大，因此焊接性较差，一般要求焊前预热、焊后热处理等。

（三）Cr-Mn-Si 钢

30CrMnSiA、30CrMnSiNi2A 和 40CrMnSiMoVA 钢等都属于 Cr-Mn-Si 钢系。其中，30CrMnSiA 是最典型的，在我国应用较为广泛，$\omega_C = 0.28\% \sim 0.35\%$，加入 Si 的作用是提高低温回火抗力。

（四）Cr-Ni-Mo 钢

40CrNiMoA、34CrNi3MoA 及美国的 4340 钢都属于 Cr-Ni-Mo 系调质钢，钢中加入 Ni 和 Mo 显著提高了淬透性和抗回火软化的能力，对改善钢的韧性也有好处，使钢具有良好的综合性能，如强度高、韧性好、淬透性大等。这类钢主要用于高负荷、大截面的轴类以及承受冲击载荷的构件，如汽轮机、喷气涡轮机轴、喷气式飞机的起落架及火箭发动机外壳等。

三、中碳调质钢的焊接性分析

（一）焊接裂纹

1. 焊缝中的热裂纹

中碳调质钢含碳量及合金元素都较高，因此液-固相区间较大，偏析也较严重，因而具有较大的热裂纹倾向。热裂纹常发生在多道焊的第一条焊道弧坑和凹形角焊缝中。为防止热裂纹，在选择焊接材料时，应尽量选用含碳量低且含硫、磷杂质少的填充材料。一般焊丝含碳量限制在 0.15% 以下，最高不超过0.25%，硫、磷含量应该小于 0.03%。焊接时应注意填满弧坑和良好的焊缝成形。

2. 冷裂纹

中碳调质钢对冷裂纹的敏感性比低碳调质钢大，淬硬倾向十分明显，这是由于中碳调质钢的含碳量较高，加入的合金元素也较多，在 500℃ 以下的温度区间过冷奥氏体具有更强的稳定性。而且含碳量越高，淬硬倾向越大，冷裂倾向也越大。

中碳调质钢的马氏体开始转变温度 Ms 较低，在低温下形成的马氏体，难以产生自回火效应，并且由于马氏体中的含碳量较高，有很大的过饱和度，晶格点阵的畸变更严重，硬度和脆性就更大，对冷裂纹的敏感性也就更大。焊接这类钢时，为了防止冷裂纹，除采取预热措施外，焊后必须及时进行回火处理。

（二）热影响区的性能变化

1. 过热区的脆化

由于中碳调质钢有相当大的淬硬性，因而在焊接热影响区的过热区内很容易产生硬脆的高碳马氏体。冷却速度越大，生成的高碳马氏体越多，脆化也就越严重。为了减少过热区脆化，宜采用较小的焊接热输入，而同时采取预热、缓冷和后热等措施。因为采用较小的热输入可减少高温停留时间，避免奥氏体晶粒的过热，增加奥氏体内部成分的不均匀性，从而降低奥氏体的稳定性；预热和缓冷是为了降低冷却速度，改善过热区的性能。对这类钢采用较大的焊接热输入也难以避免马氏体的形成，反而会增大奥氏体过热、稳定性，形成粗大的马氏体，使过热区脆化更为严重，应尽量避免。

2. 焊接热影响区的软化

中碳调质钢经常在退火状态进行焊接，焊后再调质处理。但有的时候焊后不能进行调质处理，这就必须在调质状态下进行焊接，焊后热影响区的软化现象严重。强度级别越高，软化问题越严重。该软化区是焊接接头强度的薄弱环节。软化区的软化程度和宽度、焊接热输入、焊接方法有很大关系。热输入越小，冷却速度越快，受热时间越短，软化程度越小，软化区的宽度越窄，但同时要注意过热的脆化和冷裂问题。从图2-4可以看到，30CrMnSi钢经气焊后，其软化区的 R_m 降为590～685 MPa；电弧焊时，软化区的 R_m 则为880～1030 MPa，并且气焊时的软化区比电弧焊时的宽得多。可见焊接热源越集中、热输入较小的焊接方法，对减小软化越有利。

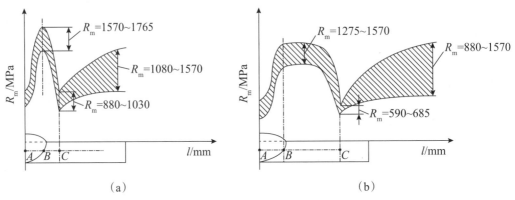

图2-4　调质状态的 30CrMnSi 钢焊接接头区的强度分布

（a）焊条电弧焊；（b）气焊

四、中碳调质钢的焊接工艺

中碳调质钢的淬透性大，焊接性较差，焊后的淬火组织是硬脆的高碳马氏体，不仅冷裂纹敏感性大，而且焊后若不经热处理，热影响区性能达不到原来母材金属的性能。对中碳调质钢的焊接来说，焊前所处的状态是非常重要的，它决定了焊接时出现问题的性质和所需采取的工艺措施。这类钢一般是在退火状态下进行焊接，焊后通过整体调质处理获得性能满足要求的均匀的焊接接头。但有时必须在调质状态下焊接，这时热影响区性能的恶化一直是行业热点研究课题。

（一）退火状态下焊接的工艺特点

1. 焊接方法的选择

正常情况下中碳调质钢都是在退火（或正火）状态下焊接，焊后再进行整体调质，这是焊接调质钢的一种比较合理的工艺方案。焊接时只需要解决焊接裂纹的问题，热影响区的性能可以通过焊后的调质处理来保证。

在退火状态下焊接中碳调质钢，对选择焊接工艺方法几乎没有限制，常用的一些焊接方法都能采用。例如，焊接30CrMnSiA时，可以采用各种焊接方法，但气焊时容易产生裂纹，所以目前一些薄板焊接已逐步被 CO_2 气体保护焊、钨极氩弧焊和等离子弧焊等取代。

2. 焊接材料的选择

选择焊接材料时，除要求不产生冷、热裂纹外，还要求焊缝金属的调质处理规范与母材的一致，以保证调质后的接头性能也与母材相同。因此，焊缝金属的主要合金成分应尽量与母材相似，但对能引起焊缝热裂倾向和促使金属脆化的元素，如 C、Si、S、P 等，需要严格控制。表2-21为常用中碳调质钢焊接材料选用示例。

表 2-21　常用中碳调质钢焊接材料选用举例

钢号	焊条电弧焊		埋弧焊		气体保护焊	
	型号	牌号	焊丝	焊剂	气体	焊丝
30CrMnSiA	E8515-G E10015-G	J857Cr J107Cr HT-1（H08CrMoA 焊芯） HT-3（H08A 焊芯） HT-3（H18CrMoA 焊芯）	H20CrMoA H18CrMoA	HJ431 HJ431 HJ260	CO_2	H08Mn2SiMoA H08Mn2SiA
					Ar	H18CrMoA
30CrMnSiNi2A	—	HT-3（H18CrMoA 焊芯）	H18CrMoA	HJ350-1 HJ260	Ar	H18CrMoA
35CrMoA	E10015-G	J107Cr	H20CrMoA	HJ260	Ar	H20CrMoA
35CrMoVA	E8515-G E10015-G	J857Cr J107Cr	—	—	Ar	H20CrMoA
34CrNi3MoA	E8515-G	J857Cr	—	—	Ar	H20Cr3MoNiA
40Cr	E8515-G E9015-G E10015-G	J857Cr J907Cr J107Cr	—	—	—	—

注：HT-× 为航空用焊条牌号；HJ350-1 为质量分数为 80% ～ 82% 的 HJ350 和质量分数为 20% ～ 18% 的粘结焊剂 1 号的混合焊剂。

3. 焊接参数的确定

焊接工艺参数确定的原则是保证在调质处理前不出现裂纹，接头性能由焊后热处理来保证。因此可以采用高的预热温度（200 ～ 350℃）和层间温度。

如果用局部预热，预热范围距焊缝两侧应不小于 100 mm。如果焊后不能立即进行调质处理，为了保证冷却到室温后，在调质处理前不致产生延迟裂纹，必须在焊后及时地进行一次中间热处理。中间热处理方式可以根据产品结构的复杂性和焊缝数量而定。结构简单焊缝少时，可做后热处理，即焊后在等于或高于预热温度下保持一段时间，其目的是从两个方面防止延迟裂纹的产生：一是利于去除扩散氢；二是使组织转变为对冷裂敏感性低的组织。或者进行 680℃回火处理，既能消氢和改善接头组织，还有消除应力的作用。例如在退火状态下焊接厚度大于 3 mm 的 30CrMnSiA 时，为了防止冷裂纹，应将焊件预热到 230 ～ 250℃，并在整个焊接过程中保持该温度。如果产品结构复杂，焊缝数量较多时，应在焊完一定数量的焊缝后，及时进行一次后热处理。必要时，每焊完一条焊缝都进行后热处理，目的是避免后面焊缝尚未焊完，先焊部位已经出现延迟裂纹。中间回火的次数，要根据焊缝的多少和产品结构的复杂程度来决定。对于淬硬倾向更大的 30CrMnSiNi2A 来说，为了防止冷裂纹的产生，焊后必须立即（保证焊缝处的金属不能冷却到低于 250℃）入炉加热到 650±10℃或 680℃回火，最后按规定进行调质处理。

（二）调质状态下焊接时的工艺特点

当必须在调质状态下进行焊接时，除了要防止焊接裂纹外，还要解决热影响区高碳马氏体引起的硬化和脆化，以及高温回火区软化引起的强度降低问题。高碳马氏体引起的硬化和脆化是可以通过焊后的回火处理来解决的，但对高温回火区软化引起的强度下降，在焊后不能进行调质处理的情况下是无法挽救的。因此，在调质状态下焊接时，主要应从防止冷裂纹和避免热影响区软化出发。

1. 焊接方法

为了减少热影响区的软化，应选择热量集中、能量密度大的方法，焊接热输入越小越好。气体保护焊比较好，特别是钨极氩弧焊，它的热量比较容易控制，焊接质量容易保证，因此经常用它来焊接一些焊接性很差的高强度钢。另外，脉冲钨极氩弧焊、等离子弧焊和电子束焊等一些新的焊接方法，也可以用于这类钢的焊接。焊条电弧焊具有经济性和灵活性，仍然是目前焊接这类钢应用最多的方法，气焊和电渣焊则不宜使用。

2. 焊接材料

由于焊后不再进行调质处理，因此选择焊接材料时没有必要考虑成分和热处理规范与母材相匹配的问题，主要考虑防止冷裂纹。焊条电弧焊经常采用纯奥氏体的铬镍钢焊条或镍基焊条，这两种焊条能使焊接变形集中在焊缝金属上，减小近缝区所承受的应力；焊缝为纯奥氏体，可溶解更多的氢，避免了焊缝中的氢向熔合区扩散。制定焊接工艺时，应尽可能地减小熔合比，尽量减小母材对焊缝金属的稀释。表 2-22 为几种常用中碳调质钢在调质状态下焊接的焊条选用示例。

表 2-22　几种常用中碳调质钢在调质状态下焊接用的焊条选用示例

钢号	焊条电弧焊焊条	
	牌号	焊芯
20CrMnSiA	HT-1	HGH-30
30CrMnSiA	HT-2	HGH-41
30CrMnSiNi2A	HT-3	HICr19Ni11Si4AlTi
30CrMnSiA	A507（E1-16-25Mo6N-15）	
	A502（E1-16-25Mo6N-16）	

注：HT-X 为航空用电焊条，HGH-30 和 HGH-41 为镍基合金焊芯。

3. 焊接工艺参数的选择

在调质状态下进行焊接，最理想的焊接热循环应是高温停留时间短和冷却速度慢。前者可避免过热区奥氏体晶粒粗化，减轻高温回火区的软化；后者使过热区获得对冷裂纹敏感性低的组织。为此，应用小的焊接热输入，预热温度低，焊后立即后热。

焊接调质状态的钢材时，必须注意预热温度、层间温度、中间热处理温度、后热温度以及焊后回火处理的温度，一定要控制在比母材淬火后的回火温度低 50℃。例如在调质状态下焊接 30CrMnSiA 和 30CrMnSiNi2A 时，采用镍基焊条 HT-2，焊后可采用约 250℃、2 h（或更长时间）的低温回火处理。在焊接如 30CrMnSiNi2A 这种淬硬倾向很大的调质钢时，除焊后低温回火外，还要采取一定的预热措施，预热温度应低于母材淬火后的回火温度，一般采用的预热温度为 240～260℃。

任务七　了解珠光体耐热钢的焊接工艺

耐热钢，通常在高温下使用，是抗氧化钢和热强钢的总称。抗氧化钢又称不起皮钢或热稳定钢，它在高温下能抵抗氧化和其他介质的侵蚀，并有一定的强度，工作温度可达 900～1100℃；热强钢在高温下具有较高的强韧性和一定抗氧化性，工作温度可达 600 ～ 800℃。

一、耐热钢的分类

耐热钢的种类很多，按用途和特性分为抗氧化钢（热稳定钢）和热强钢，抗氧化钢主要指高温下要求抗氧化或耐气体介质侵蚀的钢，对高温强度无特别要求；热强钢主要指高温下具有足够强度（如持久强度和蠕变强度）的钢，同时兼有一定抗氧化性。

耐热钢按合金元素的质量分数分为低合金耐热钢、中合金耐热钢和高合金耐热钢。

耐热钢按其正火组织可分为奥氏体耐热钢、马氏体耐热钢、铁素体耐热钢及珠光体耐热钢等。

（1）奥氏体耐热钢含有较多的镍、锰、氮等奥氏体形成元素，在 600℃ 以上时有较好的高温强度和组织稳定性，焊接性能良好。

（2）马氏体耐热钢含铬量一般为 7% ～ 13%，在 650℃ 以下有较高的高温强度、抗氧化性和耐水汽腐蚀的能力，但焊接性较差。

（3）铁素体耐热钢含有较多的铬、铝、硅等元素，形成单相铁素体组织，有良好的抗氧化性和耐高温气体腐蚀的能力，但高温强度较低，室温脆性较大，焊接性较差。

（4）珠光体耐热钢合金元素以铬、钼为主，总量一般不超过 5%。其组织成分除珠光体、铁素体外还有贝氏体。这类钢在 500 ～ 600℃ 有良好的高温强度及工艺性能，价格较低，广泛用于制作 600℃ 以下的耐热部件，常应用于航空、石油、化工等行业。

二、珠光体耐热钢的成分与性能

珠光体耐热钢中 $\omega_{Cr} = 0.5\% \sim 9\%$，$\omega_{Mo} = 0.5\% \sim 1\%$。随着 Cr、Mo 含量的增加，钢的抗氧化性、高温强度和抗硫化物腐蚀性能增加。同时还含有一定的 V、W、Ti、Nb 等元素，可进一步提高钢的热强性。珠光体耐热钢的合金系基本上是 Cr-Mo 系、Cr-Mo-V 系、Cr-Mo-W-V 系、Cr-Mo-W-V-B 系、Cr-Mo-V-Ti-B 系等。

常用珠光体耐热钢的化学成分和室温力学性能如表 2-23 和表 2-24 所示。

表 2-23　常用珠光体耐热钢的化学成分

单位：%

钢号	C	Si	Mn	Cr	Mo	V	W	其他
12CrMo	0.08 ～ 0.15	0.17 ～ 0.37	0.4 ～ 0.7	0.4 ～ 0.7	0.4 ～ 0.55	—	—	—
15CrMo	0.12 ～ 0.18	0.17 ～ 0.37	0.4 ～ 0.7	0.8 ～ 1.10	0.4 ～ 0.55	—	—	—
10Cr2Mo1	≤ 0.15	0.15 ～ 0.50	0.4 ～ 0.6	2.0 ～ 2.5	0.9 ～ 1.1	—	—	—
12Cr5Mo	≤ 0.15	≤ 0.5	≤ 0.6	4.0 ～ 6.0	0.5 ～ 0.6	—	—	—
12Cr9Mo1	≤ 0.15	0.5 ～ 1.0	0.3 ～ 0.6	8.0 ～ 10.0	0.9 ～ 1.1	—	—	—
12Cr1MoV	0.08 ～ 0.15	0.17 ～ 0.37	0.4 ～ 0.7	0.9 ～ 1.2	0.25 ～ 0.35	0.15 ～ 0.30	—	—

续表

钢号	C	Si	Mn	Cr	Mo	V	W	其他
15Cr1Mo1V	0.08 ~ 0.15	0.17 ~ 0.37	0.4 ~ 0.7	0.9 ~ 1.2	1.0 ~ 1.2	0.15 ~ 0.25	—	—
17CrMo1V	0.12 ~ 0.20	0.3 ~ 0.5	0.6 ~ 1.0	0.3 ~ 0.45	0.7 ~ 0.9	0.3 ~ 0.4	—	—
20Cr3MoWV	0.17 ~ 0.24	0.2 ~ 0.4	0.3 ~ 0.6	2.6 ~ 3.0	0.35 ~ 0.50	0.7 ~ 0.9	0.3 ~ 0.6	—
12Cr2MoWVTiB	0.08 ~ 0.15	0.45 ~ 0.75	0.45 ~ 0.65	1.6 ~ 2.1	0.5 ~ 0.65	0.28 ~ 0.42	0.3 ~ 0.55	Ti0.08 ~ 0.18 B ≤ 0.008
12Cr3MoVSiTiB	0.09 ~ 0.15	0.6 ~ 0.9	0.5 ~ 0.8	2.5 ~ 3.0	1.0 ~ 1.2	0.25 ~ 0.35	—	Ti0.22 ~ 0.38 B0.005 ~ 0.011

表 2-24　常用珠光体耐热钢的室温力学性能

钢号	热处理状态	屈服强度 (R_{eL}) /MPa	抗拉强度 (R_m) /MPa	伸长率 (A_5) /%	冲击韧度 /J·cm^{-2}
12CrMo	900 ~ 930℃正火 680 ~ 730℃回火 （缓冷到300℃空冷）	≥ 265	≥ 410	≥ 24	≥ 135
15CrMo	900℃正火 650℃回火	≥ 295	≥ 440	≥ 22	≥ 118
10Cr2Mo1	940 ~ 960℃正火 730 ~ 750℃回火	≥ 265	440 ~ 590	≥ 20	≥ 78.5
12Cr5Mo	900℃正火 540 ~ 570℃回火	—	≥ 980	≥ 10	
12Cr9Mo1	900 ~ 1000℃空冷或油淬 730 ~ 780℃空冷回火	≥ 392	590 ~ 735	≥ 20	≥ 78.5
12Cr1MoV	1000 ~ 10200℃正火 740℃回火	≥ 255	≥ 470	≥ 21	≥ 59
15Cr1Mo1V	1020 ~ 1050℃正火 730 ~ 760℃回火	≥ 345	540 ~ 685	≥ 18	≥ 49
17CrMo1V	980 ~ 1000℃空冷或油淬 710 ~ 730℃回火	≥ 640	≥ 735	≥ 16	≥ 59
20Cr3MoWV	1040 ~ 1060℃空冷或油淬 650 ~ 720℃回火	≥ 640	≥ 785	≥ 13	49 ~ 68.5
12Cr2MoWVTiB	1000 ~ 1035℃正火 760 ~ 780℃回火	≥ 342	≥ 540	≥ 18	—
12Cr3MoVSiTiB	1040 ~ 1090℃正火 720 ~ 770℃回火	≥ 440	≥ 625	≥ 18	—

合金元素 Cr 的主要作用是提高耐蚀性，Cr 的氧化物比较致密，不易分解，能有效起到保护作用。Cr 溶于 Fe_3C 后，可使碳化物具有良好的热稳定性，阻止碳化物的分解，减缓碳在铁素体中的扩散，能有效地防止石墨化。Cr 还可以提高铁素体的热强性，在 $\omega_C < 1\%$ 时效果显著，$\omega_C > 1\%$ 对热强性的影响减弱。

Mo 是钢中的主要强化元素，Mo 优先溶入固溶体，强化固溶体。Mo 的熔点高达 2625℃，固溶后可提高钢的再结晶温度，能有效提高钢的高温强度和抗蠕变能力。Mo 还能降低热脆敏感性，可以提高钢材的抗腐蚀能力。

钢中的 V 是强碳化物形成元素，能形成细小弥散的碳化物和氮化物分布在晶内和晶界，阻碍碳化物聚集长大，提高蠕变强度。V 与 C 的亲和力比 Cr 和 Mo 大，可阻碍 Cr 和 Mo 形成碳化物，促进 Cr 和 Mo 进入固溶体，提高钢的高温强度。钢中的 V 含量不宜过高，否则 V 的碳化物在高温下会聚集长大，造成钢的热强性下降，或使钢材脆化。

此外，加入的微量元素 B、Ti、RE 等能吸附于晶界，延长合金元素沿晶界扩散，从而强化晶界，增加钢的热强性。

12Cr2MoWVB 是我国自行研制的 600℃级的钢种，可以用于制造壁温为 600 ～ 620℃亚临界锅炉过热器和再热器。在很多产品中（如 20 万 kW、30 万 kW 锅炉的过热器受热面高温管段），此钢可取代奥氏体不锈钢而大大降低产品的造价。13Cr3MoVSiTiB 与 12Cr2MoWVB 是并行研究的两个钢种，前者含有较多的 Si 和 Ti，焊接性较差。

三、珠光体耐热钢的焊接性分析

珠光体耐热钢的合金总含量 $\omega_{Me} < 6\%$，属于低、中合金钢，其焊接性与低碳调质钢相近。焊接的主要问题是冷裂纹、再热裂纹和回火脆性。

（一）冷裂纹

珠光体耐热钢中的主要合金元素铬和钼都能显著提高钢的淬硬性，钼的作用比铬大 50 倍。这些合金元素推迟了冷却过程中的组织转变，使钢的临界冷却速度降低，奥氏体稳定性增大，冷却到较低温度时才发生马氏体转变，产生淬硬组织，使接头变脆。合金元素和碳的含量越高，淬硬倾向就越大。当焊接拘束度大、冷却速度快的厚结构时，若又有氢的有害作用，就会导致冷裂纹的产生。可采用低氢焊条和控制焊接热输入在合适的范围，加上适当的预热、后热措施，来避免产生焊接冷裂纹。实际生产中，合理的预热温度和焊后回火温度对防止冷裂纹是非常有效的。

（二）再热裂纹

珠光体耐热钢属于再热裂纹敏感的钢种，这与钢中合金元素铬、钼、钒有关。这种裂纹一般在 500 ～ 700℃的敏感温度范围内形成，与焊接工艺及焊接残余应力有关，在焊后热处理或长期高温工作中，在热影响区熔合线附近的粗晶区有时会出现这种裂纹。

防止再热裂纹的措施如下。

（1）采用高温塑性高于母材的焊接材料，限制母材和焊接材料的合金成分，特别是要严格限制 V、Ti、Nb 等合金元素的含量到最低的程度。

（2）将预热温度提高到 250℃以上，层间温度控制在 300℃左右。

（3）采用较小的热输入的焊接工艺，减小焊接过热区宽度，细化晶粒。

（4）选择合适的热处理制度，避免在敏感温度区间停留较长时间。

（三）回火脆性

铬钼耐热钢及其接头在 370～565℃温度区间长期运行而发生脆变的现象称为回火脆性。产生回火脆性的主要原因是在回火脆化温度范围内长期加热，P、As、Sb、Sn 等杂质元素在奥氏体晶界偏析而引起的晶界脆化；此外，与促进回火脆化的元素 Mn、Si 也有关。因此，要想获得低回火脆性的焊缝，须严格控制有害杂质元素 P 和 S 的含量，同时降低 Si、Mn 的含量，这是解决回火脆性的有效措施。

四、珠光体耐热钢的焊接工艺

珠光体耐热钢一般焊前需要预热，焊后大多要进行高温回火处理。珠光体耐热钢定位焊和正式施焊前都需预热，若焊件刚性大，需整体预热。焊条电弧焊时应尽量降低接头的拘束度。焊接过程中保持焊件的温度不低于预热温度（包括多层焊时的层间温度），尽量避免中断，不得已中断焊接时，应保证焊件缓慢冷却。重新施焊的焊接件焊前仍须预热，焊接完毕应将焊件保持在预热温度以上数小时，然后再缓慢冷却。焊缝正面的余高不宜过高。

（一）焊接方法的选择

珠光体耐热钢焊接结构实际应用的焊接方法有：焊条电弧焊、埋弧焊、熔化极气体保护焊、电渣焊、钨极氩弧焊，电阻焊和感应加热压焊等。

埋弧焊的熔敷速度快、质量稳定，最适用于焊接大型的 Cr-Mo 耐热钢焊接结构，例如，厚壁压力容器的对接纵缝和环缝的焊接。

焊条电弧焊机动灵活，能进行全位置焊，在耐热钢管道焊接中应用广泛，但建立低氢条件较困难，对冷裂倾向大的 Cr-Mo 耐热钢焊接时，工艺过于复杂。

钨极氩弧焊具有超低氢的特点，焊接时可以适当降低预热温度。但钨极氩弧焊焊接效率低，生产中往往采用钨极氩弧焊完成根部焊道，而填充层采用其他高效率的焊接方法，以提高生产率。如厚壁管道的焊接，利用钨极氩弧焊打底，焊缝背面成形好，其余填充焊道通过焊条电弧焊或自动弧焊来完成。对于 ω_{Cr} > 3% 的耐热钢管用钨极氩弧焊作单面焊背面成形工艺时，焊缝背面应通氩气保护以改善成形，防止焊缝表面氧化。

熔化极气体保护焊，采用 CO_2 气体或 $Ar+CO_2$ 混合气体保护。平焊时采用熔敷率高的射流过渡；全位置焊时用脉冲射流过渡或短路过渡，适用于耐热钢厚壁大直径管道自动焊。

耐热钢厚壁压力容器直缝宜用电渣焊，电渣焊焊接熔敷率高，焊接时产生的大量热对母材有预热作用，对淬硬倾向大的耐热钢更为合适。电渣焊冷却速度缓慢，对焊缝金属中氢的扩散逸出很有利。但电渣焊的焊缝金属和高温热影响区晶粒粗大，焊后必须进行正火处理以细化晶粒、提高韧性。

低合金耐热钢的管件和棒材可采用电阻压力焊、感应加热压力焊以及电阻感应焊，其效率高，无需填充金属。但必须严格控制焊接工艺参数，才能获得优质的焊接接头。

（二）焊接材料的选择

焊接材料的选择原则是保证焊缝化学成分和力学性能与母材相当，以保证焊缝性能与母材匹配，具有必要的热强性。常选用 $\omega_C \leqslant 0.12\%$ 的低氢型焊接材料，以提高焊接接头的抗热裂纹和抗冷裂纹的能力和韧性。

对于耐热钢修补时，为了减小焊接变形、简化焊接工艺和焊后不热处理，常选用奥氏体不锈钢焊条，如 E16-25-Mo6N-15（A507）等进行焊补。表 2-25 为常用珠光体耐热钢焊接材料选用示例。

表 2-25 常用珠光体耐热钢焊接材料的选用举例

钢号	焊条电弧焊		气体保护焊		埋弧焊	
	型号	牌号	气体	焊丝	焊剂	焊丝
16Mo	E5003Al	R102	CO$_2$ 或 Ar+20% CO$_2$ 或 Ar+（1% ～ 5%）O$_2$	H08MnSiMo	HJ350	H08MnMoA
12CrMo	E5503-B1 E5515-B1	R202 R207		H08CrMnSiMo H08Mn2SiCrMo （ER55-B2 ER55-B2L）	HJ350 HJ250	H10MoCrA
15CrMo	E5515-B2 E16-25-Mo6N-15	R307 A507			HJ350 HJ260 HJ250	H08CrMoA H12CrMo
20CrMo	E5515-B2	R307		—	HJ350	H08CrMoV
12Cr2Mo1	E6015-B3	R407		H08Cr2Mo1A H08Cr3MoMnSi H08Cr2Mo1MnSi	HJ350 HJ260 HJ250	H08Cr2Mo1 H08Cr3MoMnSi
12Cr1MoV	E5515-B2-V	R317		H08CrMnSiMoV （ER55-B2MnV）	HJ350	H08CrMoA
15Cr1Mo1V	E5515-B2-VW E5515-B2-VNb E16-25-Mo6N-15	R327 R337 A507		—	—	—
12Cr2MoWVTiB	E5515-B3-VWB	R347		H08Cr2MoWVNbB （ER62-G）	—	—
12Cr3MoVSiTiB	E5515-B3-VNb	R417 R407VNb		—	—	—
12Cr2MoWVB	E5515-B3-VWB	R347		H08Cr2MoWVNbB （ER62-G）	HJ250	H08Cr2MoWVNbB

（三）焊接参数的确定

1. 焊接热输入的确定

珠光体耐热钢焊接时，为避免热影响区金属的淬硬、降低冷却速度、防止产生冷裂纹，宜采用较大的焊接热输入。但过大的焊接热输入会增加焊接应力和变形，热影响区过热程度大，晶粒粗化，晶界的结合能力降低，产生再热裂纹的可能性增加，接头韧性也下降。综合考虑，珠光体耐热钢焊接宜采用较小的焊接热输入焊接。焊接时应采用多道焊和窄焊道，不摆动或小幅度热摆动。

2. 预热和焊后热处理

预热是防止珠光体耐热钢焊接冷裂纹和再热裂纹的有效措施之一。预热温度主要依据钢的碳当量、接头的拘束度和焊缝金属的氢含量决定。铬－钼耐热钢预热温度并非越高越好。当 $\omega_C > 2\%$ 时，为防止氢致裂纹的产生，应采用较高的预热温度，但不应高于马氏体转变结束点 M_f 的温度，否则，当焊件做最终焊后热处理时，会残留部分未转变的奥氏体。若处理时冷却速度较快，这部分残留奥氏体就可能转为马氏体组织而失去焊后热处理对马氏体组织的回火作用。当预热和层间温度均控制在 M_f 以下，焊接结束后奥氏体将在控制温度范围内转变成马氏体，并在马氏体转变完成后再进行焊后热处理，使马氏体得到回火而改善韧性。

后热去氢处理的目的是防止冷裂纹。氢在珠光体中的扩散速度较慢，一般焊后加热到250℃以上，保温一定时间，可以促使氢加速逸出，降低冷裂纹的敏感性。采用后热处理可以降低预热温度50～100℃。耐热钢焊后热处理的目的不仅是消除焊接残余应力，更重要的是改善焊接接头的组织和提高接头的综合力学性能，包括提高接头的高温蠕变强度和组织稳定性、降低焊缝及热影响区硬度等。

产品的最佳预热温度和焊后热处理温度，最好是根据产品材料的性质及其供应状态、结构的特点及产品运行条件对接头性能的要求，并通过焊接工艺评定后确定。表2-26为几种珠光体耐热钢的焊接预热温度和焊后立即回火温度。电渣焊或气焊焊接的接头可采用正火＋回火处理。

表2-26　几种珠光体耐热钢的焊接预热温度和焊后立即回火温度

钢号	预热温度/℃	推荐焊后回火温度[1]/℃	钢号	预热温度/℃	推荐焊后回火温度[1]/℃
12CrMo	200～250	630～710	12MoVWBSiRE	200～300	750～770
15CrMo	150～250	630～710	12Cr2MoWVB[2]	250～300	760～780
12Cr1MoV	250～350	710～750	12Cr2MoWVTiB	250～350	750～780
12Cr2Mo1	200～350	680～750	12Cr3MoVSiTiB	300～350	750～780
15Cr1Mo1V	300～400	710～740	20CrMo	250～300	650～700
20Cr3MoWV	400～450	650～670	15CrMoV	300～400	710～730

① 以高温抗拉强度为主选下限温度；以持久强度为主选中间温度，为软化焊接接头选上限值。
② 12Cr2MoWVB气焊接头焊后应正火＋回火处理，推荐：正火1000～1030℃＋回火760～780℃。

（四）焊接工艺要点

珠光体耐热钢有较强的冷裂纹倾向，氢含量要严格控制，焊接时应注意以下工艺要点。

（1）焊前对焊接材料应按有关规定烘干。

（2）焊丝表面严格清除油污和锈。

（3）焊接坡口两侧50 mm范围内清除油、水、锈等污物。

工程案例
珠光体耐热钢焊接

（4）定位焊和正式焊都应该预热。

（5）正式焊接时，应连续施焊，保证层间温度与预热温度接近，如中途中断焊接，要有保温缓冷措施。再焊接前应清扫、检查、重新预热后再焊接。

（6）对刚性大的焊件应进行后热，即在200～350℃保温0.5～2 h后再进行焊后热处理。如果预热和后热联合使用，可降低预热（层间）温度。

任务八　了解低温钢的焊接工艺

低温钢是指工作温度在-10～-196℃的钢，低于-196℃（直到-273℃）的钢称为超低温钢。低温钢主要是为了适应能源、石油化工等行业的需要而迅速发展起来的一种专用钢，主要用于制造石油化工的低温设备，如液化石油气及液化天然气等储存与运输的容器和管道等，这类钢在低温下不仅要具有足够的强度，更重要的是具有足够好的韧性和抗脆性断裂的能力。

一、低温钢的分类、成分与性能

（一）低温钢的分类

低温钢的分类方法很多，按适用温度范围，低温钢可分为 −40℃、−70℃、−90℃、−120℃、−196℃、−253℃和 −269℃等级的低温钢。

按照钢材的合金体系，低合金低温钢分为含镍和无镍两大类；

按钢的显微组织，低温钢可分为铁素体低温钢、低碳马氏体低温钢和奥氏体低温钢。

（二）低温钢的化学成分与性能

低温钢大部分是接近铁素体型的低合金钢，其含碳量较低，主要通过加入 Al、V、Nb、Ti 及稀土（RE）等元素固溶强化和细化晶粒，再经过正火、回火处理获得晶粒细而均匀的组织，从而得到良好的低温韧性。如钢中加入 Ni，Ni 固溶于铁素体，既提高其强度，又使基体的低温韧性得到显著改善。为了发挥 Ni 的有利作用，在含 Ni 的钢中，应在提高 Ni 含量的同时，相应降低含碳量并严格控制硫、磷的含量。表 2-27 和表 2-28 分别列出了几种低温用钢的化学成分和力学性能。

表 2-27　几种低温钢的化学成分

类别	温度等级/℃	钢号	化学成分（质量分数）/%										
			C	Mn	Si	S	P	Al	V	Cu	Cr	Ni	其他
无镍低温钢	−40	16MnDR	≤ 0.20	1.20 ~ 1.60	0.15 ~ 0.50	≤ 0.0125	≤ 0.030	—	—	—	—	—	—
	−70	09Mn2VDR	≤ 0.12	1.40 ~ 1.80	0.15 ~ 0.50	≤ 0.0125	≤ 0.030	—	0.02 ~ 0.06	—	—	—	—
	−90	06MnNbDR	≤ 0.07	1.20 ~ 1.60	0.17 ~ 0.37	≤ 0.030	≤ 0.030	—	—	—	—	—	Nb0.02 ~ 0.05
	−100	06MnVTi	≤ 0.07	1.40 ~ 1.80	0.17 ~ 0.37	≤ 0.030	≤ 0.030	0.04 ~ 0.08	0.04 ~ 0.10	—	—	—	—
	−196	20Mn23Al	0.15 ~ 0.25	21.0 ~ 26.0	≤ 0.50	≤ 0.030	≤ 0.030	0.7 ~ 1.2	0.06 ~ 0.12	0.1 ~ 0.20	—	—	N0.03 ~ 0.08 B0.001 ~ 0.005
	−253	15Mn26Al4	0.13 ~ 0.19	24.5 ~ 27.0	≤ 0.60	≤ 0.035	≤ 0.035	3.8 ~ 4.7	—	—	—	—	—

金属材料焊接工艺制定与评定

续表

| 类别 | 温度等级/℃ | 钢号 | 化学成分（质量分数）/% | | | | | | | | | | |
			C	Mn	Si	S	P	Al	V	Cu	Cr	Ni	其他
含镍低温钢	−70	09MnNiDR	≤ 0.20	1.20 ～ 1.60	0.15 ～ 0.50	≤ 0.020	≤ 0.025	≥ 0.015	—	—	—	0.30 ～ 0.80	Nb ≤ 0.04
	−80	2.5Ni	≤ 0.14	0.70 ～ 1.50	≤ 0.30	≤ 0.035	≤ 0.035	0.15 ～ 0.50	0.03 ～ 0.10	≤ 0.35	≤ 0.25	2.00 ～ 2.50	Mo ≤ 0.10 Nb0.15 ～ 0.50
	−120 ～ −170	5Ni	≤ 0.12	≤ 0.08	0.10 ～ 0.30	≤ 0.035	≤ 0.035	0.15 ～ 0.50	0.02 ～ 0.05	≤ 0.35	≤ 0.25	4.75 ～ 5.25	
	−100	3.5Ni	≤ 0.14	≤ 0.08	0.10 ～ 0.30	≤ 0.035	≤ 0.035	0.15 ～ 0.50	0.02 ～ 0.05	≤ 0.35	≤ 0.25	3.25 ～ 3.75	
	−196	9Ni	≤ 0.10	≤ 0.08	0.10 ～ 0.30	≤ 0.035	≤ 0.035	0.15 ～ 0.50	0.02 ～ 0.05	≤ 0.35	≤ 0.25	8.0 ～ 10.0	
	−253	Cr18Ni9Ti	≤ 0.08	≤ 2.00	≤ 1.00	≤ 0.025	≤ 0.030	—	—	—	17.0 ～ 19.0	9.0 ～ 11.0	Mo ≤ 0.50
	−269	Cr25Ni20	≤ 0.08	≤ 2.00	≤ 1.50	≤ 0.030	≤ 0.040	—	—	—	24.0 ～ 26.0	19.0 ～ 22.0	Mo ≤ 0.50

注：DR 是指低温压力容器用钢。

表 2−28　几种低温钢的力学性能

钢号	热处理	屈服强度（R_{eL}）/MPa	抗拉强度（R_m）/MPa	伸长率（A_5）/%	试验温度/℃	冲击吸收功 /J
16MnDR	正火	≥ 315	≥ 510	≥ 21	−40	24（横向）
09Mn2VDR	正火	≥ 270	≥ 430	≥ 22	−50	27（横向）
06MnNbDR	正火	≥ 294	392 ～ 519	≥ 21	−90	≥ 21（纵向）
09MnNiDR	正火 + 回火	≥ 300	440 ～ 570	≥ 23	−70	27（横向）
2.5Ni	正火	≥ 255	450 ～ 530	≥ 23	−50	≥ 20.5（U 形，纵横向）
3.5Ni	正火	≥ 255	450 ～ 530	≥ 23	−101	≥ 20.5（U 形，纵横向）
5Ni	淬火 + 回火	≥ 448	655 ～ 790	≥ 20	−170	≥ 34.5（V 形，纵向）
9Ni	淬火 + 回火 二次正火 + 回火	≥ 517 ≥ 585	690 ～ 828	≥ 20	−196	≥ 34.5（V 形，纵向）

1. 铁素体低温钢

铁素体低温钢的显微组织主要是铁素体加少量珠光体，其使用温度在 -40 ～ -100℃，如 16MnDR、09Mn2VDR、09MnTiCuREDR、3.5Ni 和 06MnVTi 等。前面三种为低温容器专用钢，一般是在正火状态下使用。3.5Ni 钢一般采用 870℃正火和 635℃的 1 h 的消除应力回火，其最低使用温度达 -100℃。调质处理可提高其强度、改善韧性和降低其脆性转变温度，其最低使用温度可降至 -129℃。

2. 低碳马氏体低温钢

低碳马氏体低温钢属于含 Ni 量较高的钢，如 9Ni 钢，经淬火的组织为低碳马氏体，正火后的组织除低碳马氏体外，还有一定数量的铁素体和少量奥氏体，具有高的强度和韧性，能用于 -196℃的低温。该钢经冷变形后，须进行 565℃的消除应力退火，以提高其低温韧性。

3. 奥氏体低温钢

奥氏体低温钢具有很好的低温性能，其中 18-8 型铬镍奥氏体不锈钢使用最为广泛，25-20 型铬镍奥氏体不锈钢可用于超低温条件。我国为了节约镍（Ni）、铬（Cr），研制了以锰（Mn）、铝（Al）取代铬、镍的 15Mn26Al4 奥氏体超低温钢，其工作温度为 -253℃。

二、低温钢的焊接性分析

低温钢主要的合金元素 Ni 的含量不同，焊接性也有所差别，下面分别介绍无 Ni 低温钢的焊接性、含 Ni 较低的低温钢的焊接性和含 Ni 较高的低温钢的焊接性。

（一）无 Ni 低温钢的焊接性

无 Ni 低温钢实际上就是前面的热轧正火钢和低碳低合金调质钢。不含 Ni 元素的铁素体低温钢中 ω_C=0.06% ～ 0.20%，合金元素的总质量分数不超过 5%，碳当量较低，硫、磷控制在较低的范围内，其淬硬倾向和冷裂倾向小，室温下焊接不易产生冷裂纹，板厚小于 25 mm 时不需预热。板厚超过 25 mm 或接头刚性拘束较大时，应考虑预热，但预热温度不要过高，否则热影响区晶粒长大，预热温度一般在 100 ～ 150℃，最高不超过 200℃。当板厚大于 16 mm 时，焊后往往要进行消除应力热处理。

（二）含 Ni 较低的低温钢的焊接性

如 2.5Ni 低温钢和 3.5Ni 低温钢，虽然加入 Ni 提高了钢的淬透性，但由于含碳量低，对 S、P 控制很严，冷裂纹倾向并不严重，焊接薄板时可以不预热，焊接厚板可进行 100℃左右的预热。

（三）含 Ni 高的低温钢的焊接性

含 Ni 高的低温钢淬透性大，热影响区中加热温度超过临界点的部位在焊后得到含碳量很低的马氏体淬火组织，其冷裂倾向不大，如 9Ni 低温钢。实践表明，焊接厚度为 50 mm 的 9Ni 钢时，不需要预热，焊后也可不进行消除应力热处理。

三、低温钢的焊接工艺

低温钢多用于制造低温压力容器，必须防止在制造过程中引起脆性破坏。所制定的焊接工艺必须符合国家有关钢制压力容器焊接规程的要求。

（一）焊接方法及热输入的选择

常用的焊接方法有焊条电弧焊、埋弧焊、钨极氩弧焊及熔化极气体保护焊等。低温钢焊接时，为避免焊缝金属及近缝区形成粗大组织而使焊缝及热影响区的韧性恶化，焊接时，焊条尽量不摆动，采用窄焊道、多道多层焊。焊接电流不宜过大，宜用快速多道焊，以减轻焊道过热，并通过多层焊的重热作用细化晶粒，多道焊时，要控制焊道间温度，应采用较小的热输入施焊，焊条电弧焊热输入应控制在 20 kJ/mm 以下，熔化极气体保护焊热输入应控制在 25 kJ/mm 左右，埋弧焊时，焊接热输入应控制在 28 kJ/mm ～ 45 kJ/mm。如果需要预热，应严格控制预热温度及多层多道焊的道间温度。

（二）焊接材料的选择

低合金低温钢焊接材料的选择可参照表 2-29。焊接 -40℃级 16MnDR 钢可采用 E5015-G 或 E5016-G 高韧性焊条。埋弧焊时，可用中性熔炼焊剂配合 Mn-Mo 焊丝或碱性熔炼焊剂配合含 Ni 焊丝，也可采用 C-Mn 钢焊丝配合碱性非熔炼焊剂，由焊剂向焊缝渗入微量 Ti、B 合金元素，以保证焊缝金属获得良好的低温韧性。低 Ni 钢焊接时，所用焊接材料中的 Ni 含量应与母材相当或稍高，并非 Ni 含量高的焊缝韧性一定好。在焊态下的焊缝，当 $\omega_{Ni} > 2.5\%$ 时，焊缝组织中出现大量粗大的板条状贝氏体或马氏体，韧性较低。只有焊后经调质处理，焊缝的韧性才能随其含 Ni 量的增加而提高。添加少量的 Ti 可以细化 2.5Ni 钢的焊缝金属组织，提高其韧性；添加 Mo 可以克服其回火脆性。

表 2-29　几种常用低温用钢焊接材料的选择

钢号	焊条电弧焊		埋弧焊	
	型号	牌号	焊丝	焊剂
16MnDR	E5015-G E5016-G	J506RH J507RH	H10MnNiMoA H06MnNiMoA H08MnNiA	SJ101 SJ603 HJ250
09Mn2VDR 09MnTiCuReDR	E5015-G E5015-C1 E5515-C1 E5515-G	W607 W607H W707 W707Ni W807	H08MnA H08Mn2 H08Mn2MoVA	SJ102 SJ603 HJ250
06MnNbDR	E5515-C2	W907Ni	H08Mn2Ni2A	SJ603
09MnNiDR	E5015-G	W707H	H09MnNiDR H08Mn2Ni2A	SJ208DR SJ603
2.5Ni 3.5Ni	E5515-C1 E5515-C2 E5015-C2L	W707Ni W907Ni W107Ni NB-3N（日本）	H08Mn2Ni2A H05Ni3A	SJ603
9Ni	—	NIC-70S（日本） NIC-70E（日本） NIC-IS（日本）	Ni67Cr16Mn3Ti Ni58Cr22Mo9W	HJ131
15Mn26Al4	E315-15	A407	12Mn27Al6	HJ173

（三）焊后检查与处理

工程案例

低温钢焊接

焊接低温钢应注意避免产生弧坑、未熔透及焊缝成形不良等缺陷，焊后应认真检查内在及表面缺陷，并及时修复。低温下由缺陷引起的应力集中将增大结构低温脆性破坏倾向。焊后消除应力处理可以降低低温钢焊接产品脆断的危险性。

项目实训

一、实训描述

完成 Q235B 板对接试板焊接工艺制定与工艺评定。

二、实训图纸及技术要求

技术要求：

（1）母材为 Q235B 钢板，使用二氧化碳气体保护焊单面焊双面成形，施工图如图 2-5 所示；

（2）接头形式为板对接，焊接位置为平焊；

（3）坡口尺寸、根部间隙及钝边高度自定；

（4）错边量不超过 1 mm；

（5）焊缝表面无缺陷，焊缝均匀、宽窄一致、高低平整，具体要求请参照本实训的评分标准。

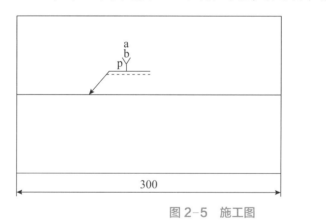
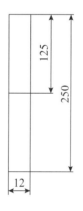

图 2-5　施工图

三、实训准备

（一）母材准备

Q235B 钢板两块，尺寸按照图纸要求为 300×125×12 mm，厚度 12 mm，根据制定的焊接工艺卡加工相应坡口。

（二）焊接材料准备

根据制定的焊接工艺卡选择相应焊接材料，并做好相应的清理、烘干保温等处理。

（三）常用工量具准备

焊工手套、面罩、手锤、活口扳手、錾子、锉刀、钢丝刷、尖嘴钳、钢直尺、焊缝万能检测尺、坡口角度尺、记号笔等。

（四）设备准备

根据制定的焊接工艺卡选择相应焊机、切割设备、台虎钳、角磨机等。

（五）人员准备

1. 岗位设置

建议四人一组组织实施，设置资料员、工艺员、操作员、检验员四个岗位。

2. 岗位职责

（1）资料员主要负责相关焊接材料的检索、整理等工作。

（2）工艺员主要负责焊件焊接工艺编制并根据施焊情况进行优化等工作。

（3）操作员主要负责焊件的准备及装焊工作。

（4）检验员主要负责焊件的坡口尺寸、装配尺寸、焊缝外观等质检工作。

小组成员协作互助，共同参与项目实训的整个过程。

四、实训分析

各小组根据母材化学成分、力学性能、焊接性能分析，选择相应焊接方法、设备、焊接材料，确定接头形式、坡口角度、焊接电流等焊接工艺参数以制定焊接工艺规程，图 2-6 是焊接工艺制定流程。

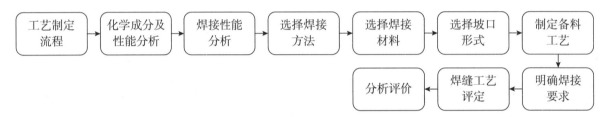

图 2-6　焊接工艺制定流程图

（一）母材化学成分及力学性能分析

Q235B 的化学成分及力学性能如表 2-30 所示。

表 2-30　Q235B 化学成分及力学性能

牌号	力学性能			化学成分（质量分数）/%				
	屈服强度 /MPa	抗拉强度 /MPa	伸长率 /%	C	Mn	Si	P	S
Q235B	185 ～ 235	370 ～ 500	21 ～ 26	0.12 ～ 0.20	≤ 14	≤ 0.35	≤ 0.045	≤ 0.045

（二）母材焊接工艺分析要点

（1）结构刚性过大的情况下，为了防止拉裂，焊前可以适当预热至 100 ～ 150℃。

（2）当焊件温度低于 0℃时，一般应在始焊处 100 mm 范围内预热（约 15 ～ 30℃之间）。

（3）焊缝扩散氢含量过大时，在厚板和 CE > 0.15% 情况下有产生氢致裂纹的可能性，在厚板 T 形接头和角接接头焊接时还有可能出现层状撕裂。焊缝含氮量超标时（> 0.008%）则会引起接头塑性和韧性的急剧降低。

（4）在焊接过热条件下，有可能在熔合区出现魏氏组织。

五、编制焊接工艺

（一）检索相关资料及记录问题

资料员根据小组讨论情况记录相关问题，并将相关查阅资料名称及对应内容所在位置记录在表2-31中，资料形式不限。

表2-31　资料查阅记录表

序号	资料名称	标题	需要解决的问题
如	GB/T 700—2006	5.1 牌号及化学成分	查阅 Q235B 化学成分

（二）焊接工艺卡编制

工艺员根据图纸要求制定焊接相关工艺，并将如表2-32和表2-33所示的工艺卡内容填写完整，其他小组成员协助完成。

表2-32　Q235B 板对接平焊备料工艺卡

产品名称		备料工艺卡	材质	数量（件）	焊件编号	组号
工序编号	工序名称	工序内容及技术要求			设备及工装	
编制		日期		审核		日期

63

表 2-33　Q235B 板对接平焊焊接工艺卡

绘制接头示意图			材料牌号	
			母材尺寸	
			母材厚度	
			接头类型	
			坡口形式	
			坡口角度	
			钝边高度	
			根部间隙	
焊接方法			焊机型号	
			电源种类极性	
焊接材料			焊接材料型号	
			保护气种类	
焊接热处理	预热温度 /℃		焊后热处理方式	
	层间温度 /℃		后热温度 /℃	
焊接参数				

工步名称	焊接方法	焊丝直径 /mm	保护气流量 /(L·min⁻¹)	焊接电流 /A	焊接电压 /V	焊接速度 /(cm·min⁻¹)

编制		日期		审核		日期	

六、装焊过程

请操作员根据图纸及工艺要求实施装焊操作，检验员做好检验，其他小组人员协助完成。将装焊过程记录在表 2-34 中。

表 2-34　Q235B 板对接平焊装焊及检验记录表

产品名称及规格				焊件编号			
焊缝名称		记录人姓名		焊工编号（姓名）		零件名称	
工步名称	焊接方法	焊材直径 /mm	焊接电流 /A	电弧电压 /V	保护气体流量 /（L·min⁻¹）	焊接速度 /（cm·min⁻¹）	层间温度 /℃
打底焊							
填充焊							
盖面焊							
焊前自检							
坡口角度 /°		钝边 /mm	装配间隙 /mm		坡口宽度 /mm		错变量 /mm
焊后自检							
焊缝正面		焊缝余高	焊缝高度差		焊缝宽度		咬边深度及长度
焊缝背面		焊缝高度			有无咬边		凹陷
焊工签名：		检验员签名：			日期：		

七、实训评价与总结

（一）实训评价

焊接完成之后，各个小组根据焊接评分记录表对焊缝质量进行自评、互评，教师进行专评，并将最终评分登记到表2-35中进行汇总。试件焊接未完成或焊缝存在裂纹、夹渣、气孔、未熔合缺陷的，按0分处理。

表2-35　焊接评分记录表

产品名称及规格				小组组号	
被检组号	工件名称	焊缝名称	编号	焊工姓名	返修次数
要求检验项目：					
自评结果				签名：　　　　日期：	
互评结果				签名：　　　　日期：	
专评结果				签名：　　　　日期：	
建议				质量负责人签名：　　　　日期：	

（二）焊接工艺评定的主要内容

根据 GB 50661—2011《钢结构焊接规范》进行焊接工艺评定，主要内容包括：

（1）焊接接头外观检验；

（2）试件的无损检测，射线探伤符合国家标准 GB/T 3323.1—2019 与 GB/T 3323.2—2019《焊缝无损检测 射线检测》第 1 部分和第 2 部分的规定，超声波探伤符合国家标准 GB/T 11345—2013《焊缝无损检测 超声检测技术、检测等级和评定》的规定；

（3）按照国家标准 GB/T 228.1—2021《金属材料 拉伸试验 第 1 部分：室温试验方法》的规定对试样进行拉伸试验；

（4）按照国家标准 GB/T 232—2010《金属材料 弯曲试验方法》的规定对试样进行弯曲试验；

（5）冲击试验应符合国家标准 GB/T 2650-2022《金属材料焊缝破坏性试验 冲击试验》的规定；

（6）宏观酸蚀试验应符合国家标准 GB/T 226—2015《钢的低倍组织及缺陷酸蚀检验法》的规定。

（三）实训总结

小组讨论总结并撰写实施报告，主要从以下几个方面进行阐述。

（1）我们学到了哪些方面的知识？

（2）我们的操作技能是否能够胜任本次实训，还存在什么短板，如何进一步提高？

（3）我们的职业素养得到哪些提升？

（4）通过本次实训我们有哪些收获，在今后对自己有哪些方面的要求？

拓展阅读——榜样的力量

大国工匠高凤林——给火箭焊"心脏"的人

北斗导航，嫦娥探月，载人航天……在一个个激动人心的国家重点工程背后，有许多航天人的默默奉献。高凤林（见图 2-8），作为首都航天机械公司（现更名为首都航天机械有限公司，又称 211 厂）特种熔融焊接工、发动机车间班组长、国家焊接特级技师，就是这些奉献者中的一员。

2016 年 3 月 29 日，第二届中国质量奖颁奖现场，焊接火箭发动机的首都航天机械公司高级技师高凤林，作为唯一的个人奖项获得者走上领奖台。他说："这是对航天事业取得卓越成果的高度肯定，是对航天人不懈追求万无一失、尽善尽美的激励，更是对技能工人扎根一线，以工匠精神打造中国制造品质的鞭策。"

图 2-8　大国工匠高凤林

一身干净利落的工作服，在浓密的眉毛下，一双深邃的眼眸透着坚毅……这是初见高凤林时的第一印象。高凤林之所以享誉盛名，并非有多么高的学历和收入，而是他能够数十年如一日地追求着职业技能的极致化，靠着传承和钻研，凭着专注和坚守，在火箭的"心脏"上焊出了一片天。高凤林说："岗位不同，作用不同，心中只要装着国家，什么岗位都光荣，有台前就有幕后。大国工匠，匠心筑梦，凭的是精益求精的工匠精神，追求的是民族认可的自豪感。"

矢志报国，航天事业练就焊接神技

当大街上的广播中传出我国第一颗人造地球卫星传回的《东方红》乐曲声，年幼的高凤林产生了疑问："卫星是怎么飞到天上去的？"当他以优异的成绩从中学毕业，因为要早点挣钱减轻家里的经济负担，报考了211厂技术工人学校，两年后，他进了211厂，成为一名焊工，为中国的火箭制造发动机。从此，他便与航天结下了不解之缘。

迈出校门的高凤林，走进了人才济济的火箭发动机焊接车间氩弧焊组，跟随我国第一代氩弧焊工学习技艺。师傅给学员们讲中国航天艰难的创业史，讲七十年代初25天完成25台发动机的"双二五"感人事迹，讲航天产品成败的深远影响，还有党和国家对航天事业的关怀和鼓励。也就是从那时起，"航天"两个字深深镌刻在高凤林的内心。他暗下决心，要成为像师傅那样对航天事业有用的人。

为了练好基本功，他吃饭时习惯拿筷子比划着焊接送丝的动作，喝水时习惯端着盛满水的缸子练稳定性，休息时举着铁块练耐力，更曾冒着高温观察铁水的流动规律。渐渐地，高凤林日益积攒的能量迸发出来。

20世纪90年代，为我国主力火箭长三甲系列运载火箭设计的新型大推力氢氧发动机，其大喷管的焊接曾一度成为研制瓶颈。火箭大喷管的形状有点儿像牵牛花的喇叭口，是复杂的变截面螺旋管束式，延伸段由248根壁厚只有0.33毫米的细方管通过工人手工焊接而成。全部焊缝长近900米，管壁比一张纸还薄，焊枪停留0.1秒就有可能把管子烧穿或者焊漏，一旦出现烧穿和焊漏，不但大喷管面临报废，损失百万，而且影响火箭研制进度和发射日期。高凤林和同事经过不断摸索，凭借着高超的技艺攻克了烧穿和焊漏两大难关。然而，焊接出的第一台大喷管X光检测显示，焊缝有200多处裂纹，大喷管将被判"死刑"。高凤林没有被吓倒，他从材料的性能、大喷管结构特点等展开分析排查。最终，在高层技术分析会上，他在众多技术专家的质疑声中大胆直言，是假裂纹！经过剖切试验，200倍的显微镜下显示他的判断是正确的。就此，第一台大喷管被成功送上了试车台，这一新型号大推力发动机的成功应用，使我国火箭的运载能力得到大幅提升。

久而久之，高凤林成为远近闻名的能工巧匠，国际上的一些单位遇到解决不了的技术难题，也登门求助。一次，我国从俄罗斯引进的一种中远程客机发动机出现了裂纹，很多权威专家都没有办法修好，俄罗斯派来的专家更是断言，只有把发动机拆下来，运回俄罗斯去修，或者请俄罗斯的专家来中国，才能焊接好。高凤林被请到了机场，看着眼前这个瘦弱的年轻人，俄罗斯专家仍然不相信地说："你们不行，中国方面的专家谁也修不了！"高凤林通过翻译告诉俄方专家："你等着，我十分钟之内就能把它焊好！"事实证明，高凤林不是"吹牛"。焊完后，俄方专家反反复复检查了好几遍，面带微笑对高凤林竖起了大拇指。高凤林展现了中国人的志气，展示了中国高技能人才的技艺，为祖国争得了荣誉。

勇于创新，自我突破成就专家工人

高凤林在工作中敢闯敢试，坚持创新突破，将无数次"不可能"变为"可能"。某型号发动机阀座组件，生产合格率仅为35%。该型号的需求是半年时间要拿出大批量合格产品。该产品采用的是软钎焊加工，而高凤林的专业是熔焊，这是一次跨专业的攻关。高凤林从理论层面认清机理，在技术层面把握关键。他跑图书馆，浏览专业技术网站，千方百计地搜寻国内外相关资料。每天，高凤林带领组员在20多平方米的操作间进行试验，两个月里试验上百次，理清了两种材料的成因机理，并有针对性地从环境、温度、操作控制等方面反复改进，最终形成的加工工艺使该产品的合格率达到90%。

不断取得的成功没有让高凤林飘飘然，他反而越来越感到知识的可贵，认为操作工人应该用智慧武装头脑，更好地指导实操作业。离开学校 8 年后，高凤林重新走进校园，捧起课本，开始了长达 4 年艰苦的业余学习。为了让知识面更广一些，他选择了机械工艺设计与制造专业。快毕业的时候，高凤林还在一次航天系统大型技术比赛中报了名。白天穿梭于工作现场、训练场、课堂，晚上抱着两摞厚厚的书籍学习到三四点钟，由于过度紧张和劳累，不到 30 岁的他头发一把把地往下掉。功夫不负有心人，高凤林先在技术比赛中取得了实操第一、理论第二的好成绩，不久又拿到了盼望多年的大学文凭，之后他又完成了研究生的学习。

"不仅会干，还要能写出来指导别人干"。高凤林一直这样要求自己。在操作难度很大的发动机喷管对接焊中，高凤林研究产品的特点，灵活运用所学的高次方程公式和线积分公式，提出了"反变形补偿法"进行变形控制，后来这一工艺获得了国家科技进步二等奖；他还主编了首部型号发动机焊接技术操作手册等行业规范，多次被指定参加相关航天标准的制定。自学、实践、总结、再实践的过程，让高凤林逐渐成为国内权威的焊接专家，成为大家眼中把深厚的理论与精湛的技艺完美结合的专家型工人。

2006 年，由世界 16 个国家和地区参与的反物质探测器项目，因为低温超导磁铁的制造难题陷入了困境。来自国际和国内两批技术专家提出的方案，都没能通过美国宇航局（NASA）主导的国际联盟的评审。一筹莫展时，诺贝尔奖获得者丁肇中教授通过一些渠道打听到了高凤林，请他出手相助。高凤林到现场进行了基础性调研考证，并听取了之前两个方案的详细分析。他凭借丰富的实践经验和深厚的理论基础，指出：按照传统的控制方法，这两个方案都已无可挑剔，但对这种特殊结构，却存在重大隐患。他陈述了自己的设计方案，并最终获得美国宇航局和国际联盟的认可。

他还以 NASA 特派专家的身份督导项目的实施。一位专家这样评价高凤林："你既有深厚的理论，又有丰富的实践经验，你是两个维度看问题，看来高技能人才是大有用武之地！"

甘于奉献，埋头实干见证平凡伟大

航天产品的特殊性和风险性，决定了许多问题的解决都要在十分艰苦和危险的条件下进行。高凤林在焊接第一线甘于奉献、埋头苦干，在最需要的时刻迎难而上，在"平凡"的岗位上，做出了不平凡的成绩。

为了满足大容量、大吨位卫星的发射，我国建造了亚洲最大的全箭振动试验塔，其中振动大梁的焊接是关键，焊缝强度要求不小于基材强度的 90%，属于一级焊缝。而制作振动大梁的材料很特殊，它常温硬度高、韧性好，含合金元素多，焊接时极易产生合金元素烧蚀，造成基材强度下降，影响材料的机械性能，焊接难度很大。为了满足振动大梁的焊接要求，高凤林决定采用多层快速连续堆焊，使金属在熔融状态下尽可能减少停留时间，又不因冷却过快造成金属组织结构变坏，而这就需要在高温下连续不断地操作。为了按时保质完成任务，他咬牙坚持下来，最终焊出了合格的振动大梁。在后来载人航天工程实施期间，对振动大梁进行升级测试，结果表明大梁焊接质量良好，承载能力可由原来的 360 吨提高到 420 吨，能为我国运载火箭的研制继续服役。

在长征五号先进上面级的研制生产中，发动机在发射台试验过程中突然出现内壁泄漏。而发动机如果不能赶在年底之前完成验证性试车，整个研制进度就要推迟一年，返厂处理又根本没有时间。紧急中，高凤林带领相关人员奔赴试车台。站在试车台上面对产品，身后就是几十米的山涧，高凤林临危不惧，沉下心做好相关准备工作。因为特殊的环境，故障点无法观测，操作空间又非常狭小，高凤林就在只能勉强塞进一只手臂的情况下，运用高超技巧和特殊工艺艰难施焊，终于完成了这次"抢险"。

高凤林对航天事业的热忱和忠诚，在炽热的弧光照耀下越发闪亮。外资企业曾以高薪和解决住房等条件聘请，他不为所动；许多次可以提拔的机会，高凤林也都放弃了。他始终认为，他的根在焊接岗位上。

高凤林一直扎根在航天第一线从事火箭发动机的焊接工作，在航天产品发动机型号的重大攻关项目中攻克两百多项难关，他还积极贡献自己的才智，在钛合金自行车、大型真空炉、超薄大型波纹管等多个领域填补了技术空白，为国民经济创造价值。

大国工匠，金手天焊成就时代楷模

在航天领域，高凤林被誉为"金手天焊"。这不仅因为早期人们把比用金子还贵的氩气培养出来的焊工称为"金手"，还因为高凤林焊接的对象十分金贵，是有火箭"心脏"之称的发动机，更因为他在火箭发动机焊接专业领域达到了常人难以企及的高度。

每每有新型火箭型号诞生，对高凤林来说，就是一次次技术攻关。30多年来，130多枚长征系列运载火箭在他焊接的发动机的助推下，成功飞向太空。这个数字，占到我国发射长征系列火箭总数的一半以上。

"科学家做梦，工程师作图，技能人员做工。任何一个伟大的发明，都离不开技能工人的制造来实现。我们作为工人，作为技师，不仅仅要有一门好手艺，还要有丰富的知识、高理论支撑，好的工匠，应该是'制造'和'智造'的结合。"高凤林说。如今，高凤林正带领他的团队围绕重型发动机的新装备、新技术、新工艺、新材料开展焊接技术攻关。未来将进行机器人焊接自动化系统功能开发，实现全过程监测技术、视频控制技术、仿真模拟技术在新型发动机推力室、喷管等复杂空间结构上的应用。

"事业为天，技能是地"，高凤林参加工作30多年来，默默奋战在火箭发动机系统焊接第一线，他敢为人先、勇于创新，艰苦奋斗、甘于奉献，为中国航天事业的发展做出了突出贡献。他热爱自己的祖国和所从事的事业，以主人翁的责任感、刻苦钻研的精神、无私奉献的态度，走出了一条成才之路，成为新时代高技能人才的楷模。在他身上劳模精神得以发扬光大，散发出更多的光和热，汇聚成这个时代宝贵的精神财富。

资料来源：《中国质量万里行》2016年5月特别报道、《中华儿女》2016年第11期

📋 1+X 考证任务训练

一、填空题

1. 碳钢的焊接性主要取决于_____，随着_____的增加，焊接性逐渐_____。

2. 低碳钢焊接性_____，焊接过程中一般不需要采取_____、_____、_____、_____等工艺措施。

3. 中碳钢焊接时的主要问题是_____和_____。

4. 高碳钢由于_____高，焊接时易产生高碳_____，增加了_____倾向和_____敏感性，因而焊接性比中碳钢_____。

5. Q235钢焊条电弧焊时，可选用_____型号焊条；埋弧焊时，可选用_____焊丝配_____焊剂；CO_2气体保护焊时，可选用_____焊丝。

6. 热轧及正火钢焊接时的主要问题是_____和_____。

7. 低碳调质钢焊接时的主要问题是_____和_____以及_____。

8. 中碳调质钢焊接性_____，主要存在_____、_____和_____等问题。

9. 低温用钢焊接时的关键是保证焊缝和过热区的_____。

10. 珠光体耐热钢焊接时的主要问题是_____、_____和_____等。

二、判断题

1. 低碳钢几乎可采用所有的焊接方法来进行焊接，并都能保证焊接接头的良好质量。（　）

2. 中碳钢因含碳较高，强度比低碳钢高，焊接性也随之变好。（　）

3. 中、高碳钢焊条电弧焊时应采用抗裂性能较好的碱性焊条。（　）

4. 中碳钢第一层焊缝应尽量采用小电流、慢焊速。（　）

5. 中、高碳钢焊后应锤击焊缝，以减少焊接残余应力。（　）

6. 碳钢焊接时，含碳量越高，其焊接性越差，预热温度越低。（　）

7. 调质钢热影响区软化发生在焊接加热温度为母材原来回火温度至AC1之间的区域，母材强度等级越高，软化问题越突出。（　）

8. 采用热量集中的焊接方法及小的焊接热输入，对减弱调质钢的热影响区软化有利。（　）

9. 低温钢焊接时，为保证接头的低温韧性，必须控制其热输入，如焊条电弧焊热输入应控制在20 KJ/mm以下。（　）

10. 珠光体耐热钢焊接材料的选配原则是使焊缝金属的化学成分与母材相同或相近。（　）

11. 低温钢焊接工艺特点是，小的热输入，焊条不摆动，窄焊道，慢速焊。（　）

12. 热轧及正火钢一般按"等强"原则选择与母材强度相当的焊接材料，只要焊缝金属的强度不低于或略高于母材强度的下限值即可。（　）

13. 中碳调质钢热影响区产生严重脆化的原因是其淬硬倾向大，产生大量的高碳马氏体所致。常用的防止措施是采用大的热输入配合预热、缓冷及后热等。（　）

项目三 不锈钢的焊接工艺认知

学习导读 ▶

　　本项目主要介绍不锈钢的分类和特性，按照分类重点介绍了铁素体不锈钢、马氏体不锈钢、奥氏体不锈钢、双相不锈钢的焊接性及焊接工艺，同时还介绍了异种钢的焊接工艺要点。建议学习课时 12 学时。

学习目标 ▶

知识目标

（1）掌握五种类型不锈钢的焊接性。

（2）掌握焊接不锈钢的焊接方法和焊接材料。

（3）掌握各种不锈钢的焊接缺陷防止措施。

技能目标

（1）会编制常用不锈钢的焊接工艺参数。

（2）会解决奥氏体不锈钢、马氏体钢、铁素体钢、双相不锈钢、异种材料的焊接性问题。

素质目标

（1）提高分析问题、解决问题的思维方法和创新能力。

（2）激发爱国情怀和职业使命感。

任务一　认识常见焊接用不锈钢

一、不锈钢的分类及用途

　　不锈钢是耐大气、水、酸、碱、盐及其溶液和其他腐蚀介质腐蚀的、具有高度化学稳定性的合金钢的总称。不锈钢具有良好的耐蚀性、耐热性和较好的力学性能，适于制造耐腐蚀、抗氧化、耐高温和超低温的零部件和设备。

　　不锈钢包括狭义上的不锈钢与耐酸钢，所以也叫不锈耐酸钢。对耐弱腐蚀性介质（如空气、蒸汽和水等）腐蚀的钢称为不锈钢（狭义）；对耐酸、碱、盐等强腐蚀性介质腐蚀的钢称为耐酸钢。不锈钢（狭义）并不一定耐酸，而耐酸钢一般均具有良好的不锈钢性能，按习惯叫法将不锈耐酸钢简称为不锈钢。下文所说不锈钢均指不锈钢耐酸钢。

　　不锈钢分类方法很多，按室温组织分可以分为五种类型，即奥氏体不锈钢、铁素体不锈钢、马氏体不锈钢、双相不锈钢 ① 和沉淀硬化不锈钢。

（一）奥氏体不锈钢

这类不锈钢室温下组织是奥氏体，按照奥氏体的稳定性，又可分为稳定型奥氏体不锈钢（如 25-20 型不锈钢）和亚稳定型奥氏体不锈钢（如 18-8 型不锈钢，通常含有 3% ～ 8% 的铁素体）。奥氏体不锈钢，特别是 18-8 型奥氏体不锈钢使用最为广泛。由于奥氏体不锈钢的 Cr、Ni 含量均较高，因此，不仅具有优良的抗氧化性能和耐腐蚀性能，而且具有优良的塑韧性和冷热加工性能。

（二）铁素体不锈钢

这类不锈钢含碳量较低，室温下组织是铁素体，含铬量在 12.5% 以上，常见的有 Cr17 和 Cr25，具有良好的抗氧化性能和耐腐蚀性能，可用作热安定钢和耐蚀钢。

（三）马氏体不锈钢

马氏体不锈钢显微组织为马氏体，常见的有含碳量较高的 Cr13 型高铬不锈钢，含铬量 12% 为基体的多元合金化不锈钢，具有较高的抗氧化和耐蚀性能，较高的硬度、强度和耐高温性能，常用于量具、刃具、餐具、弹簧、轴承、汽轮机叶片、水轮机转轮、内燃机排气阀、泵、医疗器具、电站锅炉中的再热器管及主蒸汽管等。

（四）双相不锈钢

双相不锈钢又称奥氏体 – 铁素体（$\gamma+\delta$）双相不锈钢，铁素体 δ 所占体积百分比约为 30% ～ 60%，如 SAF2205、00Cr18Ni5Mo3Si2、Cr17Mn13Mo2N 等。这类不锈钢不仅具有较好的抗腐蚀性能，特别是抗晶间腐蚀和抗应力腐蚀开裂（SCC）性能比一般奥氏体不锈钢要强，而且具有较高的强度，它们的屈服强度约为一般奥氏体不锈钢的两倍。

（五）沉淀硬化不锈钢

沉淀硬化不锈钢又称时效不锈钢，按其组织可分为沉淀硬化半奥氏体型不锈钢、沉淀硬化奥氏体型不锈钢、沉淀硬化马氏体型不锈钢，如 0Cr17Ni7Al、0Cr17Ni4Cu4Nb、0Cr15Ni7Mo2Al 等，不仅具有较高的强度和韧性，而且具有较好的耐蚀性能。

表 3-1 列举了常用不锈钢的成分、性能及用途。

表 3-1　常用不锈钢的化学成分、性能及用途

钢类	牌号	化学成分（质量分数）/%										性能和用途
		C	Si	Mn	P	S	Ni	Cr	Mo	Ti	其他	
奥氏体不锈钢	0Cr19Ni9N	0.08	1.00	2.00	0.035	0.03	7.00 ～ 10.50	18.00 ～ 20.00	—	—	—	作为不锈耐热钢使用最广泛，用于食品设备、一般化工设备、原子能工业
	00Cr19Ni10	0.03	1.00	2.00	0.035	0.03	8.00 ～ 12.00	18.00 ～ 20.00	—	—	—	比 0Cr18Ni9 的含碳量更低，耐晶间腐蚀性优越，用于焊接后不进行热处理的部件

① 本书中的双相不锈钢均指铁素体 – 奥氏体型双相不锈钢。

续表

钢类	牌号	化学成分（质量分数）/%										性能和用途
		C	Si	Mn	P	S	Ni	Cr	Mo	Ti	其他	
奥氏体不锈钢	0Cr18Ni12Mo2Ti	0.08	1.00	2.00	0.035	0.03	11.00 ~ 14.00	16.00 ~ 19.00	1.80 ~ 2.50	Ti = 5 × C% − 0.70	—	用于抗硫酸、磷酸、甲酸、乙酸的设备，有良好的耐晶间腐蚀性
	0Cr25Ni20	0.08	1.00	2.00	0.035	0.03	19.00 ~ 22.00	24.00 ~ 26.00	—	—	—	抗氧化性比0Cr23Ni13好，实际上多作为耐热钢用
	00Cr17Ni14Mo2	0.03	1.00	2.00	0.035	0.03	12.00 ~ 15.00	16.00 ~ 18.00	2.00 ~ 3.00	—	—	为0Cr17Ni14Mo2的超低碳钢，耐晶间腐蚀性更好
	1Cr18Ni9Ti	0.12	1.00	2.00	0.035	0.03	8.00 ~ 11.00	17.00 ~ 19.00	—	Ti = 5 × (C% − 0.02) − 0.80	—	使用最广泛，应用于食品、化工、医药、原子能工业等
	0Cr18Ni11Nb	0.08	1.00	2.00	0.035	0.03	9.00 ~ 13.00	17.00 ~ 19.00	—		Nb ≥ 10 × C%	含Nb，提高耐晶间腐蚀性
双相不锈钢	0Cr26Ni5Mo2	0.08	1.00	1.50	0.035	0.03	3.00 ~ 6.00	23.00 ~ 28.00	1.00 ~ 3.00	—		具有双相组织，抗氧化性、耐腐蚀性好，具有较高的强度，用作耐海水腐蚀设备等
铁素体型	0Cr13Al	0.08	1.00	1.00	0.035	0.03	≤ 0.60	11.50 ~ 14.50	—	—	Al = 0.10 ~ 0.30	高温下冷却不产生显著硬化，用作汽轮机材料、淬火用部件、复合钢材
	1Cr15	0.12	1.00	1.00	0.035	0.03	≤ 0.60	14.00 ~ 16.00	—	—	—	为1Cr17改善焊接性的钢种
	1Cr17	0.12	0.75	1.00	0.035	0.03	≤ 0.60	16.00 ~ 18.00	—	—	—	耐腐蚀性良好的通用钢种，用于建筑内装饰、重油燃烧部件、家庭用具、电器部件
马氏体型	1Cr13	0.15	1.00	1.00	0.035	0.03	≤ 0.60	11.50 ~ 13.50	—	—	—	具有良好的耐蚀性、机械加工性，作为一般用途、刃具类
	0Cr13	0.08	1.00	1.00	0.035	0.03	≤ 0.60	11.50 ~ 13.50	—	—	—	为提高1Cr13的耐蚀性、加工成型性的钢种
沉淀硬化型	1Cr17Ni7Al	0.09	1.00	1.00	0.035	0.03	6.5 ~ 7.75	16.00 ~ 18.00	—	Cu = 0.50	Al = 0.75 ~ 1.50	添加Al的沉淀硬化型钢种，用作弹簧垫圈、计器部件

二、不锈钢的化学成分及组织

不锈钢中主要元素铬的质量分数 $\omega_{Cr} > 12\%$，通常还含有其他合金元素如 Ni、Mn、Mo 等。不锈钢具有耐蚀性的原因：一是不锈钢中含有一定量的 Cr 元素，能在钢材表面形成一层致密的氧化钝化膜，使金属与腐蚀介质隔离不发生化学作用；二是大部分金属腐蚀属于电化学腐蚀，铬的加入可提高钢基体的电极电位；三是 Cr、Ni、Mn、N 等元素的加入还会促进单相组织的形成，阻止形成微电池，从而提高耐蚀性。

通常情况下，为了能根据金属材料的成分初步估算出其组织，特别是在焊接条件下，能根据焊缝的成分估算焊缝的组织，经过许多研究工程人员的努力，建立了成分组织图。1949 年建立了舍夫勒（Schaeffler）组织图（见图 3-1），1973 年建立了德龙（Delong）组织图（见图 3-2）以及美国 WRC（美国焊接研究协会）组织图（见图 3-3）。

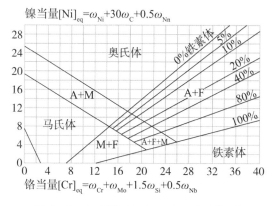

图 3-1 舍夫勒（Schaeffler）组织图

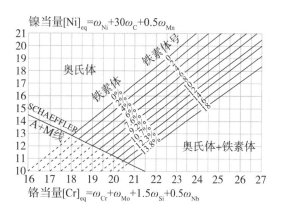

图 3-2 德龙（Delong）组织图

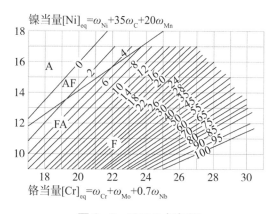

图 3-3 WRC 组织图

按照合金元素对钢组织的影响程度，合金成分基本上可以分为两类：一类是扩大奥氏体区，增加奥氏体稳定性的元素，又称奥氏体形成元素，有 C、Ni、Mn、N、Cu 等，常用镍当量 $[Ni]_{eq}$ 来表示；另一类是缩小奥氏体区，又称铁素体形成元素，有 Cr、Al、Ti、V、Si、Zr、Nb、W、Mo 等，常用铬当量 $[Cr]_{eq}$ 来表示。

$[Ni]_{eq}$ 和 $[Cr]_{eq}$ 的计算公式如表 3-2 所示。

Delong 组织图和 WRC 组织图都是对 Schaeffler 组织图的补充。Schaeffler 组织图不仅可以根据焊缝的化学成分估算出焊缝的组织，而且可以估算焊缝所需的组织，设计、选择焊接材料的成分。

表 3-2　$[Ni]_{eq}$ 和 $[Cr]_{eq}$ 的计算公式

组织图名称	计算公式
Schaeffler 图	$[Cr]_{eq}=\omega_{Cr}+\omega_{Mo}+1.5\omega_{Si}+0.5\omega_{Nb}$
	$[Ni]_{eq}=\omega_{Ni}+30\omega_{C}+0.5\omega_{Mn}$
Delong 图	$[Cr]_{eq}=\omega_{Cr}+\omega_{Mo}+1.5\omega_{Si}+0.5\omega_{Nb}$
	$[Ni]_{eq}=\omega_{Ni}+30\omega_{C}+30\omega_{N}+0.5\omega_{Mn}$
WRC 图	$[Cr]_{eq}=\omega_{Cr}+\omega_{Mo}+0.7\omega_{Mn}$
	$[Ni]_{eq}=\omega_{Ni}+35\omega_{C}+20\omega_{N}$

三、不锈钢的特性及用途

（一）不锈钢的力学性能

奥氏体不锈钢的综合力学性能最好，不仅有足够的强度，其塑性和韧性都相当高，硬度不高，冷热加工都比较容易；奥氏体不锈钢还有良好的低温力学性能，基本上不存在脆性转变，仅随温度的降低，冲击值稍有降低。例如，18-8 型奥氏体不锈钢在很低温度下仍保持有足够的塑性和韧性，在液氮温度（-196℃）下，冲击吸收功可达 392 J；在液氢温度（-253℃）下有阻止应力集中部位发生脆性破裂的能力；甚至在液氦温度（-269℃）下仍有足够高的冲击韧性值。因此，奥氏体不锈钢常被用于制造深冷设备材料。但是奥氏体不锈钢中如果含有少量铁素体，将会大大降低其低温力学性能。

奥氏体不锈钢不仅具有优良的低温力学性能，而且具有优良的高温性能。例如，18-8 型奥氏体不锈钢在 900℃氧化性介质中和在 700℃还原性介质中，都能保持其化学稳定性，以及足够的高温强度，因此，也可以作为耐热钢使用。

马氏体不锈钢在退火状态下强度和硬度都不高，但通过淬火处理可大幅度提高其强度和硬度。正常使用状态为调质状态，这种状态下马氏体不锈钢具有较好的综合力学性能。马氏体不锈钢和铁素体不锈钢在常温下的冲击值均比奥氏体不锈钢低，另外，铁素体不锈钢在高温下容易发生高温脆化，包括 475℃脆化、σ 相析出脆化和粗晶脆化。在低温下，马氏体不锈钢和铁素体不锈钢的冲击值均很低，无法使用。

（二）不锈钢的物理性能

几种典型不锈钢的物理性能数据如表 3-3 所示，为了对比，表中同时也列出了碳素钢的物理性能数据。从表 3-3 可以看出，马氏体不锈钢、铁素体不锈钢比碳钢的密度稍低，而奥氏体不锈钢的密度比碳素钢稍高；不锈钢的电阻率比碳素钢高得多，其中奥氏体不锈钢的电阻率约为碳素钢的 5 倍，这在电弧焊时容易使焊条或焊丝发热；铁素体不锈钢、马氏体不锈钢的比热容比碳素钢稍低，奥氏体不锈钢的比热容和碳素钢基本一致；铁素体不锈钢、马氏体不锈钢的线膨胀系数和碳素钢比较接近，而奥氏体不锈钢的线胀系数比碳素钢要高约 40%，并且随着温度的提高，差距更大，因此，奥氏体不锈钢焊接时将会产生更大的应力和变形。不锈钢的热导率普遍比碳素钢低，约为碳素钢的 1/3，这也是引起焊接材料发热的另一个原因。

一般情况下奥氏体不锈钢无磁性，而铁素体不锈钢、马氏体不锈钢有磁性。但奥氏体不锈钢中如果含有少量铁素体，或者奥氏体不锈钢在冷加工时由于变形量较大，会产生形变诱导马氏体，也会使奥氏体不锈钢呈现弱磁性。

总之，不锈钢和碳素钢相比，在物理性能上有较大的差异。

表 3-3　几种典型不锈钢的物理性能

类型	钢号	物理性能				平均线胀系数 /[10^{-6}mm/mm·℃]					热导率 /[W·(m·K)$^{-1}$]		纵向弹性模量
		密度 /g·cm^{-3}	电阻率 /μω·cm	磁性	比热容（0~100℃）/kJ·(kg·K)$^{-1}$	0~100	0~316	0~538	0~649	0~816	100℃	500℃	103 MPa
奥氏体不锈钢	1Cr17Ni8	7.93	72	无	0.50	16.9	17.1	18.2	18.7	—	16.29	21.48	193.2
	1Cr17Ni9	7.93	72	无	0.50	17.3	17.8	18.4	18.7	—	16.29	21.48	193.2
	0Cr17Ni8	7.93	72	无	0.50	16.3	17.8	18.4	18.7	—	16.29	21.48	193.2
	0Cr18Ni10Ti	7.93	72	无	0.50	16.7	17.1	18.5	19.3	20.2	15.95	22.15	193.2
	0Cr18Ni11Nb	7.98	73	无	0.50	16.7	17.1	18.5	19.1	20.0	15.95	22.15	193.2
	0Cr17Ni12Mo2	7.98	74	无	0.50	16.0	16.2	17.5	18.5	20.0	16.29	21.48	193.2
	0Cr23Ni13	7.98	78	无	0.50	14.9	16.7	17.3	18.0	—	14.19	18.67	200.1
	0Cr25Ni20	7.98	78	无	0.50	14.4	16.2	16.9	17.5	—	14.19	18.67	200.1
马氏体不锈钢	1Cr13	7.75	57	有	0.46	9.9	10.1	11.5	11.7	—	24.91	26.29	200.1
	1Cr12	7.75	57	有	0.46	9.9	10.1	11.5	11.7	—	24.91	28.72	200.1
	2Cr13	7.75	55	有	0.46	—	—	—	—	—	24.91	28.00	200.1
	1Cr17Ni2	7.75	72	有	0.46	11.7	12.1	—	—	—	20.26	—	200.1
铁素体不锈钢	0Cr13Al	7.75	60	有	0.46	—	—	—	—	—	27.00	—	200.1
	1Cr17	7.70	60	有	0.46	10.4	11.0	11.3	11.9	12.4	26.13	26.29	200.1
碳素钢	Q235	7.86	15	有	0.50	11.4	11.5	—	—	—	46.89	—	205.9

（三）不锈钢的耐蚀性能

金属的腐蚀一般可分为物理腐蚀、化学腐蚀、电化学腐蚀、生化腐蚀和应力腐蚀等多种形式。物理腐蚀是指金属单纯的物理溶解过程；化学腐蚀是指金属和介质中的原子或离子直接产生的化学反应；电化学腐蚀是指金属在电解液中产生的阳极溶解过程；生化腐蚀是金属在微生物作用下产生的一种腐蚀过程；应力腐蚀是指金属在应力和腐蚀介质联合作用下的腐蚀破裂过程。

金属腐蚀还可以分为整体均匀腐蚀、局部腐蚀和应力腐蚀破裂等形式。局部腐蚀常见的有晶间腐蚀、点蚀和缝隙腐蚀等多种形式。应力腐蚀破裂还可以分为阳极溶解型应力腐蚀破裂和阴极环境氢脆破裂等形式。

不锈钢一般情况下具有优良的抗均匀腐蚀能力，但在不同介质环境中抗腐蚀能力不一样。通常不锈钢在氧化性介质环境中的抗腐蚀性能要比在还原性介质环境中强。

1. 均匀腐蚀

均匀腐蚀是指接触腐蚀介质的金属表面产生的均匀腐蚀使厚度减薄的现象。在不锈钢中，合金元素 Cr 对抗腐蚀性能起到了决定性的作用。一方面，随着含铬量的提高，钢的表面能生成一层致密的富铬氧化膜，该氧化膜能阻止金属表面的氧化从而起到钝化作用；另一方面，钢中铬含量每提高 1/8，钢的电极电位都将发生跳跃性的提高。

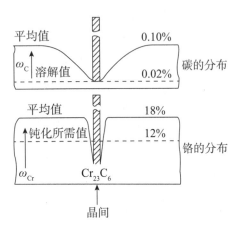

图3-4　晶间腐蚀贫铬理论示意图

2. 晶间腐蚀

晶间腐蚀是金属在腐蚀介质环境中由表面沿晶界向金属内部深入腐蚀的一种现象。严重的情况下，将导致晶粒间的结合力全部丧失。

产生晶间腐蚀的原因是多方面的，但多数人认为是由于奥氏体不锈钢在 $450 \sim 850℃$ 敏化温度区间重复加热，使过饱和的固溶碳迅速地向晶界扩散，并与和碳的亲和力很强的铬形成铬碳化物，如 $Cr_{23}C_6$ 或 $(Cr, Fe)_{23}C_6$，而此时铬的扩散速度比碳要低得多，因而导致沿晶界周围的铬迅速降低到 12.5% 以下，形成所谓的贫铬区。晶间腐蚀多半与晶界层贫铬现象有关，如图 3-4 所示。贫铬现象使该区失去钝化能力，同时使该区的电极电位发生跳跃式降低，致使该区丧失抗腐蚀能力。

3. 点蚀、缝隙腐蚀

点蚀是指金属表面大部分未发生腐蚀或腐蚀比较轻微，而局部某些点发生尺寸不大于 1.0 mm 的腐蚀坑的现象，通常腐蚀坑的深度大于其直径，严重的可形成隧道甚至穿孔，这种情况有时也称为隧道腐蚀。

产生点蚀的原因首先是材料表面的钝化膜受到局部破损，或者是材质成分或组织不均匀（如杂质、偏析及其他一些缺陷）而形成腐蚀坑，由于腐蚀坑的存在，使腐蚀坑的腐蚀介质逐步浓缩而形成所谓浓差电池，进一步加速了坑蚀，最后形成闭塞电池，使腐蚀不断深入形成孔蚀或隧道腐蚀。

4. 应力腐蚀开裂

应力腐蚀开裂（SCC）是指金属材料在一定应力作用下，在特定的腐蚀环境中产生的低应力脆性开裂现象。也就是说，应力腐蚀开裂是金属材料在应力和腐蚀介质的联合作用下产生的一种特殊破坏形式。产生应力腐蚀开裂的应力水平往往低于材料的屈服点，且开裂前不产生任何塑性变形。图 3-5 为 304 不锈钢焊接接头应力腐蚀开裂。

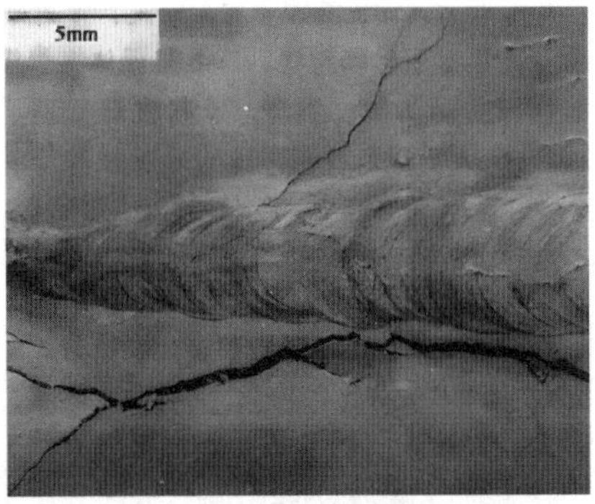

图3-5　304 不锈钢焊接接头应力腐蚀开裂

（四）不锈钢的耐热性能

1. 热安定性

热安定性是指不锈钢在高温下抗氧化及耐气体介质腐蚀的性能。一般在钢中加入足够量的 Cr、Al、Si 等合金元素，能使钢的表面生成一层致密而牢固的氧化膜，如 Cr_2O_3、Al_2O_3 等，阻止金属进一步氧化。

2. 热强性

不锈钢的热强性指的是在高温下有足够的强度。高温强度的指标主要有蠕变极限、持久强度以及高温短时强度。

提高不锈钢的热强性在冶金上主要采取以下措施。

（1）采用 Mo、W 等固溶强化，提高原子间的结合力。

（2）形成稳定的第二相，主要是碳化物相，加入强碳化物形成元素，如 Nb、V 等，以形成稳定的不易分解的碳化物强化相。

（3）减少晶界和强化晶界，加入适量的硼和稀土元素等，控制晶粒长大。

3. 高温脆化

不锈钢在热加工过程中或长期高温工作中，有可能产生脆化现象，主要脆化现象如下。

（1）475℃脆化。

主要是指含铬量大于 15% 的铁素体不锈钢，或含铁素体较多的不锈钢，在 400～600℃温度区间长时间加热并缓冷，导致钢在常温或负温时出现脆化现象。475℃脆化，通常认为是高铬铁素体不锈钢内部的铬发生重新分配形成微质点，导致晶格畸变而使金属硬化的现象。

（2）σ 相析出脆化。

σ 相是一种硬脆而无磁性的金属间化合物。σ 相本身的硬度在 HRC68 以上，而且多半分布在晶界处，不但降低了材料的塑性和韧性，而且增大了晶间腐蚀的倾向。

（3）粗晶脆化。

晶粒严重长大，会使金属材料的塑性、韧性降低。单相组织的奥氏体不锈钢、铁素体不锈钢、马氏体不锈钢，加热到高温时都有晶粒长大的趋势。

（4）回火脆化。

有些不锈钢具有回火脆性倾向，例如，Cr13 型不锈钢在 550℃附近加热会出现回火脆性现象。

四、不锈钢的焊接问题

近年来，不锈钢的焊接性随着不锈钢的含碳量的降低不断提高，同时采用微合金来维持和提高不锈钢的综合性能。不同类型的不锈钢焊接时出现的焊接性问题不同，归纳起来主要有以下几方面。

（一）焊接接头的耐蚀性

焊接接头的腐蚀破坏形式主要有：焊缝的均匀腐蚀、热影响区的集中腐蚀、焊接接头的点蚀、焊接接头的晶间腐蚀、熔合区的刀状腐蚀、焊接接头的应力腐蚀破裂等。部分腐蚀如图 3-6 所示。

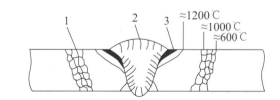

1—敏化区腐蚀；2—焊缝晶间腐蚀；3—熔合区刀状腐蚀。

图 3-6　奥氏体不锈钢接头的晶间腐蚀

1. 焊接接头的晶间腐蚀

焊接接头的晶间腐蚀包括焊缝的晶间腐蚀和热影响区的晶间腐蚀。晶间腐蚀常出现在奥氏体不锈钢的焊接中，特别是 18-8 型奥氏体不锈钢的焊接中，铁素体不锈钢焊接时，接头也会出现晶间腐蚀现象。

焊缝的晶间腐蚀有两种情况：一是焊态下产生的晶间腐蚀；二是焊后焊缝经敏化温度区重复加热后产生的晶间腐蚀。焊缝产生晶间腐蚀的冶金因素是焊接过程中焊缝的合金元素发生变化，其中主要是渗碳和铬元素的烧损及杂质的偏析；其次是焊接时采用过大的焊接线能量引起的晶粒粗大；另外，多层多道焊时，后一道焊缝对前一道焊缝的"敏化处理"也可能引起晶间腐蚀。

对于18-8型奥氏体不锈钢，防止焊缝晶间腐蚀的主要措施如下。

（1）降低焊缝的含碳量，选择合适的超低碳不锈钢焊接材料。为保证获得超低碳不锈钢焊缝，要求焊接材料的含碳量小于0.03%。

（2）在焊缝中加入一定量的稳定化元素，如Ti、Nb等，焊缝中稳定化元素与碳的比值要求大于母材。

（3）调整焊缝金属化学成分，使焊缝金属具有4%～12%的铁素体，由于高铬铁素体沿奥氏体晶界存在，因而就堵塞了沿奥氏体晶界的腐蚀通道。图3-7是焊缝中δ相的存在对不锈钢晶间腐蚀通道的影响，焊后在晶界上产生δ相，与腐蚀介质接触后，δ相填充并堵塞了晶间腐蚀的通道，减少了焊缝的晶间腐蚀破坏。

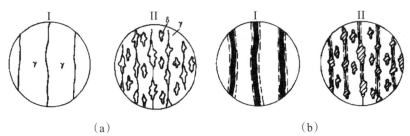

I—单相焊缝；II—$\delta+\gamma$焊缝。

图3-7　焊缝中δ相的存在对晶间腐蚀通道的影响

（a）焊态；（b）与腐蚀介质接触后的腐蚀情况

（4）采用较小的焊接线能量。

（5）焊后进行固溶处理，如1Cr18Ni9Ti加热到920～1150℃，然后快冷，使碳化物分解固溶及铬均匀化。

对于高铬铁素体不锈钢，其晶间腐蚀倾向要比亚稳定型奥氏体不锈钢小得多。防止焊缝晶间腐蚀的主要措施：一是尽可能降低焊缝金属中C和N的含量；二是焊后进行700～850℃的退火处理，使铬重新均匀化。

热影响区晶间腐蚀是由于在焊接热循环作用下，近焊缝区经历了相当于敏化温度热处理区域产生的晶间腐蚀。对于18-8型不锈钢相当于经历450～850℃敏化温度的热影响区；对于铁素体不锈钢，相当于经历500～800℃敏化温度的热影响区。

防止热影响区晶间腐蚀的主要措施：尽可能缩短热影响区在敏化温度区间的停留时间，采用尽可能小的焊接线能量，焊接时尽量减小横向摆动；焊后进行热处理。热处理措施是：对于奥氏体不锈钢焊后进行固溶处理，对于铁素体不锈钢焊后进行退火处理。

2.熔合区的刀状腐蚀

沿熔合区发生宽度约为1.0～1.5mm（最宽可达3～5mm）的集中腐蚀，像刀切一样，通常称为刀状腐蚀或简称刀蚀，如图3-5所示。

不同类型的钢产生刀蚀的情况不同，对于含稳定化元素Ti、Nb等奥氏体不锈钢，如1Cr18Ni9Ti、Cr18Ni12Mo3Ti等，刀蚀往往发生在熔合区的母材一侧。这是由于在焊接过程热循环的作用下，峰值温度超过1200℃的过热区发生碳化物分解重熔，而在冷却过程中，碳又开始向晶界扩散聚集，并在随后的敏化温度范围内，形成铬的碳化物和沿晶界的贫铬区，从而产生晶间腐蚀。在这种情况下，刀蚀实际上是晶间腐蚀的一种特殊形式。

对于Cr17Ni2等双相不锈钢或铁素体不锈钢，发生刀蚀是由于在焊接过程中，在焊接热循环的作用下，碳由固态母材向液态熔池扩散，并在熔合区的焊缝侧形成增碳层，以及在腐蚀介质中发生增碳层的选择性腐蚀而形成刀蚀。

防止刀蚀的主要措施是降低焊缝的碳含量，采用超低碳焊接材料、小的焊接线能量，以及焊后热处理；对奥氏体不锈钢采用焊后固溶处理；对铁素体不锈钢采用焊后退火处理。

3. 焊缝的均匀腐蚀和热影响区的集中腐蚀

产生这类腐蚀现象的主要原因是焊接材料选择不当。当焊缝金属的电极电位低于母材时，将会发生焊缝均匀腐蚀，反之将会发生近缝区母材的集中腐蚀。因此，选择不锈钢焊接材料时，不仅要考虑等强度原则，而且要求化学成分相近，还要考虑等电位原则。

4. 焊接接头的点蚀

接头的点蚀，特别是焊缝的点蚀，与焊缝的杂质含量及其偏析有关，因此应尽可能地净化焊缝，采用较小的焊接线能量，防止粗晶，减少焊缝的工艺缺陷。

5. 焊接接头的应力腐蚀破裂

引起焊接接头应力腐蚀破裂的重要原因之一是焊接残余应力，因此在接头设计时，要避免应力集中，避免出现交叉焊缝，避免强迫装配，避免出现未焊透、咬边等工艺缺陷。减少余高、合理的焊接顺序等都是十分重要的方法。消除残余应力处理包括焊后消除应力热处理，以及喷丸、锤击焊缝。另外，不锈钢焊接接头的局部腐蚀，如晶间腐蚀、点蚀、坑蚀等，都会引发应力腐蚀破裂，因此，防止焊接接头局部腐蚀的措施，同样也是防止应力腐蚀破裂的措施。

（二）焊接接头的热裂纹

1. 产生热裂纹的主要原因

焊接接头的热裂纹，比如，结晶裂纹、液化裂纹、弧坑裂纹、高温失塑裂纹等都是在高温下产生的。

在不锈钢焊接中，奥氏体不锈钢焊接，特别是稳定型奥氏体不锈钢的焊接，对结晶裂纹、液化裂纹比较敏感；马氏体不锈钢焊接对弧坑裂纹比较敏感；铁素体不锈钢焊接时，如果发生高温脆化，有可能产生高温失塑裂纹。

奥氏体不锈钢焊接时容易产生热裂纹的主要原因有以下几点。

（1）奥氏体不锈钢的热膨胀系数比较大，焊接时容易产生较大的残余应力，有足够产生热裂纹的力学条件。

（2）奥氏体不锈钢焊接时，焊缝的柱状晶较发达，晶粒较粗大，方向性较强，结晶时成分偏析较严重。

（3）奥氏体不锈钢焊接时，焊缝金属凝固时固液相区间较大，特别是 S、P、C、Nb、Mn 等都是增大结晶温度区间的合金元素。

（4）奥氏体不锈钢焊缝中不可避免地存在能形成低熔点化合物和共晶体的合金元素和杂质，如 S、P、Ni 等。例如，Ni_3S_2 的熔点是 645℃、$Ni-Ni_3S_2$ 共晶体的熔点是 625℃；Ni-P 共晶体的熔点是 880℃；FeS 的熔点是 980℃；Fe-P 共晶体的熔点是 1050℃。

（5）不锈钢中存在只能形成有限固溶体的合金元素。例如 C、B、S、P、Si、Nb、Ti 等，对 Fe 和 Ni 都是有限固溶合金元素。B 在 Fe 及 Ni 中的固溶度接近于 0；S 在 Fe 中的固溶度为 0.18%；P 在 Fe 的固溶度为 2.8%；S、P 在 Ni 中的固溶度接近于 0。有限固溶体合金元素在不锈钢焊缝凝固过程中很容易形成偏析。

2. 防止热裂纹的主要措施

对于 18-8 型奥氏体不锈钢来说，防止热裂纹的主要措施有以下几点。

（1）调整焊缝成分，使 18-8 型奥氏体不锈钢有 5%～8% 的铁素体双相组织。少量铁素体的存在，至少可以起到以下作用。

①可以细化晶粒，打乱奥氏体树枝柱状晶的方向，使低熔点物质不至于析出的同时富集在少数奥氏体晶界上，成为不连续的分散状态。

②可以降低晶界的界面能，因为双相晶界的界面能总是小于单相晶界的界面能。降低晶界的界面能可以阻止低熔点液膜润湿展开，减小晶界低熔点共晶体和化合物的有害作用。

③高铬铁素体可以溶解较多的 S、P 等有害杂质，降低其有害作用。例如，S 在奥氏体中的溶解度只有 0.05%，而在铁素体中的溶解度可达 0.18%，后者是前者的 3.5 倍以上。

在 18-8 型奥氏体焊接时，焊缝中具有少量铁素体的双相组织不仅可以防止热裂纹，而且可以有效地防止焊缝的晶间腐蚀，是一举两得的冶金措施。

（2）尽可能降低焊缝中对抗热裂十分有害的杂质和合金元素，如 S、P、C 等。特别是在铬 - 镍奥氏体不锈钢中，由于 Ni 的存在，S、P 的有害作用更加显著。这是因为一方面 S、P 和 Ni 能形成低熔点的共晶体和化合物，另一方面 S、P 在 Fe 和 Ni 中的溶解度极低，更容易偏析。碳不仅会增加热裂倾向，而且会增加晶间腐蚀倾向。

（3）在焊接工艺上，防止过热、采用较小的焊接线能量、增大冷却速度、防止粗晶等都对防止热裂纹的产生有利。

对于稳定型奥氏体不锈钢，如 25-20 型、15-36 型（单相奥氏体）等奥氏体不锈钢，即便其热裂倾向要比 18-8 型亚稳定型奥氏体不锈钢大得多，但到目前为止还没有有效的防止措施。

（4）严格执行焊接工艺规范，尽可能地减小熔池过热及焊接应力，采用较小的焊接线能量等，有利于降低热裂倾向。

（三）焊接接头的冷裂纹

不锈钢焊接接头的冷裂纹多发生在马氏体不锈钢和铁素体不锈钢的焊接接头中，而奥氏体不锈钢焊接接头冷裂纹的敏感性极小，几乎不发生冷裂纹。

马氏体不锈钢的淬硬性是产生冷裂纹的主要因素之一，一般情况下，马氏体不锈钢在空冷的条件下就能转变成马氏体。如果钢中的含碳量较高，则会转变成高碳马氏体，冷裂倾向更大。另外，马氏体不锈钢在焊接时，过热区的晶粒容易长大，产生粗晶脆化，以及一般马氏体不锈钢均有回火脆性倾向，因此在焊接热循环作用下引起的接头脆化也是产生冷裂纹的原因之一。

其次，由于马氏体不锈钢的导热性较差，焊接残余应力较大。工件的厚度较大，或接头的拘束度较大，是产生冷裂纹的又一个重要因素。例如，在电站建设中，用于主蒸汽管的厚壁 1Cr12WMoV（即 F11）马氏体不锈钢管，对冷裂纹就非常敏感。

铁素体不锈钢焊接时很容易引起接头脆化，特别是热影响区的粗晶脆化。热影响区的粗晶脆化也是产生冷裂纹的主要因素。此外，铁素体不锈钢焊接时残余应力大，以及氢在铁素体中的溶解度降低且扩散速度增大，也是产生冷裂纹的主要因素。

尽可能降低焊缝金属中扩散氢的含量，同时还可以采用焊前预热及焊后去应力退火处理等一般的防止冷裂纹的工艺措施。

（四）焊接接头的脆化

铁素体不锈钢及马氏体不锈钢的焊接，常常会引起焊接接头的脆化，即使是奥氏体不锈钢的焊接也会或多或少地引起接头塑韧性的降低。焊接接头脆化的主要原因如下。

1. 粗晶脆化

铁素体不锈钢焊接时，在焊接热循环的作用下，当温度大于 950℃时，热影响区的晶粒就会急剧长大，因而导致接头的塑性大幅度地降低。铁素体不锈钢焊接时热影响区脆化还反映在脆性转变温度的提高上，特别是不锈钢中 C 和 N 的含量增加时，脆性转变温度就有明显的提高。

马氏体不锈钢焊接时，同样也有热影响区的粗晶脆化问题。在焊接热循环的作用下，当温度大于 1150℃时，近缝区的晶粒也会严重长大。例如，1Gr13 马氏体不锈钢焊接时，当冷却速度小于 10℃/s 时，近缝区会出现粗大的铁素体和碳化物组织，塑韧性显著降低，当冷却速度大于 40℃/s 时，会产生粗大的马氏体，也会使塑韧性降低。

2. 475℃脆化

高铬铁素体不锈钢焊接时，在焊接热循环的作用下，经 400 ～ 600℃ 温度区间加热的热影响区，在缓冷时，有可能产生 475℃脆化。475℃脆化不仅与焊接工艺有关，而且与材料的杂质含量有关，杂质对 475℃脆化有促进作用。钢中的 Mo，Ti 也会使 475℃脆化倾向增大。

为了减小 475℃脆化，应最大限度地提高母材及焊缝的纯度，尽可能避免在 430 ～ 480℃区间加热，以及减少在此温度区间的停留时间、控制焊接热循环特性及预热温度等都很重要。

在一般焊接条件下，由于加热速度和冷却速度都比较快，因而出现 475℃脆化的可能性较小。

3. σ 相沉淀脆化

高铬铁素体不锈钢、双相不锈钢以及铁素体含量超过 12% 的亚稳定奥氏体不锈钢，在焊接热循环的作用下，都有可能出现 σ 相沉淀（析出）脆化。但这种可能性较小，因为 σ 相析出的过程比较缓慢，而焊接过程中加热和冷却速度都比较快。

任务二　了解奥氏体不锈钢的焊接工艺

一、奥氏体不锈钢的焊接性分析

奥氏体不锈钢与其他类型不锈钢相比，焊接性最好，但是由于奥氏体不锈钢自身的一些特殊性能，焊接时仍然需要关注如下问题。

（一）热裂纹问题

奥氏体不锈钢焊接时热裂倾向比较大，这是奥氏体不锈钢焊接时的主要问题之一。

奥氏体不锈钢的热导率小、线膨胀系数大，焊接残余应力较大；同时，奥氏体不锈钢的热导率小、电阻率较大，熔池容易过热，结晶时很容易形成方向性强的粗大柱状晶组织；另外，奥氏体不锈钢含有 Ni 及其他一些合金元素和杂质（如 S、P、Sn、Sb、Si、B、Nb 等），很容易形成低熔点共晶体和化合物，同时很容易形成结晶偏析。由于这些因素的综合作用，奥氏体不锈钢焊接时，很容易产生热裂纹，尤其是稳定型奥氏体不锈钢（单一奥氏体组织），热裂倾向更大。

奥氏体不锈钢焊接时，由于以上原因，在熔合区的母材侧，还会产生液化裂纹。

（二）接头的抗蚀性能问题

奥氏体不锈钢焊接的结构通常在有腐蚀介质的环境中使用，在服役过程中，常发现焊接接头存在抗蚀性能降低问题，除了焊接材料选择不当造成焊缝的集中腐蚀外，常见的是不锈钢焊接接头的晶间腐蚀、点蚀、坑蚀、缝隙腐蚀等局部腐蚀，有时也会出现熔合区刀状腐蚀。

此外，不锈钢接头在含有 Cl 离子腐蚀介质的环境中服役时，还会出现应力腐蚀破裂的现象。

（三）接头的脆化问题

在一般常温情况下，奥氏体不锈钢焊接接头的强度及塑韧性都是容易得到保证的，但在低温或高温情况下，有时会出现脆化问题。

（1）奥氏体不锈钢焊接接头的低温脆化问题。

亚稳定 18-8 型奥氏体不锈钢焊接时，焊缝中往往含有少量的铁素体，这使得接头发生低温脆化现象。

（2）奥氏体不锈钢接头的高温脆化问题。

奥氏体不锈钢焊缝中如果含有较多的铁素体化元素或较多的 δ 相时，将会发生显著的高温脆化现象。奥氏体不锈钢焊缝中含有较多的 δ 相引起的高温脆化，通常认为是发生 $\delta \rightarrow \sigma$ 转变的结果。

（四）焊接变形问题

奥氏体不锈钢由于热导率小而线膨胀系数大，在自由状态下焊接时，容易产生较大的焊接变形，特别是薄板奥氏体不锈钢焊接时，变形会相当严重。

二、奥氏体不锈钢的焊接工艺

（一）奥氏体不锈钢焊接方法的选择

一般地说，奥氏体不锈钢的焊接性较好，几乎所有的熔焊方法都可以采用。其他一些特种焊接方法，如摩擦焊、电阻焊、缝焊、闪光焊、激光焊、电子束焊及钎焊等也可使用。但是，奥氏体不锈钢的线膨胀系数较大，焊接变形较大，并且含合金元素较多，有些合金元素很容易烧损，因此，在选择焊接方法时，要求保护性好，焊接能量比较集中。所以焊接方法的最佳选择是惰性气体保护焊，如氩弧焊，氩气保护药芯焊丝焊接，以及工程上常采用的氩弧焊打底，焊条电弧焊填充的焊接工艺。

焊条电弧焊操作灵活，适应于各种焊接位置和不同板厚，特别是在现场装配工程中，使用范围较广。但其焊接效率较低，劳动强度较大。埋弧焊效率较高，适合于中厚板并具有规则形状的焊缝的平焊位置的焊接。埋弧焊由于热输入较大、熔深较大，焊接时要特别注意防止热裂纹，还要注意焊丝和焊剂的配合问题。钨极氩弧焊由于热输入小，特别适合薄板和薄壁管件的焊接。微弧等离子弧焊，或微弧脉冲钨极氩弧焊，可焊厚度小于 1 mm 的奥氏体不锈钢。熔化极氩弧焊，特别是富氩混合气体熔化极氩弧焊是焊接奥氏体不锈钢的高效优质方法。对于 8 ～ 12 mm 的不锈钢采用等离子弧焊可以不开坡口。

（二）奥氏体不锈钢焊接材料的选择

奥氏体不锈钢焊接时填充材料选择的基本原则是焊缝的化学成分与母材相似。对于 18-8 型亚稳定型奥氏体不锈钢，为了保证焊缝金属有足够的抗热裂性能及抗腐蚀性能，要求焊缝成分能保证获得 5% ～ 8% 的 δ 相。在一般情况下，为确保焊接接头的抗腐蚀性能，要求尽可能降低焊缝金属的含碳量或者加入 Nb、Ti 等稳定碳化物元素，有时也选用超合金化的焊接材料。例如，选用 00Cr18Ni12Mo2 类型的焊接材料焊接 00Cr19Ni10 不锈钢。

表 3-4 为常用的不锈钢焊条的牌号、型号、药皮类型、选用的焊接电流，以及焊条的主要用途，供选择不锈钢焊条时参考。

表 3-4　常用不锈钢焊条的选用一览表

牌号	国标型号	美标型号	药皮类型	焊接电流	主要用途
G202	E410-16	E410-16	钛钙型	交直流	焊接 0Cr13、1Cr13 和耐磨、耐蚀的表面堆焊
G207	E410-15	E410-15	低氢型	直流	焊接 0Cr13、1Cr13 和耐磨、耐蚀的表面堆焊
G217	E410-15	E410-15	低氢型	直流	焊接 0Cr13、1Cr13 和耐磨、耐蚀的表面堆焊
G302	E430-16	E430-16	钛钙型	交直流	焊接 Cr17 不锈钢
G307	E430-15	E430-15	低氢型	直流	焊接 Cr17 不锈钢
A002	E308L-16	E308L-16	钛钙型	交直流	焊接超低碳 Cr19Ni11 不锈钢或 0Cr19Ni10 不锈钢结构，如合成纤维、化肥、石油等设备
A022	E316L-16	E316L-16	钛钙型	交直流	焊接尿素及合成纤维设备
A032	E317MoCuL-16	1	钛钙型	交直流	焊接合成纤维等设备，在稀、中浓度硫酸介质中工作的同类型超低碳不锈钢结构
A042	E309MoL-16	1	钛钙型	交直流	焊接尿素合成塔中衬里板及堆焊和焊接同类型超低碳不锈钢结构
A052	A	1	钛钙型	交直流	焊接耐硫酸、醋酸、磷酸中的反应器、分离器等
A062	E309L-16	E309L-16	钛钙型	交直流	焊接合成纤维、石油化工设备用同类型的不锈钢结构、复合钢结构和异种钢结构
A072	A	1	钛钙型	交直流	用于 00Cr25Ni20Nb 钢的焊接，如核燃料设备
A082	A	1	钛钙型	交直流	用于 00Cr17Ni15Si4Nb、00Cr14Ni17Si4 等耐浓硝酸腐蚀钢的焊接和补焊
A102	E308-16	E308-16	钛钙型	交直流	焊接工作温度低于 300℃的耐腐蚀的 0Cr19Ni9、0Cr19Ni11Ti 不锈钢结构
A107	E308-15	E308-15	低氢型	直流	焊接工作温度低于 300℃的耐腐蚀的 0Cr19Ni9、0Cr19Ni11Ti 不锈钢结构
A132	E347-16	E347-16	钛钙型	交直流	焊接重要的含钛稳定的 0Cr19Ni11Ti 型不锈钢
A137	E347-15	E347-15	低氢型	直流	焊接重要的含钛稳定的 0Cr19Ni11Ti 型不锈钢
A146	A	1	低氢型	直流	焊接重要的 0Cr20Ni10Mn6 不锈钢结构
A202	E316-16	E316-16	钛钙型	交直流	焊接在有机和无机酸介质中工作的 0Cr17Ni12Mo2 不锈钢结构
A207	E316-15	E316-15	低氢型	直流	焊接在有机和无机酸介质中工作的 0Cr17Ni12Mo2 不锈钢结构
A212	E318-16	E318-16	钛钙型	交直流	焊接重要的 0Cr17Ni12Mo2 不锈钢设备，如尿素、合成纤维等设备
A222	E317MuCu-16	1	钛钙型	交直流	焊接相同类型含铜不锈钢结构，如 0Cr18Ni12Mo2Cu2
A232	E318V-16	1	钛钙型	交直流	焊接一般耐热、耐蚀的 0Cr19Ni9 及 0Cr17Ni12Mo2 不锈钢结构
A237	E318V-15	1	低氢型	直流	焊接一般耐热、耐蚀的 0Cr19Ni9 及 0Cr17Ni12Mo2 不锈钢结构

牌号	国标型号	美标型号	药皮类型	焊接电流	主要用途
A242	E317-16	E317-16	钛钙型	交直流	焊接同类型的不锈钢结构
A302	E309-16	E309-16	钛钙型	交直流	焊接同类型的不锈钢、不锈钢衬里、异种钢（Cr19Ni9同低碳钢）以及高铬钢、高锰钢等
A307	E309-15	E309-15	低氢型	直流	焊接同类型的不锈钢、异种钢、高铬钢、高锰钢等
A312	E309Mo-16	E309Mo-16	钛钙型	交直流	焊接耐硫酸介质腐蚀的同类型不锈钢容器，也可用于不锈钢衬里、复合钢板、异种钢的焊接
A317	E309Mo-15	E309Mo-15	低氢型	直流	用于耐硫酸介质腐蚀的同类型不锈钢、复合钢板、异种钢的焊接
A402	E310-16	E310-16	钛钙型	交直流	用于在高温条件下工作的同类型耐热不锈钢焊接，也可用于硬化性大的铬钢以及异种钢的焊接
A407	E310-15	E310-15	低氢型	直流	用于同类型耐热不锈钢、不锈钢衬里的焊接，也可用于硬化性大的铬钢以及异种钢的焊接
A412	E310Mo-16	E310Mo-16	钛钙型	交直流	用于焊接在高温条件下工作的耐热不锈钢、不锈钢衬里、异种钢，在焊接淬硬性高的碳钢、低合金钢时韧性极好
A422	A	1	钛钙型	交直流	用于焊补炉卷轨机上的Cr25Ni20Si2奥氏体耐热钢卷筒
A432	E310H-16	E310H-16	钛钙型	交直流	专用于焊接HK40耐热钢
A462	A	1	钛钙型	交直流	用于高温条件下工作的炉管（如HK-40、HP-40、RC-1、RS-1、IN-80等）的焊接
A502	E16-25MoN-16	1	钛钙型	交直流	用于焊接淬火状态下的低合金钢、中合金钢、异种钢、钢性较大的结构以及相应的热强钢等，如淬火状态下的30铬锰硅以及不锈钢、碳钢、铬钢及异种钢的焊接
A507	E16-25MoN-15	1	低氢型	直流	用于焊接淬火状态下的低合金钢、中合金钢、异种钢、钢性较大的结构以及相应的热强钢等，如淬火状态下的30铬锰硅以及不锈钢、碳钢的焊接
A512	E16-8-2-16	1	钛钙型	交直流	主要用于高温高压不锈钢管路的焊接
A607	E330MoMnWNb-15	1	低氢型	直流	用于在850℃-900℃高温条件下工作的同类型不锈钢材料，以及制氢转化炉中集合管和膨胀管（如Cr20Ni32和Cr20Ni37材料）的焊接
A707	A	1	低氢型	直流	用于醋酸、维尼纶、尿素等设备的焊接
A717	A	1	低氢型	直流	适用于2Cr15Mn15Ni2N低磁不锈钢电物理装置结构件或1Cr18Ni11Ti异种钢的焊接
A802	A	1	钛钙型	交直流	焊接硫酸浓度50%和一定工作温度及大气压力的制造合成橡胶的管道，以及Cr18Ni18Mo2Cu2Ti等钢种

表3-5为不锈钢焊丝的化学成分、牌号及对应的美国标准型号。

表 3-5 不锈钢焊丝的化学成分（质量分数）

单位：%

牌号	AWS	C	Mn	Si	Cr	Ni	Mo	S	P
H08A	EL8	≤ 1.10	0.30 ～ 0.55	≤ 0.03	≤ 0.20	≤ 0.30	—	≤ 0.03	≤ 0.30
H0Cr21Ni10	ER308	≤ 0.06	1.00 ～ 2.50	≤ 0.06	19.5 ～ 22.0	9.0 ～ 11.0	—	≤ 0.02	≤ 0.30
H00Cr21Ni10	ER308L	≤ 0.03	1.00 ～ 2.50	≤ 0.06	19.5 ～ 22.0	9.0 ～ 11.0	—	≤ 0.02	≤ 0.30
H0Cr19Ni12Mo2	ER316	≤ 0.08	1.00 ～ 2.50	≤ 0.06	18.0 ～ 20.0	11.0 ～ 14.0	2.0 ～ 3.0	≤ 0.02	≤ 0.30
H00Cr19Ni12Mo2	ER316L	≤ 0.03	1.00 ～ 2.50	≤ 0.06	18.0 ～ 20.0	11.0 ～ 14.0	2.0 ～ 3.0	≤ 0.02	≤ 0.30
H1Cr24Ni13	ER309	≤ 0.12	1.00 ～ 2.50	≤ 0.06	23.0 ～ 25.0	12.0 ～ 14.0	—	≤ 0.02	≤ 0.30
H1Cr26Ni21	ER310	≤ 0.15	1.00 ～ 2.50	≤ 0.06	23.0 ～ 25.0	20.0 ～ 22.5	—	≤ 0.02	≤ 0.30

注：AWS 是美国焊接学会的英文缩写，该表是我国不锈钢焊丝牌号和美国标准对照表。

表 3-6 为常用不锈钢焊丝选用案例，同时给出了焊缝熔敷金属化学成分，可供选择时参考。

表 3-6 常用不锈钢焊丝选用案例

品名		AWS A5.9-2016	GB/T 17854—2018	熔敷金属化学成分（质量分数）/%						
TIG	MIG			C	Si	Mn	Cr	Ni	Mo	其他
302		ER302	H1Cr18Ni9	0.100	0.65	1.72	17.5	9.3	—	—
304		ER304	H0Cr18Ni9	0.072	0.55	1.72	18.50	9.30	—	—
307		ER307	—	0.070	0.47	3.95	20.40	9.65	—	—
307Si		ER307Si	—	0.080	0.82	6.85	18.87	8.32	0.27	—
308		ER308	H0Cr21Ni10	0.030	0.34	1.82	20.13	9.50	—	—
308L		ER308L	H00Cr21Ni10	0.020	0.42	1.65	20.10	10.33	—	—
309		ER309	H1Cr24Ni13	0.083	0.42	1.63	23.83	13.13	—	—
309L		ER309L	H00Cr24Ni13	0.020	0.39	1.98	23.88	12.90	—	—
309LSi		ER309LSi	—	0.020	0.87	1.55	24.10	13.00	—	—
310		ER310	H1Cr26Ni21	0.086	0.40	2.01	27.40	21.80	—	—
316		ER316	H0Cr19Ni12Mo2	0.050	0.36	1.78	19.61	12.50	5.49	—
316L		ER316L	H00Cr19Ni12Mo2	0.025	0.42	1.91	19.10	12.58	2.57	—
316LSi		ER316LSi	—	0.021	0.77	1.95	19.32	13.45	2.58	—
317		ER317	H0Cr19Ni14Mo3	0.048	0.45	1.86	19.41	14.23	3.51	—
317L		ER317L	H00Cr19Ni14Mo3	0.023	0.40	1.76	19.60	13.68	3.63	—
H1Cr18Ni9Ti		—	H1Cr18Ni9Ti	0.087	0.86	1.58	18.47	10.20	—	Ti：0.62
321		ER321	H0Cr20Ni10Ti	0.062	0.49	1.74	19.50	9.57	—	Ti：0.82
H0Cr21Ni10Ti		—	H0Cr21Ni10Ti	0.057	0.41	1.86	20.31	9.72	—	Ti：0.73
H0Cr18Ni9Ti		—	H0Cr18Ni9Ti	0.053	0.57	1.27	18.61	10.20	—	Ti：0.59
347		ER347	H0Cr20Ni10Nb	0.030	0.41	1.61	20.37	9.90	—	Nb：0.80
410		ER410	H1Cr13	0.100	0.45	0.43	11.81	0.17	—	—

续表

| 品名 | | AWS A5.9-2016 | GB/T 17854—2018 | 熔敷金属化学成分（质量分数）/% | | | | | | |
TIG	MIG			C	Si	Mn	Cr	Ni	Mo	其他
430		ER430	H1Cr17	0.038	0.39	0.46	16.37	0.20	—	—
H2Cr13		—	H2Cr13	0.160	0.45	0.51	13.00	0.47	—	—
H3Cr13		—	H3Cr13	0.330	0.66	0.57	13.20	0.31	—	—

表3-7为几种不锈钢焊丝的熔敷金属力学性能和焊丝的主要特征及用途。

表3-7 不锈钢焊丝焊的熔敷金属力学性能和焊丝的主要特征及用途

| 牌号 | | 熔敷金属力学性能 | | 主要特征及用途 |
TIG	MIG	抗拉强度/MPa	伸长率/%	
307		612	43	用于奥氏体锰钢与碳钢锻件或铸件的异种钢焊接，具有良好的抗裂性能
308		607	41	用于18Cr-8Ni钢的焊接，焊缝美观，抗裂性好，电弧稳定
308L		575	42	用于18Cr-8Ni钢的焊接，比MIG308更耐腐蚀
309		607	40	用于22Cr-12Ni钢的焊接、异种材料的焊接，耐热耐蚀性好，电弧稳定，焊缝美观
309L		590	43	用于异种材料的焊接，耐热耐蚀性佳；用于低碳不锈钢的焊接及耐热钢13Cr、18Cr钢或异种金属焊接
309Si		565	32	高Si-低C-22Cr-12Ni钢用，其他同MIG309L
310		607	41	用于25Cr-20Ni钢的焊接，比MIG 309、MIG 309L更适合25Cr-Ni钢的焊接和自硬性高的合金钢与高碳钢的连接，异材焊接用
316		576	38	用于18Cr-12Ni-2.5Mo（SUS316）钢的焊接，电弧稳定，焊道美观
316L		565	41	用于低C-18Cr-12Ni-2.5Mo钢的焊接，比MIG316更耐腐蚀
316LSi		562	31	用于高Si-低C-18Cr-12Ni-2.5Mo钢的焊接，其他同MIG316L
317		598	42	用于18Cr-12Ni-3.5Mo钢的焊接，Mo含量较高，对硫酸、亚硫酸等非氧化性酸及有机酸有优良的耐蚀性，其耐孔蚀性及耐热性甚佳，适用于重要化学容器的焊接
317L		568	42	用于低C-18Cr-12Ni-3.5Mo钢的焊接，低碳高钼，防止粒间腐蚀，焊接后免热处理，高温强度大，为抗硫酸、亚硫酸及有机酸的抗蚀专用焊丝
321		562	39	用于20Cr-10Ni-Ti钢的焊接，由于Ti的加入，大大提高了抗晶间腐蚀的能力
347		617	41	用于18Cr-9Ni-Ti钢的焊接，添加Nb使其熔敷金属抗晶间腐蚀性增加，高温强度好，特别适用于耐热钢的焊接
410		510	25	用于13Cr钢的焊接，熔敷金属硬化性大，在高温下有优异的耐氧化性和耐腐蚀性，适用于AISI410或420的焊接
430		585	36	用于17Cr钢的焊接，特别适用于硝酸容器的焊接

表3-8是药芯不锈钢焊丝的牌号、型号、用途及选用，供选择时参考。

表3-8　药芯不锈钢焊丝的牌号、型号及选用

产品牌号	产品型号		特征与用途
	GB	AWS	
药芯308	E308T1-1 E308T1-4	E308T1-1 E308T1-4	奥氏体组织中含有适量铁素体（δ）热裂纹敏感性低，用于焊接18-8（SUS304）不锈钢
药芯308L	E308LT1-1 E308LT1-4	E308LT1-1 E308LT1-4	奥氏体组织中含有适量铁素体（δ）热裂纹敏感性低，用于焊接18-8（SUS304L）不锈钢
药芯309L	E309LT1-1 E309LT1-4	E309LT1-1 E309LT1-4	用于异种钢堆焊或在碳钢及低合金钢上堆焊、不锈钢焊缝金属打底焊接，或同成分不锈钢的异种金属焊接
药芯309MoL	E309LmoT1-1 E309LmoT1-4	E309LmoT1-1 E309LmoT1-4	高温耐热裂和耐腐蚀性好，焊缝金属为超低碳奥氏体组织，适用于低碳钢与不锈钢的异种金属焊接
药芯316	E316T1-1 E316T1-4	E316T1-1 E316T1-4	奥氏体组织中含有适量铁素体，裂纹敏感度低，用于焊接18-12Mo2不锈钢
药芯316L	E316LT1-1 E316LT1-4	E316LT1-1 E316LT1-4	焊接18-12Mo2超低碳不锈钢，焊接工艺性好，抗晶间腐蚀性能优良
药芯347	E347T1-1 E347LT1-4	E347LT1-1 E347LT1-4	抗晶间腐蚀性能优良，高温强度大，用于SUS321、SUS304L的母材焊接
药芯410	E410T1-1	E410T1-1	用于焊接410或420系列不锈钢，硬化性大，具有高温抗氧化、抗腐蚀性，用于石油精炼化工及堆焊修补

选择填充材料时，还要考虑到焊接工艺方法的影响。例如，选择埋弧焊丝时，同时要考虑到焊丝和焊剂的配合使用问题；选择气体保护焊丝时，要考虑到可能产生的渗碳和合金元素的烧损问题。

（三）奥氏体不锈钢焊接工艺参数的选择

由于奥氏体不锈钢的热导率较小，电阻比较大，因此焊条及焊丝的熔化系数较大，熔深较大，熔池容易过热，易产生粗晶、热裂纹，一般要求采用较小的线能量。

采用焊条电弧焊时，奥氏体不锈钢焊条容易"发红"失效，要求焊接电流比普通低合金钢小10%～20%。

埋弧焊时，焊接工艺参数主要有焊接电流、电弧电压、焊丝直径、送丝速度、焊接速度等。焊接电流主要是影响熔深，焊接电流越大，熔深越大；电弧电压随弧长而变，电弧拉长，电弧电压升高，熔宽增加，熔深减小；当焊接电流和电弧电压一定时，焊接速度增加，线能量减小，熔宽和熔深都减小；焊丝直径加粗，在焊接电流不变的情况下，熔宽增加，熔深减小。

埋弧焊的焊接参数的选择不能只考虑单项，需进行综合分析，制定最佳参数配合。

表3-9为奥氏体不锈钢埋弧焊工艺参数规范，可供参考。

表3-9　奥氏体不锈钢埋弧焊工艺参数规范

焊件厚度/mm	装配间隙/mm	焊接电流/A	电弧电压/V	焊接速度/（cm·min⁻¹）	备注
6	1.5～2.0	650～700	34～38	76.7	在焊剂垫上进行单面焊，焊丝直径 Φ5.0 mm
8	2.0～3.0	750～800	36～38	76.7	
10	2.5～3.5	850～900	38～40	51.7	
12	3.0～4.0	900～950	38～40	41.7	

续表

焊件厚度 /mm	装配间隙 /mm	焊接电流 /A	电弧电压 /V	焊接速度 /（cm·min⁻¹）	备注
8	1.5	500～600	32～34	76.7	双面焊，第一道焊缝在焊剂垫上进行，焊丝直径 Φ5.0 mm
10	1.5	600～650	34～36	70.0	
12	1.5	650～700	36～38	60.0	
16	2.0	750～800	38～40	51.7	
20	3.0	800～850	38～40	41.7	
30	6.0～7.0	850～900	38～40	26.7	
40	8.0～9.0	1050～1100	40～42	20.0	

钨极氩弧焊时，焊接参数主要有钨极直径、焊接电流、焊接速度、氩气流量等。钨极直径与电源的类型及焊接电流的关系如表 3-10 所示。

表 3-10　钨极直径与电源的类型及焊接电流的关系

钨极直径 /mm	直流正接 /A		交流 /A	
	纯钨	钍钨／铈钨	纯钨	钍钨／铈钨
0.5	2～20	2～20	2～15	2～15
1.0	10～75	10～75	15～55	15～70
1.6	40～130	60～150	45～90	60～125
2.0	75～180	100～200	65～125	85～160
2.5	130～230	160～250	80～140	120～210
3.2	160～310	225～330	150～190	150～250
4.0	270～450	350～480	180～260	240～350
5.0	400～625	500～675	240～350	330～460

采用手工填丝钨极氩弧焊焊接奥氏体不锈钢的工艺参数如表 3-11 所示。

表 3-11　奥氏体不锈钢的手工填丝钨极氩弧焊工艺参数

板厚 /mm	接头形式	钨极直径 /mm	焊丝直径 /mm	焊接电流 /A	电弧电压 /V	焊接速度 /（cm·min⁻¹）	喷嘴直径 /mm	氩气流量 /（L·min⁻¹）	备注
0.5	I 型	1.0	—	15～20	8～12	20～30	8	3～4	采用直流正接，较大电流适用于在夹具垫板上焊接，较小电流适用于在悬空焊接（不需加垫板）
0.8		1.6	1.0	20～30					
1.0		2.0	1.6	30～50				5～6	
1.5		2.0	1.6	40～70					
2.0		3.0	2.0	80～110					
2.5	V 型破口装配间隙 $\rho = 0$ ～0.5 mm，破口角度 $\alpha = 60°$ ～70°	3.0	2.0	95～130			12	6～8	
3.0		3.0	2.5	110～160					
4.0		3～4	3.0	120～180		15～25	8		
>4.0		4～5	3.0	150～250					

采用钨极脉冲氩弧焊焊接奥氏体不锈钢薄板对接焊缝时的工艺参数，如表 3-12 所示。

表 3-12　奥氏体不锈钢薄板的钨极脉冲氩弧焊工艺参数

板厚 /mm	焊接电流 /A		持续时间 /s		脉冲频率 /Hz	焊接速度 /(cm·min⁻¹)	弧长 /mm
	脉冲	基值	脉冲	基值			
0.3	20 ～ 22	5 ～ 8	0.06 ～ 0.08	0.06	8	50 ～ 60	0.6 ～ 0.8
0.5	55 ～ 60	10	0.08	0.06	7	55 ～ 60	0.8 ～ 1.0
0.8	85	10	0.12	0.08	5	80 ～ 100	0.8 ～ 1.0

采用钨极脉冲氩弧焊全位置焊接奥氏体不锈钢管接头的工艺参数，如表 3-13 所示。

表 3-13　奥氏体不锈钢管接头的钨极脉冲氩弧焊全位置焊接工艺参数

管径 /mm	焊接电流 /A		持续时间 /s		弧长 /mm	焊接速度 /(cm·min⁻¹)	氩气流量 /(L·min⁻¹)	
	脉冲	基值	脉冲	基值			喷嘴	管内
$\Phi 6 \times 1$	23 ～ 42	11 ～ 13	0.1	0.1	0.7 ～ 0.9	16 ～ 19	14 ～ 16	2.5 ～ 3.5
$\Phi 8 \times 1$	18 ～ 38	11 ～ 13	0.1	0.1	0.7 ～ 0.9	12 ～ 15	15 ～ 20	2.5 ～ 3.5
$\Phi 14 \times 1.5$	41 ～ 60	19 ～ 27	0.2	0.2	0.7 ～ 0.9	13 ～ 16	15 ～ 20	2.0 ～ 3.0
$\Phi 18 \times 1$	65 ～ 90	20 ～ 25	0.3	0.4	0.7 ～ 1.2	8 ～ 10	7 ～ 10	5.0 ～ 7.0
$\Phi 28 \times 1$	75 ～ 110	25 ～ 30	0.4	0.5	0.7 ～ 1.2	8 ～ 10	7 ～ 10	5.0 ～ 7.0

采用熔化极短路过渡氩弧焊焊接奥氏体不锈钢的工艺参数，如表 3-14 所示。

表 3-14　奥氏体不锈钢的熔化极短路过渡氩弧焊工艺参数

板厚 /mm	接头形式	焊丝直径 /mm	焊接电流 /A	电弧电压 /V	焊接速度 /(cm·min⁻¹)	送丝速度 /(cm·min⁻¹)	氩气流量 /(L·min⁻¹)
1.6	T 型	0.8	85	15	42.5 ～ 47.5	460	15
2.0			90		32.5 ～ 37.5	480	
1.6	I 型		85		37.5 ～ 52.5	460	
2.0			90		28.5 ～ 31.5	480	

采用熔化极喷射过渡氩弧焊焊接奥氏体不锈钢的工艺参数，如表 3-15 所示。

表 3-15 奥氏体不锈钢的熔化极喷射过渡氩弧焊焊接工艺参数

板厚/mm	接头形式	层数	焊接位置	焊丝直径/mm	焊接电流/A	电弧电压/V	焊接速度/(cm·min⁻¹)	送丝速度/(cm·min⁻¹)	氩气流量/(L·min⁻¹)	备注
3	I 型坡口，根部间隙 0.2 mm，加垫板	1	水平	1.6	200～240	22～25	40～55	350～450	14～18	
			立		180～220	22～25	35～50	300～400		
6	I 型坡口，根部间隙 0.2 mm	2	水平	1.6	220～260	23～26	30～50	400～500	14～18	
			立		220～240	22～25	25～45	350～500		
12	V 型破口，装配间隙 0.2 mm，破口角度 $\alpha = 50° \sim 60°$，钝边 0～2 mm	5 (4:1)	水平	1.6	240～280	24～27	20～35	450～650	14～18	垫板为永久垫板；括号内数字代表双面焊时每面的层数
			立		220～260	23～26	20～40	400～500		
22	非对称双 V 型口，破口角度 $\alpha = 50° \sim 60°$，装配间隙 0～1 mm	11 (7:4)	水平	1.6	240～280	24～27	20～35	450～650	14～18	
			立		220～240	22～25	20～40	350～450		
38	带钝边对称双 V 型口，破口角度 $\alpha = 50° \sim 60°$，钝边 2～3 mm，装配间隙 0～2 mm	18 (9:9)	水平	1.6	280～340	26～30	15～30	500～700	14～18	
			立		240～300	24～28	15～30	450～700	18～22	

工程案例

奥氏体不锈钢焊接

任务三 了解马氏体不锈钢的焊接工艺

一、马氏体不锈钢的焊接性分析

（一）冷裂纹问题

冷裂纹是马氏体不锈钢焊接的主要问题之一。淬硬组织是产生冷裂纹的重要原因，马氏体不锈钢中的含碳量越高、淬硬性越强，则冷裂倾向就越大。另外，马氏体不锈钢的导热性较差，焊接残余应力较大，如果加上构件的厚度或接头的拘束度较大，也是形成冷裂纹的一个重要原因。如果再有扩散氢的作用，冷裂纹就变得十分敏感了。

马氏体不锈钢钢种不同，对冷裂纹的敏感程度也不一样。低碳、超低碳马氏体不锈钢经淬火和一次回火或二次回火热处理后，获得低碳马氏体＋逆变奥氏体复合相组织，这种组织具有较好的强韧性，冷裂纹的倾向性相对较小。对于含奥氏体形成元素碳和镍较少、铁素体形成元素含量较多的马氏体不锈钢，其铁素体稳定性较高，淬火后除了马氏体外，还会保留部分铁素体，具有这样组织的马氏体不锈钢，同样也对冷裂纹的敏感性较大。

（二）接头脆化问题

马氏体不锈钢不仅有较大的过热倾向，也有较大的晶粒粗化倾向，当加热温度超过 1150℃时，焊接接头热影响区的晶粒将会严重长大，出现粗晶脆化现象。特别是以 1Cr13、Cr12 为基的热强钢，其成分特点使其组织处于马氏体（M）－铁素体（F）的边界上，这类钢在冷却速度较小（例如 1Cr13 的冷却速度小于 10℃/s）时，近缝区就会出现粗大的铁素体和碳化物组织，使接头的塑韧性显著降低；当冷却速度较大（例如大于 40℃/s）时，会产生粗大的马氏体组织，也会使接头的塑韧性下降。因此，焊接时控制其冷却速度尤为重要。

另外，一般马氏体不锈钢大都具有回火脆性，因此，焊接前后的热处理要注意。

二、马氏体不锈钢的焊接工艺

（一）马氏体不锈钢焊接方法的选择

一般常用的焊接方法，如焊条电弧焊、钨极氩弧焊、熔化极气体保护焊、等离子弧焊、埋弧焊、电渣焊、电阻焊、摩擦焊、气保护药芯焊丝焊、电子束焊、激光焊等，都可用于马氏体不锈钢的焊接。

焊条电弧焊具有很大的灵活性，是常用的焊接工艺方法，但要选择低氢型焊条焊接马氏体不锈钢，使用前需经 300～350℃烘干 2 h 以减少扩散氢的含量，防止冷裂纹的产生。

钨极氩弧焊主要用于薄壁构件的焊接及重要构件的封底焊。采用钨极氩弧焊时，要采取适当的保护措施以防止焊缝背面的氧化。

$Ar+CO_2$ 或 $Ar+O_2$ 的富氩混合气体保护焊，不仅焊丝熔化速度快，焊接效率高，而且电弧具有微氧化性，可以防止或减少氢侵入熔池，有利于防止氢致裂纹的产生。特别是富氩混合气体保护药芯焊丝的焊接，对防止氢致裂纹的产生尤为有利。

焊接工艺方法的选择要根据结构的具体情况及使用条件，综合分析考虑确定。

（二）马氏体不锈钢焊接材料的选择

通常情况下，为保证焊缝金属与母材的力学性能及物理化学性能一致，要求焊缝的化学成分和母材的化学成分基本一致。

由于马氏体不锈钢的焊接性较差，特别是含碳量较高的马氏体不锈钢和拘束度较大的马氏体不锈钢接头，容易产生冷裂纹，常采用奥氏体不锈钢焊接材料进行焊接。但是奥氏体焊缝和马氏体母材相比，在物理性能、化学性能、冶金性能及力学性能等方面都存在很大的差异，在使用过程中，有时会出现破坏性事故。例如，因奥氏体焊缝与马氏体母材的热膨胀系数相差悬殊，焊接残余应力较大，在有敏感性的腐蚀介质环境中，容易产生应力腐蚀破裂；在反复加热的情况下，熔合区产生较大的切应力，导致接头过早损坏。因此，在选用奥氏体不锈钢焊接材料焊接马氏体不锈钢时，应根据在使用过程中对焊接接头的性能要求，做严格的焊接工艺评定。

选用奥氏体不锈钢焊接材料焊接马氏体不锈钢，相当于异种钢的焊接，因此必须考虑焊缝的稀释或合金化问题，以及过渡层和扩散层的问题，可以根据熔合比，利用舍夫勒图来确定所需的焊接材料。

有时也可以采用镍基材料焊接马氏体不锈钢，使焊缝的热膨胀系数与母材接近，以降低焊接残余应力。

对于低碳或超低碳马氏体不锈钢，由于其焊接性良好，一般采用同质焊接材料。

对于以 Cr12 为基的多元合金化马氏体不锈钢（又称热强钢），通常不采用奥氏体不锈钢焊接材料，而采用与母材成分相似的焊接材料，并且要保证焊缝不会出现一次铁素体相，而成为均一的较细的马氏体组织。通常用奥氏体形成元素 C、Ni、Mn、N 等来调整平衡，一旦出现块状或网状的一次铁素体，会使韧性急剧降低，对材料的蠕变极限产生不利影响。另外，马氏体不锈钢焊接时要严格限制焊缝中的有害杂质，如 S、P、Si 等，通常要求 ω_S、$\omega_P \leqslant 0.015\%$；$\omega_{Si} \leqslant 0.3\%$。

（三）马氏体不锈钢焊接工艺要点

1. 焊前预热

通常情况下，由于马氏体不锈钢冷裂倾向较大，焊前一般都需要预热，预热温度在 100～350℃，预热温度与钢中的含碳量有关。当 $\omega_C < 0.05\%$ 时，预热温度为 100～150℃；当 $\omega_C = 0.05\%～0.15\%$ 时，预热温度为 200～250℃；当 $\omega_C > 0.15\%$ 时，预热温度为 300～350℃。

预热温度的确定原则以通过焊接性试验但不产生冷裂纹的最低预热温度为准。对于马氏体不锈钢，预热温度的上限不宜超过 400℃，否则有可能会产生 475℃脆化。整个焊接过程要保持预热状态的层间温度。

在某些情况下可以不预热。例如，冷裂倾向较小的低碳或超低碳马氏体不锈钢，或者刚度及接头拘束度很小时，或者采用奥氏体不锈钢焊接材料焊接时。

2. 焊后热处理

焊后热处理的目的是降低焊缝和热影响区的硬度，改善塑性和韧性，同时减少焊接残余应力。由于马氏体不锈钢通常是在调质状态下供货，多数情况下马氏体不锈钢是在调质状态下焊接的，因此，焊后必须热处理，焊后热处理分为去应力回火和完全退火两种。去应力回火的温度一般不应高于原母材调质处理时的回火温度，一般在 650～750℃之间，保温时间按 2.4 min/mm 确定，但不低于 1 h，然后空冷。高温回火时有较多的碳化物析出，对接头的耐蚀性不利，因此耐蚀性要求较高的焊件的回火温度应偏低一些。若焊件焊后需要机加工，为了降低硬度，可采用完全退火，退火温度为 830～880℃，保温 2 h 随炉冷至 595℃，然后空冷。

焊后去应力回火处理不仅可以消除或降低焊后残余应力，促使扩散氢的逸出，防止冷裂纹的产生，而且可以使马氏体转变成回火索氏体，降低接头的硬脆性，提高接头的塑韧性。但是，去应力回火处理不能消除接头的软化现象。

对于 Cr13 型马氏体不锈钢，采用同质焊条焊接，焊后去应力回火通常是在 700～760℃之间，然后空冷。

3. 马氏体不锈钢的焊接工艺参数

马氏体不锈钢的焊接基本上与低合金调质钢、中合金调质钢的焊接相似。焊接马氏体不锈钢的线能量一般不宜过大，这是为了防止接头的粗晶脆化。

马氏体不锈钢对接平焊的焊条电弧焊焊接工艺参数如表 3-16 所示。

表 3-16 马氏体不锈钢对接平焊的焊条电弧焊焊接工艺参数

板厚 /mm	破口形式	层数	破口尺寸			焊接电流 /A	焊接速度 /(cm·min⁻¹)	焊条直径 /mm	备注
			间隙 b/ mm	钝边 p/ mm	坡口角 α/°				
3		2	2	—	—	80～110	10～14	3.2	反面清根
		1	3	—	—	110～150	15～20	4	垫板
		2	2	—	—	90～110	14～16	3.2	—
5		2	3	—	—	80～110	12～14	3.2	反面清根
		2	4	—	—	120～150	14～18	4	垫板
		2	2	2	75	90～110	14～18	3.2	—
6		4	0	2	80	90～140	16～18	3.2 4	反面清根
		2	4	—	60	140～180	14～15	4 5	垫板
		3	2	2	75	90～140	14～16	3.2 4	—
9		4	0	2	80	130～140	14～16	4	反面清根
		3	4	—	60	140～180	14～16	4 5	垫板
		4	2	2	75	90～140	14～16	3.2 4	—

板厚 /mm	破口形式	层数	破口尺寸			焊接电流 /A	焊接速度 /(cm·min⁻¹)	焊条直径 /mm	备注
			间隙 b/ mm	钝边 p/ mm	坡口角 a/°				
12		5	0	4	80	140～180	12～18	4 5	反面清根
		4	4	—	60	140～180	12～16	4 5	垫板
		4	2	2	75	90～140	13～16	3.2 4	—
16		7	0	6	80	140～180	12～18	4 5	反面清根
		6	4	—	60	140～180	11～16	4 5	垫板
		7	2	2	75	90～180	11～16	3.2 4 5	—
22		7	0	2	60	140～180	13～18	4 5	反面清根
		9	4	—	45	160～200	11～17	5	垫板
		10	2	2	45	90～180	11～16	4 5	—

续表

| 板厚 /mm | 破口形式 | 层数 | 破口尺寸 | | | 焊接电流 /A | 焊接速度 /(cm·min⁻¹) | 焊条直径 /mm | 备注 |
			间隙 b/mm	钝边 p/mm	坡口角 α/°				
32		14	—	2	70	160 ～ 200	14 ～ 17	5	反面清根

工程案例

马氏体不锈钢焊接

任务四　了解铁素体不锈钢的焊接工艺

　　铁素体不锈钢分为普通铁素体不锈钢和高纯铁素体不锈钢，其中普通铁素体不锈钢按 Cr 含量分为低 Cr 型（ω_{Cr} = 12% ～ 14%）、中 Cr 型（ω_{Cr} = 16% ～ 18%）和高 Cr 型 ω_{Cr} = 25% ～ 30%）。高纯铁素体不锈钢按钢中（C+N）% 含量又分为三种，其中最常用的铁素体不锈钢是以 Cr17 为代表的高铬铁素体不锈钢（如 1Cr17Ti、0Cr17Ti、1Cr25Ti 等），在常温下具有铁素体组织，主要用作热稳定钢。

一、铁素体不锈钢的焊接性分析

（一）接头脆化问题

　　铁素体不锈钢焊接时，容易引起接头的脆化，主要表现为塑韧性的降低以及脆性转变温度的提高，引起接头脆化的主要原因如下。

1. 粗晶脆化

　　铁素体不锈钢焊接时，在加热到 950 ℃以上的近缝区，晶粒容易长大，形成粗大的铁素体，而且由于铁素体不锈钢在加热和冷却过程中，不发生固态相变，因此这种粗晶现象很难通过焊后热处理加以改善。加之高铬铁素体不锈钢在室温下的冲击韧性不高，如图 3-8 所示，因此在拘束度较大的情况下焊接时，很容易产生焊接裂纹。

　　由于含有足够的铁素体形成元素（如 Cr），铁素体不锈钢焊接过程中铁素体组织十分稳定，因此几乎没有相转变发生，晶粒得以严重长大而形成粗大铁素体。粗大的铁素体晶粒一旦形成，就很难通过热处理来改善，因而会造成明显的脆化后果。为了降低铁素体不锈钢的

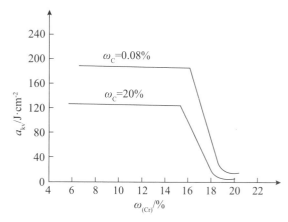

图 3-8　高铬铁素体不锈钢在室温下的冲击韧性

粗晶脆化倾向，无论是何种焊接方法，都应采用热输入小、多层次的焊接工艺，层间温度控制在 200℃ 以下，这样才能有效控制焊缝晶粒的过度长大，避免接头脆化。

2. 475℃脆化

475℃脆化是高铬铁素体不锈钢的重要焊接性问题之一，在 Fe-Cr 合金系中，通过两相分离，以共析的方式时效沉淀，析出富 Cr 的体心立方结构的 α' 相，母材之间经常保持共格关系，α' 相的析出是 475℃ 脆化的主要原因。

防止铁素体不锈钢的 475℃脆化措施：

铁素体不锈钢焊缝金属在 400～540℃ 范围长时间加热会出现 475℃ 脆化现象，钢的强度、硬度增加，但塑性、韧性明显下降。研究表明，铁素体不锈钢的 475℃ 脆化倾向，随着钢中铁素体形成元素（Cr、Mo、Ti、Nb、Al、Si 等）含量的增加而加强，随着钢中奥氏体形成元素（Ni、Mn、Cu 等）含量的增加（超过一定含量后）而降低。铁素体不锈钢之所以出现 475℃ 脆化，是因为一种微细富铬 α' 相的沉淀析出。这种细微 α' 相呈球形，尺寸为 100～200 Å，具有体心立方结构，无磁性，元素含量中 Cr 高达 61%～83%，Fe 约为 37%～17.5%。α' 相沉淀析出可借 Fe-Cr 固溶体分解来实现，也具有形核和长大过程。由于 475℃ 脆化现象的存在，应限制铁素体不锈钢在此温度附近的使用。在长期工作条件下，含 Cr 量 17% 的铁素体不锈钢的使用温度不应高于 350℃，含 Cr 量 25% 的铁素体不锈钢的使用温度不应高于 250℃。

在焊接铁素体不锈钢时，应选择冷却速度较大的焊接参数，缩短在危险温度的停留时间。如果 475℃ 脆化已经产生，由于 α' 相的析出与溶解是可逆过程，可以通过焊后加热到 600℃ 以上并快速冷却来消除 475℃ 脆化。

3. σ 相析出脆化及消除措施

高铬铁素体不锈钢在 550～820℃ 温度区间长期加热时，含 Cr 量大于 17% 的铁素体容易发生 $\delta \rightarrow \sigma$ 转变而产生含 σ 相的组织。σ 相是一种具有高硬度的富 Cr 脆性金属间相（金属化合物，Cr 含量 48%，Fe 含量 52%），分布在晶界、枝晶之间，无磁性。σ 相的生成一般需要长时间的加热，因焊接热而生成 σ 相的可能性很小，但焊后再加热可能导致析出 σ 相。σ 相析出不仅使钢的塑性、韧性显著下降，而且由于 σ 相周围贫 Cr，在腐蚀介质作用下，易受到优先腐蚀而使钢的耐蚀性下降。为了防止析出 σ 相，应尽量减少焊缝中铁素体和碳化物的形成元素（Mo、Si 等），增加稳定奥氏体的元素（Ni、C 等），并且限制其在 σ 相沉淀温度（500～800℃）范围长期工作。

在焊接工艺上力求使用严格规范，减少在危险区的停留时间。如果已经出现了 σ 相析出，可采用在高于 σ 相形成温度下加热并急冷的方法来达到消除 σ 相脆性的目的。

（二）接头冷裂纹问题

铁素体不锈钢焊接时有一定的冷裂倾向，主要原因如下。

（1）高铬铁素体不锈钢焊接时容易产生接头脆化现象，这是产生冷裂纹的重要原因之一。

（2）氢在铁素体不锈钢的溶解度很低，但扩散速度很快（氢在奥氏体不锈钢的扩散系数为 2.1×10^{-12} cm^2/s；而在铁素体不锈钢中的扩散系数为 4.0×10^{-7} cm^2/s），很容易在缺陷处聚集，形成氢致裂纹。

（3）高铬铁素体不锈钢的热导率比较低，焊后残余应力比较大，这是形成冷裂纹的力学条件。

（三）接头晶间腐蚀问题

高铬铁素体不锈钢也有晶间腐蚀倾向。但和 Cr-Ni 奥氏体不锈钢不同的是，Cr-Ni 奥氏体不锈钢系在敏化温度范围内重复加热后产生晶间腐蚀倾向，而高铬铁素体不锈钢在高温状态下急冷就会产生晶间腐蚀倾向。例如，Cr17 铁素体不锈钢在 1100～1200℃ 急冷、Cr25 在 1000～1200℃ 急冷就会产生晶间腐蚀倾向。然而再经过 650～850℃ 加热缓冷以后，可以消除铁素体不锈钢的这种晶间腐蚀倾向。这是因为碳在铁素体中的固溶度比在奥氏体中小得多，并且碳在铁素体中的扩散速度要比在奥氏体中大，容易在晶界处集聚沉淀，因此在高温急冷过程中就已经形成铬的碳化物使晶界贫铬，在随后的再次 650～850℃加热缓冷过程中，使 Cr 扩散均匀化，从而使贫铬区消失，这实际上是进行了二次稳定化处理。

在焊接热循环的作用下，由于加热和冷却速度都比较快，因此在焊缝及热影响区有可能出现晶间腐蚀倾向。

二、铁素体不锈钢的焊接工艺

（一）铁素体不锈钢焊接方法的选择

对于普通铁素体不锈钢，常用的焊接方法有焊条电弧焊、钨极氩弧焊、熔化极气体保护焊、埋弧焊、等离子弧焊等。

对于高纯度铁素体不锈钢，常采用的焊接方法有氩弧焊、等离子弧焊、真空电子束焊等，采用这些方法的主要目的是使焊接熔池能得到良好的保护，净化焊接熔池表面，避免污染。具体选择哪种焊接方法，根据实际情况来确定。

（二）铁素体不锈钢焊接材料的选择

对于普通铁素体不锈钢，如果采取焊前预热和焊后热处理工艺，可以采用同质材料。例如，含 Cr 量 16%～18% 的中 Cr 型铁素体不锈钢，可以选用 E430-16（A302）焊条、E430-15（A307）焊条或 H1Cr17 实芯焊丝。如果不允许采取焊前预热和焊后热处理工艺，可以采用奥氏体不锈钢焊接材料，以保证焊缝具有良好的塑韧性。

对于含 Cr 量 25%～30% 的高 Cr 型铁素体不锈钢，常用的奥氏体不锈钢焊接材料有 Cr25-Ni13 型、Cr25-Ni20 型的超低碳焊条及焊丝；对于含 Cr 量 16%～18% 的中 Cr 型铁素体不锈钢，常用的奥氏体不锈钢焊接材料有 Cr19-Ni10 型、Cr18-Ni12Mo 型超低碳焊条及焊丝。

另外，还可以采用含铬量与母材相当的奥氏体 + 铁素体（$\gamma+\delta$）双相不锈钢焊接材料，例如，采用 Cr25-Ni5-Mo3 型、Cr25-Ni9-Mo4 型超低碳焊条及焊丝焊接含 Cr 量 25%～30% 的高 Cr 型铁素体不锈钢。

对于高纯度高铬铁素体不锈钢的焊接，通常选与母材化学成分相当的焊接材料。如果选择化学成分不同的焊接材料，要严格控制焊接材料中的碳、氮的含量，并适当提高铬的含量。

（三）铁素体不锈钢焊接工艺要点

1. 普通铁素体不锈钢焊接工艺要点

对于普通铁素体不锈钢，如果采用同质焊接材料焊接，必须注意以下几点。

（1）焊前要预热，且必须采用低温预热。由于普通铁素体不锈钢焊接时，容易因接头脆化而产生裂纹，所以必须预热，但如果预热温度过高，反而会加剧接头的粗晶脆化，因此只能采取低温预热。

一般铁素体不锈钢采用同质材料焊接时，预热温度为 100～200℃，预热温度尽可能低。

但是，含铬量较高时，预热温度也要适当高些，有时要提高到 200～300℃，这时必须限制预热温度的上限，以防止出现 475℃脆化问题。

采用奥氏体不锈钢焊接普通铁素体不锈钢以及高纯度铁素体不锈钢时，可以不预热。

（2）铁素体不锈钢的焊后热处理。一般情况下，对于采用同质材料焊接的普通铁素体不锈钢，焊后需在 650～850℃进行热处理，通常采用 750～800℃退火处理。

焊后热处理可以使铬均匀化，使碳、氮化合物球化，消除晶蚀倾向；可以提高接头的塑性，改善接头的力学性能，防止裂纹的产生。

例如，普通 Cr17 铁素体不锈钢采用同质焊条焊接，焊后热处理温度对熔敷金属力学性能的影响如图 3-9 所示。

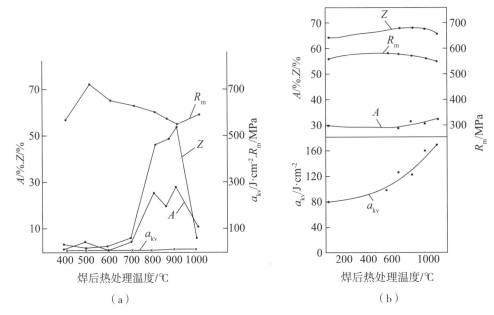

图 3-9　Cr17 焊后热处理温度对熔敷金属力学性能的影响

(a) 焊条 CR-43(Cr17)；(b) 焊条 CR-43Cb(Cr17Nb)

（3）尽可能采用较小的焊接线能量，减少热输入，焊接时尽可能不横向摆动，短焊缝不宜连续施焊，多层多道焊时，要保持层间温度在 150℃ 的预热温度范围内，不宜过高，防止过热。

2. 高纯度铁素体不锈钢焊接工艺要点

对于高纯度铁素体不锈钢的焊接工艺，应该注意以下的方面。

（1）焊前可以不预热，焊后可以不作热处理。

工程案例

铁素体不锈钢焊接

（2）焊接过程中要加强对熔池的保护，例如可以采用双层气体保护，增大喷嘴直径，适当增加氩气的流量，填充焊丝时要防止焊丝的高温端离开保护区，同时要加强对接头高温区的保护（例如附加拖罩、增加尾气保护），这对于多层多道焊尤为重要，焊缝的背面也要通氩气保护。

（3）尽量采用较小的焊接线能量，减少焊接热输入，多层多道焊时，应控制层间温度在 100℃ 以下。

（4）可能的情况下，采用强制冷却措施（如垫导热快的铜垫板），以增加冷却速度。

任务五　了解双相不锈钢的焊接工艺

一、双相不锈钢的成分和性能

（一）双相不锈钢的化学成分与分类

双相不锈钢是较新的钢种，一直在开发中，截至 2023 年 3 月，最新的就是超级双相不锈钢。在含 C

较低的情况下，Cr 含量在 18%～28%，Ni 含量在 3%～10%。有些钢还含有 Mo、Cu、Nb、Ti、N 等合金元素。

国际上普遍使用的双相不锈钢有 Cr18% 型、Cr23%（不含 Mo）型、Cr22% 型、Cr25% 型四类。我国研制的双相不锈钢主要有低铬（Cr18%）、中铬（Cr22%）和高铬（Cr25%）3 种，主要产品是管、板和复合板。部分双相不锈钢化学成分如表 3-17 所示，以供选用参考。

表 3-17　双相不锈钢化学成分

类型	牌号	国家	化学成分 /%									
			C	Cr	Ni	Mn	P	S	Mo	Si	N	其他
Cr25 型普通双相不锈钢	329J1	日本	0.08	23.0～28.0	3.00～6.00	≤1.50	≤0.035	≤0.030	1.00～3.00	≤1.00	0.08～0.30	—
Cr25 型普通双相不锈钢	0Cr26Ni5Mo2	中国	0.08	23.0～28.0	5.0	≤1.5	≤0.035	≤0.030	1.0～3.0	≤1.0	—	—
Cr25 型普通双相不锈钢	DP-3	日本	0.03	24.0～26.0	6.5	1.10	≤0.035	≤0.030	2.5～3.5	0.75	0.1～0.2	Cu = 0.2-0.8
Cr22 型	SAF2205	瑞典	0.03	22.0	5.0	≤2.0	≤0.035	≤0.030	3.2	1.0	0.18	—
Cr18 型	022Cr19Ni5Mo3Si2N	中国	0.03	18.0～19.50	4.5～5.5	1.0～2.0	≤0.035	≤0.03	2.5～3.0	1.30～2.00	0.10	—

（二）双相不锈钢的金相组织

双相不锈钢的组织，根据 $[Ni]_{eq}$，$[Cr]_{eq}$ 和 Schaeffer 图，一般奥氏体（A）和铁素体（F）的比例约为 60%：40%，但实际上由于化学成分和固溶处理的温度偏差，可能出现 A 或 F ≥ 70%，对性能会有一定影响，因此，最好将 A 和 F 的比例控制在各为 50%，双相不锈钢金相组织如图 3-10 所示。

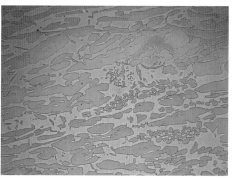

图 3-10　双相不锈钢金相照片

双相不锈钢的一个显著特点就是主要由双相组织奥氏体（A）和铁素体（F）构成。此外，还常伴有其他相组织的产生，这些次生相也或多或少地影响钢材的性能。对双相不锈钢来说，特殊的合金元素组成是保证双相比例的基础，通过主要元素的含量，可以预测金相组织的相比例。目前，国际上使用较多的是美国焊接研究会 WRC 提出的 WRC-92 组织图，如图 3-11 所示。

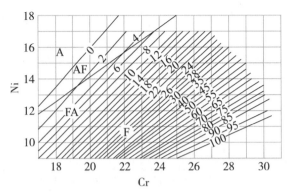

A—奥氏体；AF—奥氏体－铁素体；FA—铁素体－奥氏体；F—铁素体。

图 3-11　WRC-92 组织图

$$[Cr]_{eq} = \omega_{Cr} + \omega_{Mo} + 0.7 \times \omega_{Nb}$$

$$[Ni]_{eq} = \omega_{Ni} + 35 \times \omega_C + 20 \times \omega_N + 0.25 \times \omega_{Cu}$$

由 WRC-92 组织图可知：铬、钼、铌是主要的铁素体相形成元素，而镍、碳、氮、铜是主要的奥氏体相形成元素。改变这些元素的含量，即可改变固溶组织中的奥氏体相和铁素体相的比例。

除了不同元素的组成影响相的比例外，热处理也将在一定程度上影响相的比例。双相不锈钢在高温（1300℃以上）下呈现单一的高温铁素体组织，即 δ 相。但冷却过程中粗大的 δ 相会转变成常温铁素体相（α）和奥氏体相（γ）。由于 α 相与 γ 相的生成条件、速度不同，因而不同的冷却起点温度及冷却方式、冷却速度会使 α 相与 γ 相有不同的比例，而且其组织特征也不同。其实，热处理对相的比例的影响是有限的，但对二次相（对钢材性能的影响比较大）的生成是至关重要的。

双相钢常会在冷却过程中出现二次相，主要有二次奥氏体相、碳化物相、δ 相、χ 相、R 相等。二次相大多对焊接接头影响较大，会使得接头脆性增大。

（三）双相不锈钢的力学性能

通过控制双相不锈钢的合金元素比例和热处理工艺，使其固溶组织中铁素体相（δ）和奥氏体（γ）相各占约 50%，一般较少相的含量也需要到 30%。根据两相组织的特点，通过正确控制化学成分和热处理工艺，将奥氏体不锈钢所具有的优良韧性和焊接性与铁素体不锈钢所具有的较高强度和耐氯化物应力腐蚀性能结合在一起，使双相不锈钢兼有铁素体不锈钢和奥氏体不锈钢的优点。表 3-18 为不同组织类别不锈钢的力学性能，供选用时参考。

表 3-18　不同组织类别不锈钢的力学性能

组织类型	钢种	热处理状态	力学性能			硬度 /HB
			R_{eL}/MPa	R_m/Mpa	A_5/%	
奥氏体	0Cr18Ni9	920～1150℃固溶、快冷	205～300	520～580	≥ 40	200
奥氏体＋铁素体	SAF2205	950～1100℃固溶、水冷或快冷	550～580	750～780	30	220
	DP-3W		560～590	760～780	20	270
	0Cr26Ni5Mo2		400～450	620～650	20	250
铁素体	00Cr18Mo2	800～1050℃退火、快冷	250～270	420～450	30	200

正是这些优越的综合力学性能使双相不锈钢作为可焊接的结构材料发展十分迅速，80 年代以来，双相不锈钢已成为和马氏体不锈钢、奥氏体不锈钢和铁素体不锈钢并列的一种钢类被广泛使用。其主要特性如下。

（1）双相不锈钢在低应力下有良好的耐氯化物应力腐蚀性能。一般用在 60℃以上，中性氯化物溶液中的 18-8 型奥氏体不锈钢容易发生应力腐蚀破裂，在微量氯化物及硫化氢的工业介质中用这类不锈钢制造的热交换器、蒸发器等设备都存在着发生应力腐蚀破裂的倾向，而双相不锈钢却有良好的抵抗能力。

（2）良好的耐孔蚀性能。在具有相同的孔蚀抵抗当量值时，双相不锈钢与奥氏体不锈钢的临界孔蚀电位相仿。

（3）良好的耐腐蚀疲劳和磨损腐蚀性能。在某些腐蚀介质条件下适用于制作泵、阀等设备。

（4）综合力学性能好。有较强的机械强度和疲劳强度，屈服强度是 18-8 型奥氏体不锈钢的 2 倍。

（5）良好的可焊性，热裂倾向小。一般焊前不需预热，焊后不需热处理，可与 18-8 型奥氏体不锈钢或碳钢等异种钢焊接。

（6）低铬（Cr = 18%）双相不锈钢热加工温度范围比 18-8 型奥氏体不锈钢宽，抗力小，可不经过锻造，直接轧制成钢板。高铬（Cr = 25%）的双相不锈钢则比奥氏体不锈钢热加工困难。

（7）冷加工时比 18-8 型奥氏体不锈钢加工硬化效应大，在管、板承受变形初期，需施加较大应力才能变形。

（8）双相不锈钢仍有高铬铁素体不锈钢的脆性倾向，不宜在高于 300℃的工作条件下使用。双相不锈钢中含铬量愈低，σ 相脆性化的危害性也愈小。

（四）双相不锈钢与其他不锈钢的比较

（1）双相不锈钢与奥氏体不锈钢相比，其优势有以下几点。

①屈服强度比普通奥氏体不锈钢高一倍多，且具有成型需要的足够的塑韧性。采用双相不锈钢制造储罐或压力容器的壁厚要比常用奥氏体不锈钢减少 30% ～ 50%。

②具有优异的耐应力腐蚀断裂的能力，尤其是在含氯离子的环境中。应力腐蚀是普通奥氏体不锈钢难以解决的突出问题。

③在许多介质中应用最普遍的 2205 双相不锈钢的耐腐蚀性优于普通的 316L 奥氏体不锈钢。而超级双相不锈钢具有极高的耐腐蚀性，在一些介质中，如醋酸、甲酸等甚至可以取代高合金奥氏体不锈钢乃至耐蚀合金。

④具有良好的耐局部腐蚀性能，如孔蚀、缝隙腐蚀。此外，它的耐磨损腐蚀性能和腐蚀疲劳性能都优于奥氏体不锈钢。

⑤比奥氏体不锈钢的线膨胀系数低，与碳钢接近，适合与碳钢连接，具有重要的工程意义，如生产复合板或衬里等。

⑥不论在动载还是静载条件下，比奥氏体不锈钢具有更高的能量吸收能力，结构件应付突发事故（如冲撞、爆炸等）时，双相不锈钢优势明显，有实际应用价值。

（2）双相不锈钢与铁素体不锈钢相比，其优势有以下几点。

①综合力学性能比铁素体不锈钢高，尤其是塑韧性。对脆性不像铁素体不锈钢那样敏感。

②除耐应力腐蚀性能外，其他的耐局部腐蚀性能都优于铁素体不锈钢。

③焊接性能远优于铁素体不锈钢，焊前不需预热，焊后不需热处理。应用范围较铁素体不锈钢宽。

二、双相不锈钢的焊接性分析

限制双相不锈钢应用的主要原因就是焊接性问题，双相不锈钢存在的焊接性问题有以下几个方面。

（一）接头难以保证与母材相近的两相（γ+δ）组织

双相不锈钢焊接难点就在于其焊接接头是否能获得与母材相同或相近的两相组织，这也是保证焊接接头是否具有与母材同样性能（包括力学性能和耐腐蚀性能）的关键所在。这里所说的焊接接头包括焊缝熔合区、高温热影响区（HTHAZ）和低温热影响区（LTHAZ）。

（1）焊缝熔合区。如选择合适的焊接材料，该区域的两相组织相对容易控制。

（2）高温热影响区（HTHAZ）。是指具有约1250℃（熔点）这一温度特征的区域。这一区域很窄，是相组织最难控制的一个区域。该区域高温铁素体在冷却过程中部分无法向奥氏体转化。应采用较大的焊接线能量，使焊缝冷却速度降低，高温铁素体有一定的时间向奥氏体转化，从而使相组织均衡。

（3）低温热影响区（LTHAZ）。由于该区域的温度较低，不足以引起基本相的变化，但可能会产生二次相。因此，采用合适的焊接热输入并控制层间温度是防止低温热影响区性能变坏的主要措施。

（二）焊接裂纹的敏感性问题

值得一提的是，双相不锈钢一般不进行焊后热处理，双相不锈钢的焊接性兼有奥氏体不锈钢和铁素体钢各自的优点，并减少了两者的不足之处。

（1）热裂纹的敏感性比奥氏体不锈钢小得多。

（2）冷裂纹的敏感性比一般低合金高强钢也小得多。

（3）双相不锈钢焊接时的主要问题不在焊缝，而在热影响区，因为在焊接热循环作用下，热影响区处于快冷非平衡态，冷却后总是保留更多的铁素体，从而增大了腐蚀倾向和氢致裂纹（脆化）的敏感性。

（4）双相不锈钢的扩散氢含量不及奥氏体不锈钢，因此当焊材中或周围环境中氢的浓度较高时，则会在焊接双相不锈钢时出现氢致裂纹和脆化现象。

（三）双相不锈钢的接头脆化问题

双相不锈钢中铁素体δ占60%～40%，奥氏体γ占40%～60%。典型的双相不锈钢有18-5型、22-5型、25-5型，其中最为常用的是22-5型。

1. 双相不锈钢的粗晶脆化

双相不锈钢由于存在较多的δ相，也会出现铁素体不锈钢固有的粗晶脆化现象，其形成机理也与之类似，因此可以参照铁素体不锈钢粗晶脆化的预防和消除措施（见铁素体不锈钢的学习任务），来控制双相不锈钢的粗晶脆化倾向。

2. 双相不锈钢的475℃脆化及解决措施

一般认为，双相不锈钢中475℃脆化的发生与铁素体中析出的α'相有关。α'相是富铬的铁素体相，含铬量可高达60%～65%，无磁性，具有体心立方晶格，晶格常数为2.787 Å，介于铁与铬的晶格常数之间，它的形成温度范围为350～525℃。双相不锈钢在300～600℃长期时效快冷时，从焊缝金属的铁素体δ相基体中会析出富铬的α'相和富铁的α相（奥氏体中没有析出相），其分解反应为$\delta \rightarrow \alpha + \alpha'$。当铁素体分解产生α'相时，与奥氏体的位错组态是不一样的，它们没有任何位相关系。α'相优先沿铁素体晶界和位错线上析出，并且位错多呈网状结构，位错与α'相质点交互作用，沿着<001>晶向在铁素体基体斑点附近出现α'析出相的小斑点，呈现弥散球状。因此，富铬α'相的析出伴随位错的钉扎，从而导致双相不锈钢的严重脆化，同时造成α'相附近基体贫铬，降低其抗腐蚀性能。鉴于双相不锈钢的475℃脆化的温度范围为350～525℃，所以，双相不锈钢的长期使用温度应小于300℃，以避开475℃脆性区域，特别是压力容器以及承受压力的构件，其长期安全使用温度范围应为-20～280℃。475℃脆化一旦出现，可采用1000℃以上的固溶处理来消除。

3. 双相不锈钢的 σ 相脆化及解决措施

双相不锈钢由于在热处理特性方面兼有铁素体相和奥氏体相的特点，因此在加工生产和使用过程中很容易析出第三相，这会使钢变脆、加工性能变坏。例如：00Cr25Ni16Mo3N 含有较高的 Cr 和 Mo，所以在900℃左右极易析出 σ 相。σ 相是一种具有四方结构、富铬富钼的、硬而脆的金属间化合物。

为了避免双相不锈钢的 σ 相脆化，要严格控制生产过程中的停留温度及冷却速度，以控制钢中 σ 相的析出。措施是避开 850～950℃ 的再加工和停留；尽可能控制锻（轧）终了温度为 980～1000℃；固溶处理温度应不小于 1000℃；对钢管拉拔温度应不小于 1050℃ 等。如果已经有 σ 相析出，可采用 1050℃ 以上的固溶处理消除。

（四）焊接接头的应力腐蚀开裂

从双相不锈钢应力与断裂时间的延迟破坏之间的关系可知，母材的临界应力达到破坏应力的 90%，氢脆应力腐蚀开裂的敏感性很低。当焊缝金属的临界应力为破坏应力的 70%，相当于 $\delta_{0.2}$ 的 95%，由于焊缝周围的残余应力可以超过 $\delta_{0.2}$，因此焊接接头容易产生腐蚀开裂。

（五）焊接接头的点蚀

由于冷却速度对点蚀电位的影响较为显著，因此，同样含 N 量的双向不锈钢在冷却速度不同的条件下点蚀电位相差很大。含 N 量较低的双相不锈钢的点蚀电位对冷却速度很敏感，在焊接含 N 量较低的双相不锈钢时，对冷却速度的控制要求更严。

三、双相不锈钢的焊接工艺

（一）Cr18 型双相不锈钢的焊接工艺要点

1. Cr18 型双相不锈钢的焊接性

Cr18 型双相不锈钢列入国家标准的牌号有 00Cr18Ni5Mo3Si2 和 1Cr18Ni11Si4AlTi。00Cr18Ni5Mo3Si2属于超低碳双相不锈钢，具有良好的焊接性。其两相组织的比例相对比较稳定，焊接冷裂纹及热裂纹的敏感性都比较小，接头的脆化倾向也较小。

而 1Cr18Ni11Si4AlTi 双相不锈钢的焊接性要稍差些，特别是 σ 相析出脆化及 475℃ 脆化倾向要稍大一些。

2. Cr18 型双相不锈钢焊接工艺要点

（1）Cr18 型双相不锈钢焊接常用的焊接方法有手工电弧焊、钨极氩弧焊、熔化极气体保护焊、埋弧焊等。对于薄板、薄壁管及管道的封底焊，一般选用钨极氩弧焊；对于中厚板以及管道封底焊的焊接，可选用焊条电弧焊、熔化极气体保护焊及埋弧焊；对于需要全位置焊接的构件，最好采用富氩混合气体保护药芯焊丝焊接。

（2）焊接 Cr18 型双相不锈钢的焊接材料一般选用组织性能、力学性能和耐蚀性能与母材相匹配的Cr22-Ni9-Mo3 型超低碳双相不锈钢焊材。例如 E2209 焊条（美国 AWS 标准）、E2293 焊条（欧洲 EN 标准）、ER220 焊丝（AWS 标准）。中国焊条牌号有 A321、A022Si 焊条。关于填充焊丝，可以用母材金属，也可以选用 H00Cr19Ni12Mo2 及 H00Cr20Ni14Mo3 两种焊丝。

（3）一般情况下，Cr18 型双相不锈钢焊接时，焊前不预热，焊后不做热处理。

（4）Cr18 型双相不锈钢焊接时应尽可能采用较小的焊接线能量，即采用较小的焊接电流和较大的焊接速度，以减少热输入。

（5）在多层多道焊时，层间温度不得高于100℃，施焊过程中，焊丝或焊条不要横向摆动。

（6）双相不锈钢和奥氏体不锈钢不同的是，双相不锈钢接触腐蚀介质的一面要先焊。如果接触腐蚀介质的一面只能最后施焊，这时最好加焊一道工艺焊缝，然后再将这道工艺焊缝加工除掉。

（二）Cr25 型双相不锈钢焊接工艺要点

1. Cr25 型双相不锈钢焊接性

Cr25 型双相不锈钢的牌号有 0Cr26Ni5Mo2，这种钢抗点蚀能力和抗缝隙腐蚀能力特别强。

Cr25 型不锈钢同其他双相不锈钢一样，具有良好的焊接性，但是，由于合金元素的含量较高，且有 Mo 的加入，因而具有比较明显的 475℃脆性。在 600 ~ 1000℃温度范围内加热时，焊接热影响区及多层多道焊的焊缝金属中，容易析出 σ 相、χ 相以及碳、氮化合物（$Cr_{23}C_6$、Cr_2N、CrN）和其他各种金属间化合物。另外，当冷却速度过快时，将使 $\delta \rightarrow \gamma$ 的固态相变受到抑制，使两相组织比例失调。因此，合理地制定焊接工艺十分重要。

2. Cr25 型双相不锈钢焊接工艺要点

（1）由于 Cr25 型双相不锈钢属于高合金钢，含 Cr 量较高，在选用焊接方法时，要求保护性能好，常用的焊接方法有焊条电弧焊、钨极氩弧焊、熔化极气体保护焊、埋弧焊（与合适的碱性焊剂相匹配）等。

（2）焊接 Cr25 型双相不锈钢时，焊接材料一般选用与母材金属成分相同的或镍基的焊条或焊丝，常用的有 Cr25-Ni9-Mo4 型和 Cr25-Ni5-Mo3 型两种，通常优选前者类型的焊条或焊丝，国外的有 ER533 低碳焊条（AWS）、E2572 焊条（EN）、E2593 超低碳焊条（EN）、E2533 超低碳焊丝（AWS）。国产的有 E310 型超低碳焊条或不含 Nb 的高 Mo 型镍基焊材，所选用的焊条应该是低氢型的。

工程案例
双相不锈钢焊接

（3）Cr25 双相不锈钢焊接时，焊接线能量的选择宜适当偏小，但也不宜过小，一般控制在 10 ~ 15 kJ/cm 范围内，层间温度不高于 150℃，基本原则是中薄板焊接时采用较小的热输入，中厚板焊接时采用较大的热输入。

（4）一般情况下，Cr25 双相不锈钢焊接时，焊前不需要预热，焊后不做热处理，但有些焊接结构件是在较强的腐蚀性介质工况条件下服役的，焊后需对接头进行 1050 ~ 1080℃的固溶处理。

任务六　了解珠光体钢与奥氏体不锈钢的焊接工艺

一、珠光体钢与奥氏体不锈钢的焊接性分析

在机械结构制造中，为了满足不同工作条件下对材质的性能要求，考虑节约贵重金属材料，降低成本，常常需要将不同的金属材料焊接起来，最为常见的异种材料焊接就是重型装备及化工容器中的珠光体钢与奥氏体不锈钢的焊接。

珠光体钢与奥氏体不锈钢虽然都属于铁基合金，但二者组成成分差异较大，二者的焊接实质上是异种材料的焊接。异种材料的焊接除了各种材料的物理化学性能对焊接性有影响外，两种金属的成分与组织上的差异在很大程度上也会影响焊接接头的性能。

珠光体钢与奥氏体不锈钢是两种化学成分、金相组织及力学性能方面都不相同的钢种。因此，这两类钢焊接在一起，焊缝金属是由两种不同类型的母材以及填充金属材料熔合而成的。这在焊接时会产生一系列新的焊接性问题。

（一）母材对焊缝的稀释，导致焊缝组织与性能的变化

由于珠光体钢合金元素含量相对较低，导致它对整个焊缝金属的合金具有稀释作用，从而使焊缝的奥氏体形成元素含量减少，结果焊缝中可能会出现马氏体组织，导致焊接接头性能恶化，严重时甚至可能出现裂纹。

焊缝的组织决定于焊缝的成分，而焊缝的成分决定于母材的熔入量，即熔合比。因此，一定的熔合比决定了一定的焊缝成分和组织。熔合比发生变化时，焊缝的成分和组织都要随之发生变化，这种变化可以根据铬镍当量用舍夫勒组织图来大致确定，如图 3-12 所示。

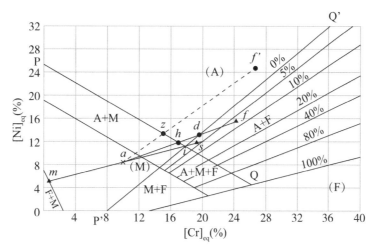

S—18-8 型不锈钢；m—低碳钢；a—S 与 m 等量混合的组成。

图 3-12　利用舍夫勒组织图确定异种钢焊缝的组成

镍当量计算：$[Ni]_{eq}=\omega_{Ni}+30\times\omega_C+0.5\times\omega_{Mn}$

铬当量计算：$[Cr]_{eq}=\omega_{Cr}+\omega_{Mo}+1.5\times\omega_{Si}+0.5\times\omega_{Nb}$

图 3-13 表示 18-8 型不锈钢（F_1）与低碳钢（F_2）焊接示意图，异种钢焊接接头熔合比的计算公式为

$$\lambda=F_B/(F_A+F_B)$$

式中，F_A——焊缝金属中焊材熔化的横截面积；

　　　F_B——焊缝金属中母材熔合的横截面积。

当知道了两种母材金属的化学成分后，可分别算出其铬当量和镍当量，根据两者的值在不锈钢组织图上找出相应的点，然后根据熔合比就能确定不锈钢焊缝的组织。

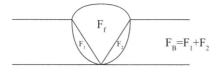

图 3-13　不锈钢与低碳钢焊接示意图

可以分析得出：珠光体钢合金元素少，奥氏体不锈钢合金元素多，在焊接过程中珠光体钢母材的熔化会对焊缝金属有稀释作用，使得焊缝金属中 $[Ni]_{eq}$、$[Cr]_{eq}$ 减少，焊缝金属奥氏体化元素含量减少，可能在焊缝中产生马氏体（M），使焊缝性能变坏，严重时产生裂纹。其次，通过调整填充金属的成分及熔合比，可以在很大范围内改变焊缝的成分、组织与性能，从而获得抗裂性较高的组织。

由此可见，选择 A407（E2-26-21-15）施焊，熔合比 ≤ 0.7 时，组织为单相 A；选择 A307（E1-23-13-15）施焊，熔合比 < 0.3 时，组织为 A+F。若采用 18-8 型（A102：E0-19-10-16）焊条施焊，熔合比

< 0.15 时不出现 M，而采用碳钢焊条，肯定会出现 M。

因此，防止母材对焊缝的稀释措施遵循的原则是保证接头有足够的韧性、塑性及抗裂性，正确选择高合金化的焊接材料，适当地控制熔合比和稀释率。

（二）凝固过渡层的形成

上面讨论的是当母材与填充金属材料均匀混合的情况下，珠光体钢母材对整个焊缝的稀释作用。事实上，在焊接热源作用下，熔化的母材和填充金属材料相互混合的程度在熔池边缘是不相同的。在熔池边缘，液态金属温度较低，流动性较差，在液态停留时间较短。由于珠光体钢与奥氏体不锈钢填充金属材料的成分相差悬殊。在熔池边缘上，熔化的母材与填充金属不能很好地熔合，结果在珠光体钢一侧的焊缝金属中，珠光体钢母材所占的比例较大，而且越靠近熔合线，母材所占的比例越大。所以，珠光体钢和奥氏体不锈钢焊接时，在紧靠珠光体钢一侧熔合线的焊缝金属中，会形成和焊缝金属内部成分不同的过渡层。离熔合线越近，珠光体的稀释作用越强烈，过渡层中含铬、镍量也越小，因此，其 $[Cr]_{eq}$ 和 $[Ni]_{eq}$ 也相应减少。对照舍夫勒组织图（图 3-12），可以看出，此时过渡层将由马氏体区（M）和马氏体（M）+ 奥氏体区（A）组成，过渡层的宽度决定于所用焊条的类型，如表 3-19 所示。

表 3-19 过渡层的宽度

单位：μm

焊条类型	马氏体区	马氏体 + 奥氏体区
18-8 型	50	100
25-20 型	10	25
16-35 型	4	7.5

当马氏体区较宽时，会显著降低焊接接头的韧性，使用过程中容易出现局部脆性破坏。因此，当工作条件要求接头的低温冲击韧度较好时，应选用含镍较高的焊条。

实际工程中，如 Q235（A3 钢）与 1Cr18Ni9 钢焊接时，熔池在靠近焊缝有一个"不完全混合区"，宽度大约 100 μm 左右，浓度梯度较大，特别是 Cr、Ni 的变化，利用舍夫勒图观察 100 μm 范围内组织应为 M 组织。

结论：$[Cr]_{eq}/[Ni]_{eq}$ 值越小，马氏体（M）脆化层宽度越小，也就是说，当 Ni 含量越高，马氏体（M）脆化层宽度越小。

（三）熔合区扩散层的形成

奥氏体不锈钢和珠光体钢组成的焊接接头中，由于珠光体钢的含碳量较高，但合金元素含量（主要指碳化物形成元素）较少，而奥氏体不锈钢则相反，这样在熔合区珠光体钢一侧的碳和碳化物形成元素（Cr、Mo、V、Ni、Ti 等）含量差。当接头在温度高于 350 ~ 400℃长期工作时，熔合区便出现明显的碳的扩散，即碳从珠光体钢一侧通过熔合区向奥氏体焊缝扩散。结果，在靠近熔合区的珠光体钢母材上形成了一层脱碳软化层，在奥氏体不锈钢焊缝一侧产生了增碳硬化层。

影响脱碳层形成和发展的因素有以下几个方面：

1. 接头加热温度和保温时间

焊后，将接头重新加热到较高温度（500℃左右），并保温一定时间，扩散层就开始明显增宽，到了 600 ~ 800℃时最为强烈，800℃时达到最大值，并且随着加热时间的延长，扩散层加宽。因此，在通常情况下，这种异种钢接头进行焊后热处理是不适宜的。

2. 碳化物形成元素的影响

奥氏体不锈钢中碳化物形成元素的种类和数量对珠光体钢中脱碳层的宽度有不同的影响。碳化物形成元素按其对碳亲和力的大小，由弱到强按下列次序排列：Fe、Mn、Cr、Mo、W、V、Nb、Ti。在数量相同的情况下，与碳亲和力越大的元素，在珠光体钢中形成的脱碳层越宽。对于某一种碳化物形成元素，随着其数量增加，脱碳层加宽。

反之，当珠光体钢中碳化物形成元素增加时，能降低扩散层的发展。因此，在珠光体钢中加入 Cr、Mo、V、Ti 等元素（其数量要足以完全把碳固定在稳定碳化物中）是抑制这两类异种钢熔合区扩散层的有效手段之一，这种钢通常叫做稳定珠光体钢。

3. 母材含碳量的影响

珠光体钢中含碳量越高，扩散层的发展越强烈。

4. 镍含量的影响

由于镍是一种石墨化元素，它会降低碳化物的稳定性，并削弱碳化物形成元素对碳的结合能力，因此提高焊缝中的镍含量，可以减弱扩散层。在金属材料中增加镍含量，是一种抑制熔合区扩散过程的有效手段。

扩散层是这两种异种钢焊接接头中的薄弱环节，它对接头的常温和高温瞬时力学性能影响不大，但会降低接头的高温持久强度，一般要降低 10% ～ 20%。

（四）焊接接头应力状态的特点

由于焊缝金属中奥氏体不锈钢的线膨胀系数比珠光体钢大 30% ～ 50%，而热导率却只有珠光体钢的 50% 左右。因此，这种异种钢的焊接接头将会有很大的热应力，特别当温度变化速度较快时，由热应力引起的热冲击力容易引起焊件开裂。此外，在交变温度条件下工作时，由于珠光体钢一侧抗氧化性能较差，易被氧化形成缺口，在反复热应力的作用下，缺口便沿着薄弱的脱碳层扩展，形成所谓的热疲劳裂纹。

这类异种钢焊接接头加热到高温时，借助松弛过程能降低焊接残余应力，但在随后冷却过程中，由于母材和焊缝金属热物理性能的差异，又会不可避免地产生新的残余应力。所以，这类异种钢接头的焊后热处理并不能消除残余应力，只能引起应力的重新分布，这一点与同种金属的焊接有很大的不同。

（五）延迟裂纹

氢在不同的组织中，溶解度也不相同，并且与温度有关。当温度为 500℃时，氢在奥氏体组织中的溶解度为 4 cm^3/100 g，而在铁素体组织中为 0.75 cm^3/100 g；在 100℃时，氢在奥氏体组织中的溶解度降到 0.9 cm^3/100 g，在铁素体组织中的溶解度只有 0.2 cm^3/100 g。这类异种钢的焊接熔池在结晶过程中，既有奥氏体组织又有铁素体组织，两者相互接近，气体可以进行扩散，使扩散氢得以聚集，为产生延迟裂纹创造了条件，使焊接接头受到破坏。

二、珠光体钢和奥氏体不锈钢的焊接工艺

（一）焊接方法的选择

珠光体钢和奥氏体不锈钢进行异种金属直接焊接时，为了降低母材的稀释作用，最好采用熔合比小的焊接方法，能量密度不宜集中。由于焊条电弧焊时熔合比较小，且操作灵活，不受焊件形状的限制，所以，焊接这类钢时焊条电弧焊应用最为普遍。也可采用钨极氩弧焊、CO_2 焊（复合钢板珠光体钢焊接）、埋弧焊（SAW，不包括珠光体钢和奥氏体不锈钢界面处的直接焊接）。

（二）焊接材料的选择

珠光体钢与奥氏体不锈钢焊接时，焊缝及熔合区的组织和性能主要取决于填充金属材料。焊接时，应根据母材种类和工作温度等条件进行选择。

1. 克服珠光体钢对焊缝的稀释作用

由于珠光体钢对焊缝金属有稀释作用，因此，不采用填充金属材料（如 TIG 焊）是不允许的。选用含 Ni 量大于 12% 的 E309-16、E310-16 型焊条施焊时，焊缝金属得到的组织基本上是奥氏体组织或者全部是奥氏体组织。由于其镍的含量较高，能起到稳定奥氏体组织的作用，是比较理想的填充金属材料。

2. 抑制熔合区碳的扩散

提高焊接材料中的奥氏体形成元素的含量，是抑制熔合区碳扩散最有效的手段。随着焊接接头在使用过程中工作温度的提高，要阻止焊接接头中的碳扩散，镍的含量也必须提高。不同温度工作条件下，异种钢接头对焊缝含镍量的要求如表 3-20 所示。

表 3-20　异种钢接头对焊缝含镍量的要求

珠光体钢的级别	接头工作温度 /℃	推荐的焊缝含 Ni 量 /%
低碳钢	≤ 350	10
优质碳素钢、低合金钢	350 ～ 450	19
低、中合金铬钼耐热钢	450 ～ 550	31
低、中合金铬钼钒耐热钢	> 550	47

3. 改变焊接接头的应力分布

在高温工作下的异种钢接头，如果焊缝金属的线膨胀系数与奥氏体不锈钢母材接近，那么高温应力就将集中在珠光体钢一侧的熔合区内。由于珠光体钢通过塑性变形降低应力的能力较弱，高温应力集中在奥氏体不锈钢一侧较为有利，因此，焊接珠光体钢与奥氏体不锈钢时，最好选用膨胀系数接近于珠光体钢的镍基合金焊接材料（如 Ni70Cr15 镍基材料）作为焊接上述异种钢的焊接材料。

例如，某厂在生产中，焊接这类异种钢的对接接头时，将焊件开 V 形坡口，可先在珠光体钢一侧的坡口用 E309-16 或 E309-15 型焊条堆焊或使用 E347-16 型焊条进行施焊，施焊结果见表 3-21，均未发现任何裂纹现象，且综合力学性能较好。对表 3-21 中后三种焊件，不论其厚度如何，均要进行预热和焊后回火热处理，才能得到满意的结果。

表 3-21　1Cr18Ni9Ti 不锈钢与珠光体钢的焊接

材料	板厚 /mm	预热 /℃	回火 /℃	焊接材料		力学性能				
				堆焊焊条	焊接焊条	R_{eL}/MPa	R_m/MPa	A_5/%	Z/%	α_{KV}/(J·cm^{-2})
Q345（16Mn）+1Cr18Ni9Ti	12+12	—	—	E309-16	E347-16	370 ～ 370	575 ～ 580	21.5 ～ 24.5	57.5 ～ 62.0	129 ～ 162
						370	577	23	59.7	140
Q345（16Mn）+1Cr18Ni9Ti	12+12			P5	E347-16	340 ～ 375	565 ～ 575	24.0 ～ 24.5	61.5 ～ 63.5	120 ～ 142
						350	570	24.2	62.5	131

续表

材料	板厚/mm	预热/℃	回火/℃	焊接材料		力学性能				
				堆焊焊条	焊接焊条	R_{eL}/MPa	R_m/MPa	A_5/%	Z/%	α_{KV}/(J·cm^{-2})
0390（15MnV）+1Crl8Ni9Ti	14 + 12	—	—	E309-16	E347-16	350～350	565～570	23.5～26.0	59.5～60.5	104～122
						350	567	24.7	60.0	114
18MnMoNb +1Crl8Ni9Ti	14 + 12	165	650	P5	E347-16	380～435	570～630	37.0～38.0	55.7～57.5	114～126
						407	600	37.5	56.5	120
16CrM044 +1Crl8Ni9Ti	14 + 12	165	650	P5	E347-16	375～390	625～630	26.5～27.5	54.0～56.0	160～177
						385	627	27.0	55.0	168
20Cr3NiMoA +1Crl8Ni9Ti	14 + 12	200	650	E309-16	E347-16	390～400	620～650	29.5～32.0	63.5～70.0	138～180
						395	630	30.7	67.0	159

注：P5 为瑞典焊条，相当于我国的 E309Mo-16 焊条。

4. 提高焊缝金属抗热裂纹的能力

珠光体钢与普通奥氏体不锈钢（Cr/Ni > 1）焊接时，为了避免在焊缝中出现热裂纹，在不影响使用性能的前提下，最好使焊缝中含有体积分数为 3% ～ 7% 的铁素体组织。为此，在填充金属材料中要含有一定量的铁素体形成元素。

珠光体钢与热强奥氏体不锈钢（Cr/Ni < 1）焊接时，所选用的填充金属材料应保证焊缝具有较高抗裂性能的单相奥氏体或奥氏体＋碳化物组织。

综上所述，珠光体钢与奥氏体不锈钢焊接时，选用 E309-16、E309-15 或 E310-16、E310-15 型焊条，它们不仅能抑制珠光体钢熔合区中碳的扩散，而且对改变焊接接头应力分布有利。用 E310-16、E310-15 型焊条，其焊缝金属为单相奥氏体组织，除了焊接热强奥氏体不锈钢外，对于其他类型的奥氏体不锈钢，其热裂纹倾向较大，故生产上用得较少。

（三）焊接工艺参数的确定

珠光体钢与奥氏体不锈钢焊接时主要关注减少母材金属熔入焊缝。确定焊接工艺时，应保证焊缝获得一定的成分和组织，使接头具有良好的使用性能。

珠光体钢的含碳量较高，碳化物形成元素较少，而奥氏体不锈钢则相反，因此会在珠光体钢与奥氏体不锈钢接头的熔合线两侧出现碳和碳化物形成元素的浓度差。这类异种钢处于 350 ～ 400℃ 温度下长期工作时，或在焊后热处理过程中，往往会在熔合线区域出现碳元素的扩散，即前面所讲过的碳从珠光体钢一侧通过熔合线向奥氏体不锈钢一侧焊缝扩散，从而在珠光体钢母材金属边缘形成脱碳层，脱碳层的晶粒粗大，并导致软化。在奥氏体不锈钢母材金属一侧形成增碳层，增碳层中的碳元素以铬的碳化物形态析出，并导致硬化。实践证明，脱碳层是接头中的薄弱环节，对高温持久强度的影响较大，降低约 10% ～ 20%。因此，在选择焊条及制定焊接工艺时，应充分考虑两种材料的特性及焊条的选用，表 3-22 列出珠光体钢与奥氏体不锈钢、铁素体－奥氏体不锈钢焊接用的焊条，供选用时参考。

表 3-22　珠光体钢与奥氏体不锈钢、铁素体－奥氏体不锈钢焊接用的焊条

钢材牌号		焊条型号	备注
Q345（16Mn）、12CrMo、15CrMo、Q390（15MnV）、14MnMoV、20CrMo、20CrMoV、30CrMo、12CrMoV、12Cr1Mo1V、12Cr2Mo1、15Cr1Mo1V	1Cr18Ni9Ti、Cr23Ni18、Cr17Ni13Mo2Ti、1Cr18Ni12Ti、Cr17Ni13Mo3Ti、Cr18Mn9Si2N、Cr20Ni14Si2	E318V-15、E317-15、E309-15、E309-16、309Mo-16、E310-15、E16-25MoN-16、E-16-25MoN-15	预焊堆焊层时，采用E5515-B2-V、E5515-B2-VNb、E5515-B3-VWB焊条
Cr5Mo、Cr5MoV、12Cr2MoWVB	1Cr18Ni9Ti、0Cr23Ni13、Cr17Ni13Mo3	E309-14、E309-16、E16-25MoN-16、E16-25MoN-15	要求抗晶间腐蚀的焊件，用E309Mo-16焊条
12Cr1MoV、15Cr1MoV、25Cr3WMo、12CrMo、15CrMo、Cr5Mo	0Cr15Ni25Ti2MoAlVB、1Cr17	E6-25MoN-16、E16-25MoN-15	在热循环条件下工作的焊件，最好采用E309-15焊条
Q235、20g、Q345（16Mn）、Q390（15MnV）	Cr21Ni5Ti Cr25 Ni5Ti	E318-16、E317-16、E16-25MoN-16、E16-25MoN-15	—

12CrMo、15CrMo 珠光体钢与 1Cr18Ni9Ti 奥氏体不锈钢焊接时，若选用 E309-15、E310-15 型焊条，即使稀释率达 25% ～ 30%，焊缝金属中也不至于出现马氏体组织。

厚度超过 20 mm 的珠光体钢与奥氏体不锈钢的焊接接头刚度较大，在焊后热处理过程中或周期性的加热、冷却运行条件下，会产生很大的热应力，导致珠光体钢一侧的熔合区出现热疲劳裂纹，裂纹沿着脱碳层延伸至母材金属内部，严重时可能引起接头断裂。为了减少热应力，焊接时采用热膨胀系数与珠光体钢相接近的含镍量高的 E16-25MoN-15 型焊条或 ENiCrMo-0（Ni307）型焊条。

（四）坡口形式及焊接顺序

运行温度高于 400℃的异种钢焊接时，在珠光体耐热钢（如 12CrMoV）坡口上采用含钒、铌、钛、钨等碳化物形成元素的珠光体耐热钢焊条（如 E5515-B2-V、E5515-B2VNb 型焊条）堆焊 5 ～ 6 mm 的过渡层，以限制珠光体钢中的碳向奥氏体扩散。然后再用相应的奥氏体不锈钢焊条（如 E309-15）焊接对接接头，如图 3-14 所示。

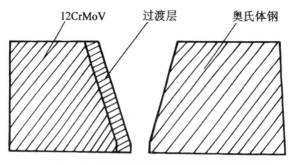

图 3-14　在珠光体耐热钢坡口上堆焊的示意图

对于异种材料钢管的焊接，如图 3-15 所示，为提高高温下使用的珠光体耐热钢与奥氏体不锈钢焊接接头的高温持久强度，可在管 1 和管 5 之间加一段含钒、铌、钛等强碳化物形成元素的珠光体耐热钢的中间过渡管。先用铬钼钢焊条（E5515-B2-15）焊接焊缝 4，焊后在 700 ～ 760℃下进行回火处理，再用奥氏体不锈钢焊条（如 E309-15）焊接焊缝 2。

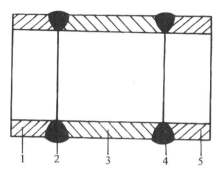

1—奥氏体不锈钢管（1Crl8Ni9Ti）；
2—奥氏体不锈钢焊缝（E309-15 焊条）；
3—珠光体耐热钢中间过渡段（12CrMoV）；
4—铬钼钢焊缝（E5515-B2-15 焊条）；
5—铬钼钢管（12CrMo）。

图 3-15　有中间过渡段的珠光体钢与奥氏体不锈钢管接头

用 E310-15 型焊条焊成的 12Cr1MoV 与 1Cr18Ni9Ti 异种钢接头，在 600 ℃下长期试验时，由于碳的强烈扩散，熔合线附近的性能降低。但若用含 Nb 的焊条（E5515-B2-VNb）在珠光体耐热钢一侧堆焊一层过渡层，则碳的扩散能力显著减弱且高温持久强度提高，试样断裂位置移到珠光体耐热钢母材一侧。

焊条电弧焊接头的坡口形式对母材熔合比有很大的影响。焊接层越多，熔合比越小；坡口越大，熔合比越小；U 形坡口的熔合比比 V 形坡口小。

采用镍基合金焊条或焊丝进行焊接时，为使焊条或焊丝能自由摆动使熔池液态金属流到所要求的位置上，需增大坡口的角度，V 形坡口的角度应增至 80°～90°。采用镍基焊条焊接时的坡口形式，如图 3-16 所示。

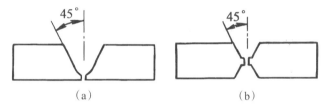

图 3-16　用镍基焊条焊接坡口示意图

（a）U 形坡口；（b）双 V 形坡口

为降低熔合比，焊接时应采用小直径焊条或焊丝。在可能的情况下，尽量采用小电流、高电弧电压和快速焊。焊条电弧焊时焊接电流的选用如表 3-23 所示。

表 3-23　焊条电弧焊时焊接电流的选用

焊条直径 /mm	2.5	3.2	4.0	5.0
焊接电流 /A	60	75	105	150

焊接过渡层是为了减小扩散层尺寸，可在珠光体钢上堆焊一层稳定珠光体钢的过渡层。过渡层中应含有比母材更多的强碳化物形成元素，使淬硬倾向减小。利用过渡层还可以降低对接头的预热要求，减少产生裂纹的可能性。过渡层的厚度 δ' 应为 5～6 mm，如图 3-17 所示。

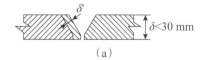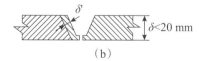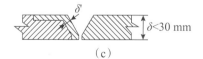

图 3-17　珠光体钢焊道上的过渡层

（a）V 形坡口 1；（b）U 形坡口；（c）V 形坡口 2

三、不锈钢复合钢板的焊接

不锈钢复合钢板是由较薄的不锈钢与较厚的珠光体钢复合轧制而成的双金属板，珠光体钢部分为基体主要满足强度和刚度要求，不锈钢为覆层，主要满足耐蚀性要求，例如1Cr18Ni9Ti、Cr18Ni12Mo2Ti，覆层占厚度约10%～20%。图3-18是不锈钢复合钢板铲根焊覆层的焊接过程示意图。

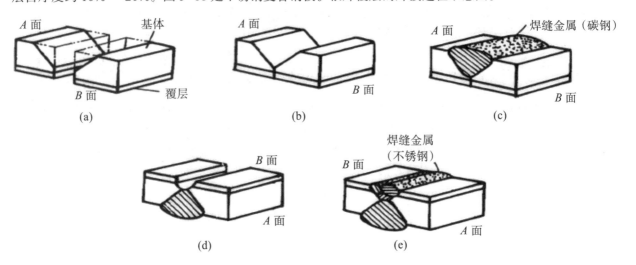

图3-18　不锈钢复合钢板铲根焊覆层的焊接过程

（a）坡口面；（b）装配后；（c）从A面开始焊接；（d）从B面铲根后刨槽；（e）B面焊接

不锈钢复合钢板焊接注意焊接工艺要点有以下几点。

（1）一般从基体侧施焊，将覆层面焊缝磨光，在上面堆焊。

（2）基层与覆层各自采用各自合适的焊材。

（3）为防止出现淬硬组织，基层覆层的过渡部分应选用Cr、Ni含量足够的奥氏体填充金属来焊接。

（4）基层较薄时，可采用奥氏体（A）填充金属来焊接复合钢全部厚度，这样做的缺点是造价高，不经济。

工程案例

异种钢复合钢焊接

项目实训 ▶ ||||||||||||||||||||||||||||||||||||||||||||||||||||||||||||||||||||||||||||||||||||||||||||||||||||||||||

一、实训描述

完成06Cr19Ni10不锈钢试件焊接工艺制定与评定。完成任务后进行总结和分享心得。

二、实训图纸及技术要求

技术要求：

（1）母材为06Cr19Ni10，使用手工电弧焊单面焊双面成形，装焊图纸如图3-19所示；

（2）接头形式为管对接，焊接位置为垂直固定；

（3）坡口尺寸、根部间隙及钝边高度自定；

（4）焊缝表面无缺陷、焊缝均匀、宽窄一致、高低平整、焊缝与母材圆滑过渡，具体要求请参照本实训的评分标准。

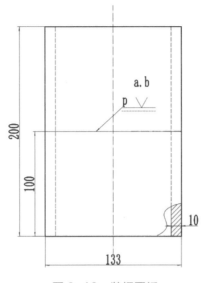

图 3-19 装焊图纸

三、实训准备

(一)母材准备

06Cr19Ni10 不锈钢管一组两段，尺寸按照图纸要求为 Ø133×100×10 mm，根据制定的焊接工艺卡加工相应坡口。

(二)焊接材料准备

根据制定的焊接工艺卡选择相应的焊接材料，并做好相应的清理、烘干保温等处理。

(三)常用工量具准备

焊工手套、面罩、手锤、活口扳手、錾子、锉刀、钢丝刷、尖嘴钳、钢直尺、焊缝万能检测尺、坡口角度尺、记号笔等。

(四)设备准备

根据制定的焊接工艺卡选择相应焊机、切割设备、台虎钳、角磨机等。

(五)人员准备

1. 岗位设置

建议四人一组组织实施，设置资料员、工艺员、操作员、检验员四个岗位。

2. 岗位职责

（1）资料员主要负责相关焊接材料的检索、整理等工作。

（2）工艺员主要负责焊件焊接工艺编制并根据施焊情况进行优化等工作。

（3）操作员主要负责焊件的准备及装焊工作。

（4）检验员主要负责焊件的坡口尺寸、装配尺寸、焊缝外观等质检工作。

小组成员协作互助，共同参与项目实训的整个过程。

四、实训分析

各小组根据母材化学成分、力学性能、焊接性能分析，选择相应焊接方法、设备、焊接材料，确定接头形式、坡口角度、焊接电流等焊接工艺参数以制定焊接工艺规程，图 3-20 是焊接工艺制定流程图。

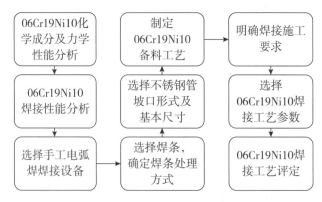

图 3-20 焊接工艺制定流程图

（一）母材化学成分及力学性能分析

根据母材牌号查阅相关资料明确 06Cr19Ni10 的主要化学成分及力学性能，分别如表 3-24、表 3-25 所示。

表 3-24 06Cr19Ni10 化学成分（质量分数）

单位：%

牌号	C	Si	Mn	P	S	Ni	Cr	N
06Cr19Ni10	0.08	0.75	2.00	0.045	0.030	8.0～10.5	18.0～20.0	0.10

表 3-25 06Cr19Ni10 力学性能

牌号	规定非比例延伸强度/MPa	抗拉强度/MPa	断后伸长率/%	硬度（HRB）
06Cr19Ni10	≥ 205	≥ 515	≥ 40	≤ 90

（二）母材焊接工艺分析要点

根据母材牌号查阅相关资料分析 06Cr19Ni10 的焊接性，为制定焊接工艺做好准备。

1. 热裂纹问题

奥氏体不锈钢焊接时，很容易产生热裂纹，尤其是稳定型的奥氏体不锈钢（单一奥氏体组织），热裂纹的倾向更大。

2. 接头的抗蚀性能问题

不锈钢焊接接头可能出现晶间腐蚀、点蚀、坑蚀、缝隙腐蚀等局部腐蚀，有时也会出现熔合区刀状腐蚀。此外，不锈钢焊接接头在含有 Cl 离子腐蚀介质的环境中服役时，还会出现应力腐蚀破裂现象。

3. 接头的脆化问题

在一般常温情况下，奥氏体不锈钢焊接接头的强度及塑韧性都是容易得到保证的，但在低温或高温情况下，有时会出现脆化问题。

4. 焊接变形问题

奥氏体不锈钢由于热导率小而线膨胀系数大，在自由状态下焊接时，容易产生较大的焊接变形。

五、编制焊接工艺

（一）检索相关资料及记录问题

资料员根据小组讨论情况记录相关问题，并将相关查阅资料名称及对应内容所在位置记录在表3-26中，资料形式不限。

表3-26　资料查阅记录表

序号	资料名称	标题	需要解决的问题
如	GB/T 20878—2007	表1 奥氏体不锈钢和耐热钢牌号及其化学成分	查阅06Cr19Ni10化学成分

（二）焊接工艺卡编制

工艺员根据图纸要求制定焊接相关工艺并将表3-27和表3-28所示的工艺卡内容填写完整，其他小组成员协助完成。

表3-27　06Cr19Ni10管对接垂直固定焊备料工艺卡

产品名称		备料工艺卡	材质	数量（件）	焊件编号	组号
工序编号	工序名称	工序内容及技术要求			设备及工装	
编制		日期		审核		日期

表 3-28 06Cr19Ni10 管对接垂直固定焊焊接工艺卡

绘制接头示意图			材料牌号	
			母材尺寸	
			母材厚度	
			接头类型	
			坡口形式	
			坡口角度	
			钝边高度	
			根部间隙	
焊接方法			焊机型号	
			电源种类极性	
焊接材料			焊接材料型号	
			焊条烘干温度	
焊接热处理	预热温度 /℃		焊后热处理方式	
	层间温度 /℃		后热温度 /℃	
焊接参数				

工步名称	焊接方法	焊条直径 / mm	保护气流量 / (L/min⁻¹)	焊接电流 /A	焊接电压 /V	焊接速度 / (cm/min⁻¹)
编制		日期		审核		日期

六、装焊过程

操作员根据图纸及工艺要求实施装焊操作，检验员做好检验，其他小组人员协助完成。将装焊过程记录在表 3-29 中。

表 3-29　06Cr19Ni10 管对接垂直固定焊装焊及检验记录表

产品名称及规格				焊件编号		
焊缝名称		记录人姓名		焊工编号（姓名）		零件名称
工步名称	焊接方法	焊条直径 / mm	焊接电流 /A	电弧电压 /V	保护气体流量 / (L/min^{-1})	焊接速度 / (cm/min^{-1})	层间温度 /℃
打底焊							
填充焊							
盖面焊							
焊前自检							
坡口角度 /°		钝边 /mm	装配间隙 /mm		坡口 /mm	错变量 /mm	
焊后自检							
焊缝正面		焊缝余高	焊缝高度差		焊缝宽度	咬边深度及长度	
焊缝背面		焊缝高度			有无咬边	凹陷	
焊工签名：		检验员签名：			日期：		

七、实训评价与总结

（一）实训评价

焊接完成之后，各个小组根据焊接评分记录表对焊缝质量进行自评、互评，教师进行专评，并将最终评分登记到表 3-30 中进行汇总；试件焊接未完成，焊缝存在裂纹、夹渣、气孔、未熔合缺陷的，按 0 分处理。

表3-30 焊接评分记录表

产品名称及规格				小组组号	
被检组号	工件名称	焊缝名称	编号	焊工姓名	返修次数
要求检验项目：					
自评结果	签名：　　　　　　　日期：				
互评结果	签名：　　　　　　　日期：				
专评结果	签名：　　　　　　　日期：				
建议	质量负责人签名：　　　　　日期：				

（二）焊接工艺评定主要内容

（1）按照 NB/T 47014—2011《承压设备焊接工艺评定》对焊接试板进行焊接工艺评定外观检验；

（2）按照 NB/T 47013—2015《承压设备无损检测》对试板进行渗透和射线探伤；

（3）按照 NB/T 47014—2011《承压设备焊接工艺评定》对焊接接头进行力学性能及弯曲性能实验；

（4）通过金相实验分析焊接接头的微观组织；

（5）使用维氏硬度仪对焊接接头及母材进行显微硬度测量。

（三）任务总结

小组讨论总结并撰写实施报告，主要从以下几个方面进行阐述。

（1）我们学到了哪些方面的知识？

（3）我们的操作技能是否能够胜任本次实训，还存在什么短板，如何进一步提高？

（3）我们的职业素养得到哪些提升？

（4）通过本次实训我们有哪些收获，在今后对自己有哪些方面的要求？

拓展阅读——大国工程

国家运动场"鸟巢"与焊接

国家运动场"鸟巢"（图3-21）钢结构工程是奥运工程的突出代表，具有建设规模宏大、结构形式复杂、建设工期短、建设标准高、制造安装难度极大、焊接量大、安全隐患多、施工风险大等特点。

工程绝对标高为43.50 m，钢结构屋盖呈双曲面马鞍型，南北向结构高度为40.746 m，东西向结构高度为67.122 m。屋顶主结构均为箱型截面，上弦杆截面基本为1000 mm×1000 mm，下弦杆截面基本为800 mm×800 mm，腹杆截面基本600 mm×600 mm，腹杆与上下弦杆相贯，屋顶矢高12.00 m。

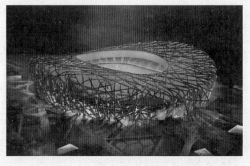

图3-21　国家运动场"鸟巢"

竖向由24根组合钢结构柱支撑，每根组合钢结构柱由两根1200 mm×1200 mm箱型钢柱和一根菱形钢柱组成，载荷通过它传递至基础。立面次结构截面基本为1200 mm×1000 mm，顶面次结构截面基本为1000 mm×1000 mm。

一、工程特点

（一）工程规模大，构件吨位重

马鞍形钢屋盖长轴约333 m，短轴约280 m；内环长轴约182 m，短轴约124 m；矢高12 m；组合钢柱最大重量约重520 t，每延米最重约10 t；主桁架每延米最重约3 t。

（二）节点复杂

主结构均为大截面箱型构件，节点在空间汇交多根杆件；次结构节点复杂多变、规律性少。

（三）施工难度大

钢结构与混凝土结构施工交叉作业，必须从安全、质量、功能、工期、造价等方面综合考虑，选择最优施工方案。

钢结构制作方面，参与制作的单位多，加工制作的精度要求高，加工周期短，施工图非常规表达，节点设计复杂且非一致，无法流水线生产。

图3-22　杆件组拼的桁架曲面

钢结构工厂加工、多杆件汇交节点设计、现场以及高空组拼制作、钢屋架安装临时支撑的设计布置、吊装、焊接、安装测量、工况计算与实现难度大。

钢构件呈不规则形状，局部扭曲，截面不断变化，加工难度大；钢结构现场组拼、安装精度要求高，精度控制实现难度大。

由于杆件组拼的桁架均为曲面（见图3-22），且设计要求曲线变化平滑自然，对焊工水平、焊接设备、组拼胎架要求很高。

二、焊接技术及焊接工艺评定

（1）涉及的焊接技术如表 3-31 所示。

表 3-31　焊接技术一览表

序号	焊接技术	焊接位置	使用部位	备注
1	SAW	F	BOX 梁柱制作（工厂）	—
2	SAW-D	F	BOX 梁柱制作（工厂）	双丝高速埋弧焊是用于 8 mm 厚的 BOX 梁柱的制作（科技攻关项目）
3	ESW-MN	V	BOX 梁柱制作（工厂）	截面小于 600×600 BOX 梁柱角板焊接
4	ESW-WE	V	BOX 梁柱制作（工厂）	截面小于 600×600 BOX 梁柱角板焊接
5	CO_2 GMAW	F、H	BOX 梁柱制作（工厂）	—
6	CO_2 FCAW-G	F、V、H	BOX 梁柱制作（工地）	主要用于合拢焊缝
7	EGW	V	1200×1200 棱形柱（工地）	（科研项目）
8	SAW（横焊）	H	工地横焊缝	（科研项目）
9	FCAW-SS	F、H	工地焊缝	小角度高空坡口焊接
10	SMAW	F、V、H、O	工地焊缝	（1）铸钢和钢的焊接 （2）ET 用于仰焊
11	SW	F	工厂	—

（2）国家体育场工程需进行焊接工艺评定的钢种组合如表 3-32 所示。

表 3-32　项目评定表

序号	钢种组合	试件板厚	SAW	SAW-D	ESW-MN	ESW-WE	CO_2 GMAW	CO_2 FCAW-G	EGW	SAW（H）	FCAW-SS	SMAW	SW
1	Q345 + Q345	70, 36, 20	3	3	1	1	9	9	1	1	1	3	0
2	Q345DGJ + Q345DGJ	70, 36, 20	3	3	1	1	9	9	1	1	1	3	0
3	Q345CGJ + Q345CGJ	70, 36	3	3	1	1	9	9	1	1	1	3	0
4	Q460 + 0460	70, 36	2	2	0	0	6	6	0	0	0	6	0
5	S460ML + S460ML	70, 36	2	2	0	0	6	6	0	0	0	6	0
6	GS16Mn5 + Q345CGJ	70, 36	0	0	0	0	0	0	0	0	0	6	0

续表

序号	钢种组合	试件板厚	SAW	SAW-D	ESW-MN	ESW-WE	CO₂ GMAW	CO₂ FCAW-G	EGW	SAW (H)	FCAW-SS	SMAW	SW
7	GS20Mn5 + Q345CGJ	70, 36	0	0	0	0	0	0	0	0	0	6	0
8	0460 + GS20Mn5	70, 36	0	0	0	0	0	0	0	0	0	6	0
9	S460ml + GS20Mn5	70, 36	0	0	0	0	0	0	0	0	0	6	0
10	GS20Mn + Q345DGJ	70, 36	0	0	0	0	0	0	0	0	0	6	0
11	GS16Mn5 + Q345DGJ	70, 36	0	0	0	0	0	0	0	0	0	6	0
12	Q345 + MLO	70, 36, 20	0	0	0	0	0	0	0	0	0	0	9
合计	—	—	13	13	3	3	39	39	3	3	3	57	9

三、焊接顺序

鸟巢的焊接顺序如图 3-23 所示。

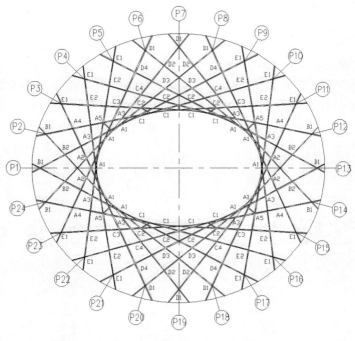

图 3-23　焊接顺序示意图

四、焊接工程关键思路

协同安装，科学编程，六个统一，攻克难关；先主后次，先大后小，高能密度，较小输入，分段跳焊，锤击焊缝，应变适当，工程全优。

重点抓好三个工艺评定：0460钢的焊接工艺评定；厚板焊接工艺评定（分层）；抓好铸钢同钢、异种钢的焊接工艺评定。

还应注意重要的焊缝先焊，次要的后焊，收缩量大的先焊，收缩量小的后焊，尽量采用如渣气联合保护焊和减少应力的焊接工艺。

五、主结构焊接

（一）焊接顺序

根据主结构"分区安装，分步进行，基本对称，控制合拢"的思想，焊接顺序为：

①以柱为点，弧线同步，内外并进，分头进行，监测应变，谨慎合拢；

②扇形分中，多点同步，分向进行，异向合拢。

（二）合拢段焊缝的变形及应力控制措施

在屋顶整体焊接顺序中，最后两组（条）焊缝是合拢段焊缝，是整个工程的关键焊缝，关系到工程的成败。

六、次结构焊接

次结构的装焊工艺：分区安装，由下而上，顺势发展，形成整体。因此焊接的指导思想应当是：一端自由，跟随进行，多点开花，对称适量，区中合拢。按吊装顺序进行，原则上先焊横杆件后焊竖杆件。

柱间次结构的焊接先于主桁架，根据分段安装顺序采取逐段由下往上，先焊横向杆件予以定位，后焊竖向杆件的顺序，同时对称施焊。

七、超高强钢特厚板焊接技术

S460ML为热机械轧制（TMCP）钢材，焊接性应比正火钢好，但是因板厚达100 mm，原则上拟采用稍高的焊前预热温度防止裂纹，同时还要控制热输入量上限，以防止近缝区软化；选用强度匹配适当并且塑性比较好的焊材，如E5515-C1、ER55-6、ER55-7以应对超高强钢塑性差，焊接残余应力高引起的裂纹敏感性。Q460与Q345钢的焊接采用E50及ER50型焊丝。

资料来源：微信公众号"材料焊接性"

目 1+X 考证任务训练

一、填空题

1. 奥氏体不锈钢的焊接性的主要问题是＿＿＿＿＿＿、＿＿＿＿＿＿和＿＿＿＿＿＿。

2. 06Cr19Ni10焊接材料的选择是，焊条型号＿＿＿＿＿＿，焊条牌号＿＿＿＿＿＿；氩弧焊焊丝＿＿＿＿＿＿。

3. 不锈钢的主要腐蚀形式有_____、_____、_____、_____和_____。

4. 铁素体不锈钢焊接的主要问题是_____和脆化，其脆化有_____、_____和_____。

5. 马氏体不锈钢焊接性较奥氏体不锈钢和铁素体不锈钢_____，其焊接时的主要问题是_____和_____。

6. 刀状腐蚀是_____的一种特殊形式。它只发生在含有_____、_____等稳定剂的奥氏体不锈钢的焊接接头中。

7. 异种钢焊接接头可分为两种情况，第一类为_____的接头，这类接头的两侧母材虽然化学成分不同，但都属于铁素体类钢或都属于奥氏体类钢；第二类为_____的接头，即接头两侧的母材不属于同一类钢。

8. 异种钢焊接具有如下特点：接头中存在着化学成分的_____性；接头熔合区组织和性能的_____性；_____是较难处理的问题。

9. 异种钢焊接时，有时为了解决接头预热和焊后热处理的困难，往往采用_____的方法进行焊接。

10. 如果异种珠光体钢构件焊接接头在工作温度下可能产生扩散层时，最好在坡口上堆焊_____，使其中碳化物形成元素（Cr、V、Nb、Ti 等）的含量应高于_____。

11. 焊接异种珠光体钢时，一般选用_____焊条，以保证焊接接头的抗裂性能。

12. 珠光体钢与奥氏体不锈钢焊接时，由于_____时熔合比比较小，而且操作灵活，不受焊件形状的限制，所以应用最为普遍；_____、_____熔合比较小，也是比较适合的焊接方法。

13. 为了防止焊缝出现热裂纹，珠光体钢与普通奥氏体不锈钢（Cr/Ni > 1）焊接时，最好使焊缝中含有体积分数为 3% ～ 7% 的_____组织；而珠光体钢与热强奥氏体不锈钢（Cr/Ni < 1）焊接时，所选用的填充材料应使焊缝的组织是_____。

14. 不锈复合钢板在焊接时，为了减少基层对过渡层焊缝的稀释作用，焊接过渡层时应选用_____焊条，并使焊缝具有一定量的铁素体组织，以提高其抗裂性能；基层一般用_____进行焊接，过渡层一般采用_____进行焊接且焊接顺序为先焊_____，再焊_____，最后焊_____。

二、判断题

1. 奥氏体不锈钢 0Cr18Ni9 用焊条电弧焊焊接时，选用 A102 焊条。 （　　）
2. 马氏体不锈钢导热性差、易过热，在热影响区易产生粗大的组织。 （　　）
3. 焊接铬镍奥氏体不锈钢时，为了提高耐腐蚀性焊前应进行预热。 （　　）
4. 奥氏体不锈钢的碳当量较大，故其淬硬倾向较大。 （　　）
5. 奥氏体不锈钢加热温度小于 450℃时，不会产生晶间腐蚀。 （　　）
6. 不锈钢产生晶间腐蚀的原因是晶粒边界形成铬的质量分数降至 12% 以下的贫铬区。 （　　）
7. 奥氏体不锈钢焊条电弧焊时，焊条要适当横向摆动，以加快其冷却速度。 （　　）
8. 为避免焊条电弧焊的飞溅损伤奥氏体不锈钢表面，在坡口及两侧刷涂白垩粉或专用防飞溅剂。 （　　）
9. 奥氏体不锈钢焊后，矫正焊接变形只能采用机械矫正，不能采用火焰矫正。 （　　）
10. 一般异种珠光体钢焊接时，按强度较低的一侧母材的强度要求选择焊接材料，使焊接接头强度不低于两种母材标准规定值的较低者。 （　　）

11. 焊接异种珠光体钢时，一般选用低氢型焊条，以保证焊接接头的抗裂性能。　　　　（　　）

12. 珠光体钢与奥氏体不锈钢焊接时，一般常规的焊接方法均可采用。选择焊接方法除考虑生产条件和生产效率外，还应考虑选择熔合比较大的焊接方法。　　　　（　　）

13. 为减少基层对过渡层焊缝的稀释作用，应尽量采用较大的焊接电流、较大的焊接速度。　　　　（　　）

14. 不锈复合钢板的坡口形式多为 Y 形坡口，一般开在基层一侧。　　　　（　　）

15. 不锈复合钢板装配焊接时，要求以覆层为基准对齐，避免产生错边。　　　　（　　）

项目四 铝及铝合金的焊接工艺认知

学习导读 ▶

本项目主要介绍了铝及其合金的分类、成分和性能；重点介绍了铝合金的焊接性分析及其焊接工艺要点。建议学习课时 4 学时。

学习目标 ▶

知识目标

（1）掌握铝及铝合金的分类。

（2）掌握铝及铝合金的焊接工艺要点。

（3）掌握铝合金焊接缺陷以及影响因素。

技能目标

（1）会分析铝合金的焊接性。

（2）会编制铝合金焊接工艺。

（3）会查阅焊接手册获取工艺信息。

素质目标

（1）具备脚踏实地，刻苦专研的职业精神。

（2）激发为祖国的事业贡献自身力量的家国情怀。

任务一 认识常见铝及铝合金

一、铝及铝合金概述

铝及铝合金构件质量轻，导热性、导电性、耐蚀性好，比强度高，在航空航天、高铁轨道交通、汽车制造、舰船工业上获得越来越多的应用。

搅拌摩擦焊、变极性等离子弧焊、局部真空电子束焊、激光焊、摩擦塞补焊等新型焊接方法的出现，为提高铝及铝合金焊缝质量提供技术保证，使原本认为不可焊的铝合金变得可以焊接加工，进一步扩大了铝及铝合金焊接结构的应用范围。

铝的物理特性如表 4-1 所示，和其他金属对比，差别很大，这导致铝及铝合金具有独特的焊接工艺特点。

表 4-1　铝的物理特性

材料	密度 / (g · cm^{-3})	电导率 /% IACS	热导率 /W · (mK)$^{-1}$	线胀系数 / (10^{-6} · K^{-1})	比热容 /[J · (Kg · K)$^{-1}$]	熔点 /℃
铝	2.700	62	—	—	940	660
铜	8.925	100	394	16.5	376	1083
黄铜 Cu65	8.430	27	117	20.3	368	930
低碳钢	7.800	10	46	12.6	496	1350
304 不锈钢	7.880	2	21	16.2	490	1426
镁	1.740	38	159	25.8	1022	651

铝及铝合金在空气中极易氧化，生成氧化铝（Al_2O_3）薄膜，熔点高，性能稳定，能吸潮，不易去除，熔焊或钎焊时易产生气孔、氧化物夹杂、未熔合、未焊透等缺陷，焊接前需严格进行表面清理，去除氧化膜，焊接过程中应防止生成氧化膜或清除新生氧化膜。

铝及铝合金比热容、电导率、热导率比钢大，焊接热量经母材散失快，熔焊需采用能量集中的热源，电阻焊需采用大功率电源。

铝及铝合金线膨胀系数比钢大，焊件变形趋势较大，需采取预防焊接变形措施。

铝及铝合金对光、热反射能力较强，熔化成熔池无明显色泽变化，工人进行熔焊和钎焊作业时会感到判断困难。

二、铝及铝合金的分类、成分和性能

（一）铝及铝合金的分类

铝及铝合金分为变形铝合金和铸造铝合金。

铝及铝合金共有 8 个合金系：1×××系（工业纯铝）、2×××系（铝－铜）、3×××系（铝－锰）、4×××系（铝－硅）、5×××系（铝－镁）、6×××系（铝－镁－硅）、7×××系（铝－锌－镁－铜）、8×××系（其他）。

变形铝及铝合金分为非热处理强化和热处理强化两类。非热处理强化铝合金只能变形强化，不能热处理强化。热处理强化铝合金既可变形强化，又可以热处理强化。

（二）铝及铝合金的成分和力学性能

国标 GB/T 3190—2020、GB/T 3880—2012、GB/T 1173—2013 规定了变形铝合金牌号、化学成分、力学性能和铸造铝合金牌号、化学成分，如表 4-2 所示。

表 4-2　变形铝合金化学成分和力学性能

类别		新牌号[1]	旧牌号	化学成分（质量分数）/%					材料状态[2]	力学性能		
				Cu	Mg	Mn	Zn	其他		R_m/ MPa	A/%	HBS
非热处理强化	防锈铝合金	5A02	LF2	—	2.0 ～ 2.8	0.15 ～ 0.4	—	—	M	170 ～ 230	16 ～ 18	—
		5A03	LF3	—	3.2 ～ 3.8	0.3 ～ 0.6	—	Si0.5 ～ 0.8	M	200	15	—

续表

类别	新牌号[1]	旧牌号	化学成分（质量分数）/%					材料状态[2]	力学性能		
			Cu	Mg	Mn	Zn	其他		R_m/MPa	A/%	HBS
	5A05	LF5	—	4.0～5.5	0.3～0.6		—	M	280	20	70
	5A06	LF6	—	5.8～6.8	0.5～0.8		Ti0.02～0.1	M	320	15	—
	—	LF11	—	4.8～5.5	0.3～0.6		Ti0.02～0.1	—	—	—	—
	3A21	LF21	—	—	1.0～1.6		—	M	130	15	30
热处理强化	—	LY3	2.6～3.5	0.3～0.7	0.3～0.7		—	—	—	—	—
	硬铝合金 2A11	LY11	3.8～4.8	0.4～0.8	0.4～0.8		—	CZ	370	12	—
	2A12	LY12	3.9～4.9	1.2～1.8	0.3～0.9		—	CZ	435	11	—
	2A16	LY16	6.0～7.0	—	0.4～0.8		—	—	—	—	—
	超硬铝合金 7A04	LC4	1.4～2.0	1.8～2.8	0.2～0.6	5.0～7.0	Cr0.1～0.25	CS	490	7	—
	—	LC5	0.3～1.0	1.2～2.0	0.3～0.8	7.0～8.0	—	CS	550	10	140
	锻造铝合金 —	LD2	0.2～0.6	0.45～0.9	0.15～0.3		Si0.5～1.2	CS	280	10	85
	2A50	LD5	1.8～2.6	0.4～0.8	0.4～0.8		Si0.7～1.2	CS	370	8	95
	2B50	LD6	1.8～2.6	0.4～0.8	0.4～0.8		Cr0.01～0.2 Ti0.02～0.1	CS	370	8	95
	2A14	LD10	3.9～4.8	0.4～0.8	0.4～1.0		Si0.6～1.2	CS	420	8	120

①按 GB/T 16474—2011 变形铝及铝合金牌号表示方法。

②M—退火，CZ—淬火＋自然时效，CS—淬火＋人工时效。

任务二　了解铝及铝合金的焊接工艺

一、铝及铝合金的焊接性分析

铝及铝合金具有独特的物理化学性能，在焊接过程中会产生一系列的焊接性问题，具体表现有以下几点。

（一）氧化膜 Al_2O_3

铝和氧亲和力很大，空气中在铝表面极易生成致密的 Al_2O_3 氧化膜，厚度约 0.1 μm。Al_2O_3 氧化膜熔点为 2054℃，约为纯铝的 3 倍，密度约为铝合金的 1.4 倍。焊接过程中氧化膜（Al_2O_3）阻碍金属之间的良好结合，易造成夹渣。Al_2O_3 薄膜易吸附水分，会增加焊缝气孔敏感性。焊前及焊接过程中去除氧化膜是焊接铝及铝合金的首要任务。

去除氧化膜有化学方法、机械方法和电子方法。化学方法包括焊前酸洗和焊接过程中使用溶剂，溶剂一般用于气焊和钎焊；机械方法包括刮削、打磨、锉；电子方法是阴极雾化。阴极雾化是焊接铝、镁合金时，采用交流电源或直流反接法，反接或焊件处于负极半周时，质量较大的氩离子撞击熔池表面，使熔池表面极易形成的高熔点氧化膜破碎，有利于焊接熔合和保证质量，这种现象称为"阴极雾化"（也叫"阴极破碎"）。化学方法和机械方法用于焊前去除氧化膜。无论焊前氧化膜去除多么彻底，立即又会形成新的氧化膜，焊接过程中必须去除氧化膜。电子方法在焊接过程中可去除氧化膜，本质是"阴极雾化"，要求使用交流电流，这是铝合金和其他合金焊接最突出的区别。

（二）较大的热导系数和比热容

铝和铝合金的热导系数、比热容等都很大（比钢材大 1 倍多），在焊接过程中大量的热量被迅速传导到基体金属内部，因此焊接铝及铝合金比钢要消耗更多的热量。为获得高质量的焊接接头，必须采用能量集中、功率大的热源，有时需采用预热等工艺措施。

（三）焊接裂纹

铝的热膨胀系数大（约是钢的 2 倍），凝固收缩率约为 5%，在拘束条件下焊接应力较大，为产生焊接裂纹提供了力学条件。铝合金焊缝结晶过程中存在低熔点共晶物，会在已凝固的晶粒间形成液膜，为产生焊接结晶裂纹提供了冶金条件。近缝区母材受焊接热循环峰值高温影响，晶界低熔点共晶物发生聚集、熔化，在晶间形成液膜，为产生焊接液化裂纹提供了冶金条件。

焊接裂纹严重破坏焊接接头的连续性，产生应力集中，成为焊接结构低应力脆性断裂、疲劳断裂、延时断裂的源头。焊接结构中不允许存在焊接裂纹，发现必须排除、补焊。

1. 焊接裂纹分类和特征

铝及铝合金焊接裂纹分为结晶裂纹、液化裂纹和存放裂纹三类。

（1）结晶裂纹。

焊缝结晶过程中低熔共晶物凝固前固液状态下被拉开，断裂面为自由结晶表面，断口呈"土豆"状，开裂部位在焊缝上，多平行于焊缝，断口形貌如图 4-1 所示。

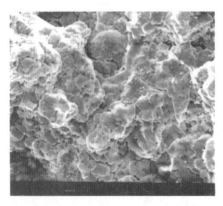

图 4-1　铝合金焊接结晶裂纹断口形貌

（2）液化裂纹。

熔合线外侧的母材焊接加热时晶界低熔共晶物聚集、熔化，母材晶粒未熔化，冷却时在焊接应力作用下熔化的低熔共晶物被拉开，断裂面为自由结晶表面，沿轧制晶粒晶界开裂，断口形貌呈"长条土豆"状，开裂部位在近缝区，平行于焊缝分布，断口形貌如图4-2所示。

图4-2　铝合金焊接液化裂纹断口形貌

（3）存放裂纹。

以原有焊接微裂纹为源，在长期存放过程中以应力腐蚀开裂模式或在焊接残余应力作用下发生扩展形成的裂纹。断口局部有结晶裂纹或液化裂纹的"土豆"状特征，其他部位有腐蚀产物或呈应力撕裂特征，断口形貌如图4-3所示。

图4-3　铝合金焊接存放裂纹断口形貌

2. 合金元素对焊接裂纹的影响

铜：Al-Cu系合金中，含铜量为5.8%～6.8%的2219铝合金裂纹敏感性低，而含铜约4%再加上镁、硅等元素形成低熔共晶物的2024合金，裂纹敏感性高。

硅：Al-Si系合金裂纹敏感性极低。

镁：Al-Mg系合金中含镁量低时裂纹敏感性较大，含镁量较高时裂纹敏感性较小，5A03（LF3）、5A05（LF5）、5A06（LF6）、5B06（LF14）裂纹敏感性较小，5A02（LF2）裂纹敏感性较大。Al-Mg-Si

系除 6A02（LD2）外，裂纹敏感性均较大。

锌：Al-Zn 系合金除 7005 和 7039 外，裂纹敏感性均较大。

（四）焊缝气孔

焊缝气孔是铝及铝合金焊接的常见缺陷。铝及铝合金牌号不同，焊缝气孔敏感性不同，但都可能产生焊缝气孔。

1. 焊缝气孔分类和特征

在焊缝长度方向上，焊缝气孔可分为单个气孔、密集气孔、链状气孔。在焊缝横截面内，焊缝气孔可分为弥散气孔、根部气孔、熔合线气孔。熔合线气孔可分为熔合线内部气孔和熔合线表面气孔（见图 4-4）。

单个气孔是指呈单个状，任何两个相邻气孔的间距不小于气孔直径平均值 3 倍的气孔。

密集气孔是指呈聚集状，数量众多，任何两个相邻气孔的间距小于气孔直径平均值 3 倍的小气孔群。

链状气孔是指大体上分布在一条近似的直线上，数量不小于 3 个，任何两个相邻气孔的间距小于气孔直径平均值 3 倍的气孔。

图 4-4　铝合金熔合线链状表面气孔

2. 焊缝气孔形成

从铝及铝合金焊缝气孔内直接抽取气体分析证实，气孔内的成分主要为氢气。

液态铝合金中氢的溶解度为 0.46 $\mu L/L$，固态铝合金中氢的溶解度为 0.03 $\mu L/L$，二者相差约 15 倍。焊接熔池中液态金属吸收周围的氢，焊缝金属凝固时，超过溶解度的氢析出、长大、聚集，如果来不及逸出，就会形成焊缝气孔。

焊接过程中避免氢源、控制熔池吸氢量是减少或消除焊缝气孔的关键。

3. 焊接气孔影响因素

影响铝及铝合金焊缝气孔的因素有表面清理质量、焊接参数、保护气体纯度、环境温度和湿度、焊接位置、母材和焊丝的氢含量等。

表面清理采用刷子和化学方法使表面增加很多微观凸起，这样的表面易吸湿气。机械加工方法表面微观凸起最小，效果最好。表 4-3 列出了对表面采用不同处理方法后，焊接时焊缝气孔情况。

表 4-3　焊前表面处理方法和焊缝气孔的关系

序号	表面处理方法	焊缝情况
1	化学处理	大小连续气孔、氧化夹渣
2	机械铣削，化学处理	多个气孔、少量夹渣
3	机械铣削 + 四氯化碳擦净	气孔少于第一种方法、出现变色
4	机械铣削后无任何后继处理	基本无气孔、偶尔出现微气孔

（五）近缝区软化

焊接热处理强化和冷作硬化的铝及铝合金时，近缝区母材的热处理强化和冷作硬化作用减弱或消失，焊接线能量越大，性能降低的程度越大。2A14合金T6态（固熔热处理后进行人工时效的状态）时，母材强度为441 MPa，氩弧焊接头焊后的拉伸强度约为270～330 MPa，接头强度系数为0.61～0.75。

解决铝及铝合金近缝区软化的措施有以下几点。

1.焊后热处理

焊后热处理是指焊后通过热处理的方法使焊接过程中减弱或消失的热处理强化效果得到一定地恢复。一般采取母材本身相应的热处理规范，适合于小型焊件，易造成较大变形，需注意适用性。

2.局部补强

局部补强是指局部加厚焊接部位的母材厚度，使总承载能力达到设计要求，适合于中大型构件。

3.随焊碾压

随焊碾压是指在焊接过程中对焊缝及近缝区实施碾压，该方法仅适合于自动焊，不适合于手工焊，应用受到很大限制。

（六）工艺性缺陷

铝及铝合金焊接工艺性缺陷包括未熔合、未焊透、咬边、钨夹杂和氧化夹杂等。工艺性缺陷占焊接缺陷总数的比例最大。

1.未熔合

未熔合是指在焊缝金属和母材之间或在焊道和焊道金属之间未完全熔化结合的部分，有侧壁未熔合、层间未熔合和焊缝根部未熔合三种。焊接板厚小于6 mm的薄板铝及铝合金，极少出现未熔合。厚板多层焊易出现未熔合。影响未熔合的因素有焊接规范、坡口形状、焊枪工作位置及角度。

防止铝及铝合金焊接未熔合的措施有以下几点。

（1）选择合适的焊接电流。

（2）坡口角度在可能范围内要大些，清根加工时尖端半径要大。

（3）焊接层间时应采用摆动焊接法。

（4）熔化极焊接时氧化膜应清理干净。

2.未焊透

未焊透是指焊缝根部未完全熔透的现象。

防止未焊透的措施有以下几点。

（1）选择合适的焊接规范。

（2）坡口形状合适。

（3）两面焊时一定在清根后焊接另一面。

3.咬边

咬边是指因焊接造成的焊趾或焊根处的沟槽，可能是连续的，也可能是间断的。

防治咬边的措施有以下几点。

（1）不采用立焊或横焊。

（2）选择合适的焊接规范。

（3）焊枪角度和运行正确。

4. 钨夹杂

钨夹杂是指来自外部的钨颗粒残留在焊缝金属中的现象。钨极和母材接触或焊接电流超过钨极允许的最大电流值时，钨极熔化进入熔池造成钨夹杂。

钨夹杂的防治措施有以下几点。

（1）按使用的焊接电流值选择钨极。

（2）钨极干伸长度不要过大。

5. 氧化物夹杂

氧化物夹杂是指凝固过程中在焊缝金属中残留的氧化膜。

氧化物夹杂的防治措施有以下几点。

（1）焊前去除干净母材和焊丝表面的氧化膜。

（2）多层焊时，做好层间清理。

（七）焊接接头耐蚀性降低

纯铝和防锈铝多用于要求耐腐蚀的场合，焊接接头的耐腐蚀性应不低于母材。但生产实践证明，即使采用可靠的焊接方法（如氩弧焊），配以纯度较高的焊丝，严格按照操作规程焊接，焊接接头的耐蚀性一般仍低于母材。特别是热处理强化铝合金（如硬铝），其焊接接头耐蚀性的降低尤为明显。

铝及铝合金焊接接头耐蚀性降低的主要原因有如下几点。

1. 接头的组织不均匀

因受到焊接热过程的影响，使得焊缝和热影响区组织不均匀，并且还存在偏析，会使接头各部位产生电极电位差，在腐蚀介质中形成微电池，产生电化学腐蚀，从而破坏氧化膜的完整性和致密性，使腐蚀过程加速。

2. 焊接接头存在有焊接缺陷

在焊接接头中总是或多或少地存在焊接缺陷，如咬边、气孔、夹杂物、未焊透等。这些缺陷破坏了接头表面氧化膜的连续性，在与腐蚀介质接触中，不仅使表面腐蚀，还会因缺陷处的腐蚀介质浓度比正常表面高而导致该部位的腐蚀速度加快，深入金属内部，造成整个接头的耐腐蚀性降低。

3. 焊缝金属铸态组织的影响

焊缝组织较母材粗大疏松，表面也不如母材光滑，表面氧化膜的连续性和致密性差。另外，焊缝为铸态组织，具有明显的枝状晶特点，存在枝晶偏析，具有很大的组织不均匀性和成分不均匀性，以及对焊缝金属柱状晶的结晶方向、耐蚀性均有一定的影响。

4. 焊接应力的影响

焊接应力是导致接头产生应力腐蚀的主要原因。为了提高接头的耐蚀性，在实际生产中通常采用的措施有选用纯度高于母材的焊丝，以减少焊缝金属中的杂质含量；选择合适的焊接方法及焊接参数，以减小焊接热影响区，防止接头过热，并尽可能减少工艺性焊接缺陷；焊后碾压或锤击焊缝表面，使焊缝的铸态组织趋于致密，并消除局部拉应力；调节工艺条件，改善焊缝柱状晶成长方向等。

另外，铝及铝合金焊接时，其从固态变为液态时无明显的颜色变化，给焊接操作也带来了一定的困难。

二、铝及铝合金的焊接工艺

（一）焊接方法的选择

1. 气焊

火焰气焊能量不集中、焊接速度低、焊接变形大、接头晶粒粗大、母材热影响区宽，一般用于焊接性好、厚度不大、质量要求不高的铝及铝合金构件。接头形式宜为对接，避免用搭接、角接或 T 形接头焊接，原因是流入零件间隙的残余焊剂和反应产物难以清除。

2. 钨极惰性气体保护焊

钨极惰性气体保护焊（TIG）过程稳定、容易控制、质量良好，适用于焊接中厚以下的铝及铝合金零件。当零件厚度较大时，需开坡口多层焊。

TIG 焊根据保护气体可分为钨极氩弧焊、钨极直流氩弧焊、钨极氦氩混合气保护焊；根据自动化程度可分为手工氩弧焊和自动氩弧焊；根据电源可分为钨极交流氩弧焊、钨极变极性氩弧焊和钨极脉冲交流氩弧焊。

3. 熔化极惰性气体保护焊

熔化极惰性气体保护焊（MIG）以焊丝为电极，使用比 TIG 更大的焊接电流，电弧功率大，保护气体采用氩气或氦气或氦氩混合气体，可焊接中厚板，焊接生产效率高，广泛用于铝及铝合金焊接结构生产。

MIG 是熔滴过渡，熔滴过渡的形式和过程的稳定性是 MIG 能否适用的关键。焊接电流增加，熔滴过渡由短路过渡、滴状过渡向喷射过渡转变。短路过渡适用于厚度为 1～2 mm 的铝及铝合金构件。喷射过渡过程稳定，可焊接各种厚度的铝及铝合金。在短路过渡和喷射过渡之间存在亚射流过渡区，弧长较短，不会发生短路。弧长变化时电流电压保持不变，即使采用恒流电源（陡降外特性），电弧自身也能调节，焊接过程稳定，焊缝成形均匀美观，采用亚射流过渡焊接铝及铝合金时，焊接效率更高，焊接质量更好。

4. 真空电子束焊

真空电子束焊能量密度高，为氩弧焊的 60～600 倍，真空保护条件好，特别适合于铝及铝合金焊接。真空电子束焊接头的形状系数大、热影响区小、焊缝纯度高、焊接变形小、力学性能好，大厚度、超大厚度（＞150～200 mm）的铝合金对接接头，不开坡口可一次焊成。但焊件尺寸受真空室容积的限制。为解决大型构件的真空电子束焊接问题，发明出局部真空电子束焊接方法。

5. 变极性等离子弧焊

变极性等离子弧焊是用于铝及铝合金的先进焊接技术，和传统的焊接技术相比，焊接质量提高，焊接成本下降。

变极性等离子弧焊是一种小孔向上立焊，是电流幅值大小和时间分别可调的铝及铝合金焊接技术，工作原理如图 4-5 所示。

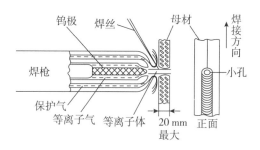

图 4-5　变极性等离子焊工作原理

变极性等离子弧焊有两个特点：一是等离子弧；二是变极性。

等离子弧小孔焊接有以下优点。

（1）等离子体对污染不敏感，通过小孔等离子体冲刷容易带走熔池中可能形成气孔的气体。

（2）小孔焊接在焊接厚度上的对称加热可减少角变形。

（3）大的熔深可减少焊道数量。

变极性等离子弧焊焊接铝合金有以下优点。

（1）基本无焊缝气孔。

（2）大多数铝合金焊前表面清理要求不高。

（3）可减少角变形，焊接厚度范围为 3.6 ～ 26 mm。

6. 搅拌摩擦焊

搅拌摩擦焊属于固相焊接。其实质是固相连接，可焊接其他方法不能焊接的材料，接头力学性能优异，适用于焊接铝及铝合金。搅拌摩擦焊的优点是无焊接裂纹、无焊缝气孔、焊接变形小、无焊接烟尘、无飞溅、可全位置焊接、不填丝、不用气保护、操作者无焊接技能要求、适用于多种接头形式、易于实现自动化。搅拌摩擦焊的缺点是焊接速度比熔焊速度低、工件要刚性夹紧、焊接压力较大、需要背面垫板。

搅拌摩擦焊工作原理如下。

搅拌摩擦焊使用高强度材料制作的搅拌头，在焊接过程中认为是不磨损的，从肩台上延伸出来，夹持器带动搅拌头高速旋转，使搅拌头钻入被焊接接缝，被焊件被紧紧地夹持在工作台上，搅拌头的插入长度比被焊件厚度稍小，搅拌头的肩台和被焊件表面紧密接触，搅拌头沿焊接方向移动，被焊件在力和摩擦热的作用下产生热塑性变形区，在摩擦搅拌力的作用下热塑性变形区向接头后侧流动，经过原子扩散、动态再结晶形成焊缝。为获得优良焊缝，必须优化搅拌头旋转速度、焊接速度、锻压力和搅拌头形状。搅拌摩擦焊工作原理如图 4-6 所示。

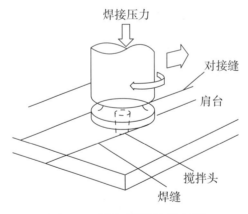

图 4-6 搅拌摩擦焊工作原理

（二）铝及铝合金焊接材料的选择

铝及铝合金焊接材料包括焊丝、保护气体、钨极、焊剂。

1. 焊丝

焊丝是影响焊接接头成分、组织、裂纹敏感性、耐蚀性和力学性能的重要因素。当铝合金焊接性不好、接头力学性能较低或焊接结构出现脆断时，不改变焊件设计和工艺条件，选用适当的焊丝是获得满意焊接接头的可行和有效的技术措施。表 4-4 为我国铝及铝合金焊丝的化学成分（摘自 GB/T 10858—2008）；一般情况下，焊丝选用可参考表 4-5，根据不同材料和性能要求选择焊丝。

表4-4　我国铝及铝合金焊丝的化学成分

类别	型号	化学成分（质量分数）/%											其他元素总量
		Si	Fe	Cu	Mn	Mg	Cr	Zn	Ti	V	Zr	Al	
纯铝	SAl-1	< 0.2	0.25	0.05	0.05	—		0.10	0.05	—	—	≥ 99.0	
	SAl-2	0.20	0.25	0.40	0.30	0.03	—	0.04	0.03	—	—	≥ 99.7	
	SAl-3	0.30	0.30	—	—	—		—	—	—	—	≥ 99.5	
铝镁	SAlMg-1	0.25	0.40	0.10	0.50～1.0	2.40～3.0	0.05～0.25	—	0.05～0.20	—	—	余量	0.15
	SAlMg-2	(Fe+Si) < 0.45		0.05	0.10	3.10～3.90	0.15～0.35	0.02	0.05～0.15	—	—		
	SAlMg-3	0.40	0.40	0.10	0.50～1.0	4.30～5.20	0.05～0.25	0.25	0.15	—	—		
	SAlMg-5	0.40	0.40	—	0.20～0.60	4.70～5.70		—	0.05～0.02	—	—		
铝铜	SAlCu	0.20	0.30	5.8～6.8	0.20～0.40	0.02		0.10	0.10～0.205	0.05～0.15	0.010～0.25		
铝锰	SAlMn	0.60	0.70	—	1.0～1.6	—	—	—	—	—	—		
铝硅	SAlSi-1	4.5～6.0	0.80	0.30	0.05	0.05		0.10	0.02	—	—		
	SAlSi-2	11.0～13.0	0.80	0.30	0.15	0.10		0.20	—	—	—		

数据来源：GB/T 10858—2008《铝及铝合金焊丝》。

表4-5　根据不同材料和性能要求选择焊丝

材料	按不同性能要求推荐的焊丝				
	要求高强度	要求高延性	要求焊后阳极化后颜色匹配	要求抗海水腐蚀	要求焊接时裂纹倾向低
1100	SAlSi-1	SAlSi-1	SAlSi-1	SAlSi-1	SAlSi-1
2A16	SAlCu	SAlCu	SAlCu	SAlCu	SAlCu
3A21	SAlMn	SAlMn	SAlMn	SAl-1	SAlSi-1
5A02	SAlMg-5	SAlMg-5	SAlMg-5	SAlMg-5	SAlMg-5
5A05	LF14	LF14	SAlMg-5	SAlMg-5	LF14
5083	ER5183	ER5156	ER5156	ER5156	ER5183
5086	ER5356	ER5356	ER5356	ER5356	ER5356
6A02	SAlMg-5	SAlMg-5	SAlMg-5	SAlSi-5	SAlSi-1

续表

材料	按不同性能要求推荐的焊丝				
	要求高强度	要求高延性	要求焊后阳极化后颜色匹配	要求抗海水腐蚀	要求焊接时裂纹倾向低
6063	ER5356	ER5356	ER5356	SAlSi-1	SAlSi-1
7005	ER5356	ER5356	ER5356	ER5356	X5180
7093	ER5356	ER5356	ER5356	ER5356	X5180

具体选用说明如下。

焊接纯铝选用同型号纯铝焊丝。

焊接铝－锰合金选用同型号铝－锰合金焊丝或纯铝 SAl-1 焊丝。

焊接铝－镁合金，如果 Mg 含量在 3% 以上，选用同系同型号焊丝；如果 Mg 含量在 3% 以下，选用高 Mg 含量的 SAlMg-5 或 ER5356 焊丝。

焊接铝－镁－硅合金（裂纹敏感性大），一般选用 SAlSi-1 焊丝；如果焊缝与母材颜色不匹配，结构拘束度不大，选用 SAlMg-5 铝－镁合金焊丝。

焊接铝－铜－镁、铝－铜－镁－硅合金（两种合金的裂纹敏感性大），一般选用 SAlSi-1、ER4145 或 BJ-380A 焊丝。ER4145（Al-10Si-4Cu）焊丝抗热裂能力强，焊缝塑性差，一般只用于拘束度不大和不重要的结构。SAlSi-1（Al-5Si-Ti）焊丝抗结晶裂纹能力强，抗液化裂纹能力较差，焊缝塑性较好。

焊接铝－铜－硅合金，可选用 BJ-380A 或 BJ-380 焊丝。BJ-380A 焊丝抗热裂能力强，焊接接头常温性能良好，低温、超低温性能较差，一般用于常温使用的焊接结构。BJ-380 焊丝抗裂能力不如 BJ-380A 焊丝，常温、低温、超低温性能良好，适用于拘束度较小、低温或超低温下使用的焊接结构。

焊接铝－铜－锰合金（焊接性较好），选用 SAlCu、ER2319 焊丝。

焊接铝－锌－镁合金（有一定的裂纹敏感性），选用与母材成分相同的铝－锌－镁焊丝、高镁的铝－镁焊丝或高镁低锌的 X5180 焊丝。

2. 保护气体

铝及铝合金气体保护焊只能采用氩气或氦气。惰性气体纯度（体积分数）一般应大于 99.8%，含氮量应小于 0.04%，含氧量应小于 0.03%，含水量应小于 0.07%。当含氮量超标时，易产生焊缝气孔，焊缝表面会产生淡黄色或草绿色化合物（氮化镁）；当含氧量超标时，熔池表面产生密集黑点、电弧不稳定、焊接飞溅较大；含水量超标时，熔池沸腾、易生成焊缝气孔。航空航天工业使用惰性气体纯度应大于 99.9%，氩气和氦气物理特性相差较大，氦气的密度、电离电位和其他物理参数均比氩气高，氦弧发热大、利于增加熔深。但消耗量大，价格昂贵。

3. 电极

钨极氩弧焊电极材料有纯钨、钍钨、铈钨。纯钨极熔点和沸点高，不易熔化和挥发，电极烧损小，对铝的污染较小，但易受铝污染，电子发射能力较差；钍钨极电子发射能力强，电弧较稳定，钍元素有一定的放射性，不推荐广泛使用；铈钨极电子逸出功低，易于引弧，化学稳定性高，允许电流密度大，无放射性，推荐广泛使用。铈钨极不易污染基体金属，电极端易保持半球形，适用于交流氩弧焊。

4. 焊剂选择

气焊、碳弧焊过程中熔化金属表面容易氧化生成氧化膜，易导致焊缝产生夹杂物，妨碍基体金属与填充金属熔合。为保证焊接质量，需要使用焊剂去除氧化膜。

气焊、碳弧焊焊剂是钾、钠、锂、钙等元素的氯化物和氟化物粉末混合物。表4-6列出了气焊、碳弧焊常用焊剂配方。

使用气焊、碳弧焊方法焊接角接、搭接接头时，往往不能完全清除焊件上的熔渣，建议选用表4-6中的8号焊剂铝镁合金焊剂。若不宜含有钠，选用9、10号焊剂。

表4-6 气焊、碳弧焊焊剂

序号	组成（质量分数）/%									备注
	铝块晶石	氟化钠	氟化钙	氯化钠	氯化钾	氯化钡	氯化锂	硼砂	其他	
1	—	7.5～9	—	27～30	49.5～52	—	13.5～15	—	—	
2	—	—	4	19	29	48	—	—	—	
3	30	—	—	30	40	—	—	—	—	
4	20	—	—	—	40	40	—	—	—	
5	—	15	—	45	30	—	10	—	—	
6	—	—	—	27	18	—	—	14	硝酸钾 41	
7	—	20	—	20	40	20	—	—	—	硝酸钾 28
8	—	—	—	25	25	—	—	40	硫酸钠 10	
9	4.8	—	14.8	—	—	33.3	19.5	氧化镁 2.8	氟化镁 24.8	
10	—	氟化锂 15	—	—	—	70	15	—	—	
11	—	—	—	9	3	—	—	40	硫酸钾 20	
12	4.5	—	—	40	15	—	—	—	—	
13	20	—	—	30	50	—	—	—	—	

（三）铝及铝合金焊接工艺要点

1. 焊接接头设计

设计铝及铝合金焊接接头时，应考虑下列因素。

（1）焊接制造工艺性，焊缝分布合理，施焊操作可达性好，焊接后便于实施焊接质量检测，重要焊缝应便于实施X射线检验。

（2）接头尽量采用对接或锁底对接形式，当材料和焊接接头断裂韧度较低时，承受拉伸载荷（或动载荷）较大；结构刚性较强或零件厚度差别较大时，应采用对接形式，不应采用搭接、T形接、角接、锁底对接形式。宜将图4-7（a）中的非对接接头形式改为图4-7（b）中的对接接头形式，以避免应力集中严重、承载能力下降、难以实施X射线检验、难以完全清除残余熔渣等问题。当无法避免非对接接头形式时，可将焊缝布置在承载要求低、不太重要、无需X射线检验的部位。

（3）焊接接头形式和基本尺寸可参考国内外相关标准或手册资料数据，同时征求制造商工艺人员的意见和建议，必要时需进行工艺评定试验。

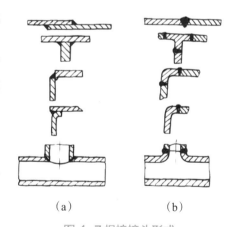

（a） （b）

图4-7 焊接接头形式

（a）非对接接头形式；（b）对接接头形式

2. 坡口设计

铝及铝合金气焊接头及坡口形式如表 4-7 所示。铝及铝合金钨极氩弧焊接头和坡口形式及尺寸如表 4-8 所示。

表 4-7 铝及铝合金气焊接头及坡口形式

零件厚度 / mm	接头形式	坡口简图	坡口尺寸			备注
			间隙 a/mm	钝边 p/mm	角度 a/°	
1～2	卷边		< 0.5	4～5	—	不加填充焊丝
			< 0.5	5～6	—	
2～3	无坡口留间隙		0.5～3	—	—	—
1～5	V 形坡口		4～6	3～5	80+5	—
12～20	X 形坡口		—	—	—	多层焊

表 4-8 铝及铝合金钨极氩弧焊接头和坡口形式及尺寸

接头及坡口形式		示意图	板厚 δ/mm	间隙 b/mm	钝边 p/mm	坡口角度 a/°
对接接头	卷边		< 2	< 0.5	< 2	—
	I 形坡口		1～5	0.5～2	—	—
	V 形坡口		3～5	1.5～2.5	1.5～2	60～70
			5～12	2～3	2～3	60～70
	X 形坡口		> 10	1.5～3	2～4	60～70

接头及坡口形式		示意图	板厚 δ/mm	间隙 b/mm	钝边 p/mm	坡口角度 α/°
搭接接头			< 1.5	0 ～ 0.5	$L \geqslant 2\delta$	—
			1.5 ～ 3	0.5 ～ 1	$L \geqslant 2\delta$	—
角接接头	I 形坡口		< 12	< 1	—	—
	V 形坡口		3 ～ 5	0.8 ～ 1.5	1 ～ 1.5	50 ～ 60
			> 5	1 ～ 2	1 ～ 2	50 ～ 60
T 形接头	I 形坡口		3 ～ 5	< 1	—	—
			6 ～ 10	< 1.5	—	—
	K 形坡口		10 ～ 16	< 1.5	1 ～ 2	60

3. 零件制备

按设计工程图的规定进行下料和坡口加工，可采用剪、锯、铣、车（回转体）等冷加工方法，也可采用热切割方法（氧－乙炔火焰切割、等离子弧切割），热切割后需去除热影响区。零件加工后的尺寸和质量必须满足零件装配焊接时对坡口尺寸、错边、间隙的要求。

装配前，零件和普通焊丝必须进行表面处理，清除表面油污和氧化膜，以免产生焊缝气孔。化学清理法效率高，质量稳定，适用于批量生产的中小型尺寸零件。工件尺寸较大、生产周期较长、多层焊或化学清洗后又易被污染，常采用机械清理法，先用丙酮或汽油擦拭表面除油，随后用不锈钢丝刷打磨或刮刀刮削，直到露出金属光泽为止。不宜用砂轮或砂纸打磨，砂粒易留在金属表面，产生夹渣缺陷。零件、焊丝清洗后应尽量缩短焊前存放时间，应在清理后 4 ～ 8 h 内施焊，清理后存放时间过长，则需要重新清理。

质量要求较高的焊缝，坡口应采用机械干铣方法加工，并立即焊接。

4. 零件装配

焊前零件装配是重要工序，直接影响焊接拘束度、焊接裂纹敏感性、焊接变形和焊接应力，对焊接质量起重要作用。

铝及铝合金零件装配可直接定位焊，焊件变形不易控制，多采用焊接夹具。

5. 焊前预热

铝及铝合金焊前预热的作用有以下几点。

（1）去除焊件表面吸附的湿气，有利于减少或消除焊缝气孔。

（2）降低焊接冷却速度，减小焊接裂纹敏感性。

（3）降低焊接应力，减小焊接变形。

（4）增加焊接热影响区宽度，增加接头软化程度。

预热温度视具体情况而定。软状态铝及铝合金零件的预热温度一般为 100～150℃，硬状态铝及铝合金零件（包括 Mg 含量达 4%～5% 的铝－镁合金构件）的预热温度不应超过 100℃。否则会影响强化效果或应力腐蚀敏感性。

小构件可进行整体预热，大构件可进行局部预热。整体预热可采用电加热器或在炉内进行。局部预热区域一般局限于邻近焊缝的母材区，可在电弧前方安装预热用气炬或钨极，以便焊前预热。

6. 焊接工艺参数制定

选定铝及铝合金焊接方法时，需优化焊接工艺参数。

火焰气焊工艺参数包括火焰性质、填充焊丝直径、焊嘴孔径、燃气流量、焊接速度。

电弧焊工艺参数包括惰性气体种类、电弧电压、焊接电流、焊接速度、惰性气体流量。

电子束焊工艺参数包括加速电压、束流、焦点位置、扫描波形和频率。

激光焊工艺参数包括激光类型及功率、焊接速度、焊件表面状态。

变极性等离子弧焊工艺参数包括焊接电流正负半波幅值及时间、焊接电压、焊接速度、离子气流量、保护气流量。

焊接工艺参数决定焊缝成形、焊接质量和接头性能。

选择焊接工艺参数时，可查阅各种焊接手册和焊接工艺指导资料。必须具体分析焊件结构、材料特性、装配质量、性能和质量要求、现场焊接工艺条件和经验，必要时需通过焊接工艺参数试验或工艺评定试验，最终确定焊接工艺参数。表 4-9 为手工钨极交流氩弧焊工艺参数；表 4-10 为钨极交流自动氩弧焊焊接工艺参数；表 4-11 为铝合金钨极脉冲交流氩弧焊工艺参数；表 4-12 为铝及铝合金 MIG 短路过渡焊接工艺参数；表 4-13 为铝及铝合金熔化极氩弧焊半自动焊接工艺参数。

表 4-9 手工钨极交流氩弧焊工艺参数

板材厚度 /mm	焊丝直径 /mm	钨极直径 /mm	预热温度 /℃	焊接电流 /A	氩气流量 / (L·min⁻¹)	喷嘴孔径 /mm	焊接层数（正面/反面）	备注
1	1.6	2	—	45～60	79	8	正 1	卷边焊
1.5	1.6～2	2	—	50～80	79	8	正 1	卷边或单面对接焊
2	2～2.5	2～3	—	90～120	8～12	8～12	正 1	对接焊
3	2～3	3	—	150～180	8～12	8～12	正 1	V 形坡口对接
4	3	4	—	180～200	10～15	8～12	正 1	V 形坡口对接
5	3～4	5	—	180～240	10～15	10～12	（1～2）/1	V 形坡口对接
6	4	5	—	240～280	16～20	14～16	（1～2）/1	V 形坡口对接
8	4～5	5	100	260～320	16～20	14～16	（1～2）/1	V 形坡口对接
10	4～5	5	100～150	280～340	16～20	14～16	（3～4）/（1～2）	V 形坡口对接
12	4～5	5～6	150～200	300～360	18～22	16～20	（3～4）/（1～2）	V 形坡口对接

续表

板材厚度 /mm	焊丝直径 /mm	钨极直径 /mm	预热温度 /℃	焊接电流 /A	氩气流量 / (L·min⁻¹)	喷嘴孔径 /mm	焊接层数（正面/反面）	备注
14	5～6	5～6	180～200	340～380	20～24	16～20	（3～4）/12	V 形坡口对接
16	5～6	6	200～220	360～400	20～24	16～20	（4～5）/（1～2）	V 形坡口对接
18	5～6	6	200～240	360～400	25～30	16～20	（4～5）/（1～2）	V 形坡口对接
20	5～6	6	200～260	360～400	25～30	20～22	（4～5）/（1～2）	V 形坡口对接
16～20	5～6	6	200～260	300～380	25～30	16～20	（2～3）/（2～3）	X 形坡口对接
22～25	5～6	6～7	200～260	360～400	30～35	20～22	（3～4）/（3～4）	X 形坡口对接

表 4-10　钨极交流自动氩弧焊焊接工艺参数

焊件厚度 /mm	焊接层数	钨极直径 /mm	焊丝直径 /mm	喷嘴直径 /mm	氩气流量 / (L·min⁻¹)	焊接电流 /A	送丝速度 / m·h⁻¹
1	1	1.5～2	1.6	8～10	5～6	120～160	—
2	1	3	1.6～2	8～10	12～14	180～220	65～70
3	1～2	4	2	10～14	14～18	220～240	65～70
4	1～2	5	2～3	10～14	14～18	240～280	70～75
5	2	5	2～3	12～16	16～20	280～320	70～75
6～8	2～3	5～6	3	14～18	18～24	280～320	75～80
8～12	2～3	6	3～4	14～18	18～24	300～340	80～85

表 4-11　铝合金钨极脉冲交流氩弧焊工艺参数

材料	厚度 /mm	焊丝直径 /mm	I脉 /A	I基 /A	脉冲频率 /Hz	脉宽比 /%	电弧电压 /V	气体流量 / (L·min⁻¹)
5A03	2.5	2.5	95	50	2	33	15	5
	1.5	2.5	80	45	1.7	33	14	5
5A06	2.0	2	83	44	2.5	33	10	5
2A12	2.5	2	140	52	2.6	36	13	8

表 4-12　铝及铝合金 MIG 短路过渡焊接工艺参数

板厚 /mm	接头形式 /mm	焊接次数	焊接位置	焊丝直径 /mm	焊接电流 /A	电弧电压 /V	焊接速度 / (cm·min⁻¹)	送丝速度 / (cm·min⁻¹)	氩气流量 / (L·min⁻¹)
2	0~0.5	1	全	0.8	70~85	14~15	40~60	—	15
		1	平	1.2	110~120	17~18	120~40	590~620	15~18
1	0~2	1	全	0.8	40	14~15	50	—	14
2		1	全	0.8	70 80~90	14~15 17~18	30~40 80~90	— 950~105	10 14

表 4-13　铝及铝合金熔化极氩弧焊半自动焊接工艺参数

板厚 /mm	坡口形式及尺寸 /mm	焊丝直径 /mm	焊接电流 /A	电弧电压 /V	氩气流量 / (L·min⁻¹)	喷嘴孔径 /mm	备注
6	0~2	2.0	230~270	26~27	20~25	20	反面采用垫板仅焊一层焊缝
8	70° 0~0.2 6	2.0	240~280	27~28	25~30	20	正面焊二层，反面焊一层
10	70° 0~0.2 8	2.0	280~300	27~29	30~36	20	正面焊二层，反面焊一层
12	70° 0~0.2 9	2.0	280~320	27~29	30~35	20	正反面均焊一层
14	90°~100° 0~0.3 4	2.5	300~330	29~30	35~40	22~24	正反面均焊一层
16	90°~100° 0~0.3 4	2.5	300~340	29~30	40~50	22~24	正面焊二层，反面焊一层
18	90°~100° 0~0.3 4	2.5	360~400	29~30	40~50	22~24	正面焊二层，反面焊一层

续表

板厚 /mm	坡口形式及尺寸 /mm	焊丝直径 /mm	焊接电流 /A	电弧电压 /V	氩气流量 / (L·min⁻¹)	喷嘴孔径 /mm	备注
20 ～ 22	90°～100° 0～0.3 ▕4	2.5 ～ 3.0	400 ～ 420	29 ～ 30	50 ～ 60	22 ～ 24	正面焊二层，反面焊一层
25	90°～100° 0～0.3 ▕4	2.5 ～ 3.0	420 ～ 450	30 ～ 31	50 ～ 60	22 ～ 24	正面焊三层，反面焊一层

项目实训

一、实训描述

完成 6063 板对接钨极氩弧焊工艺制定与评定。

二、实训图纸及技术要求

技术要求：

（1）母材为 6063 铝合金板，使用钨极氩弧焊单面焊双面成形，施工图纸如图 4-8 所示；

（2）接头形式为板对接，焊接位置为立焊；

（3）坡口尺寸、根部间隙及钝边高度自定；

（4）焊缝表面无缺陷，焊缝均匀、宽窄一致、高低平整具体要求请参照本实训的评分标准。

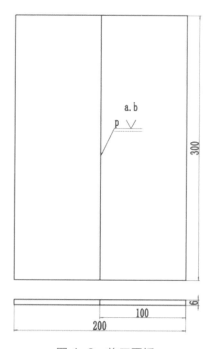

图 4-8　施工图纸

三、实训准备

（一）母材准备

6063 铝合金板两块，尺寸按照图纸要求为 Ø300×100×6 mm，根据制定的焊接工艺卡加工相应坡口。

（二）焊接材料准备

根据制定的焊接工艺卡选择相应的焊接材料，并做好相应的清理、烘干保温等处理。

（三）常用工量具准备

焊工手套、面罩、手锤、活口扳手、錾子、锉刀、钢丝刷、尖嘴钳、钢直尺、焊缝万能检测尺、坡口角度尺、记号笔等。

（四）设备准备

根据制定的焊接工艺卡选择相应焊机、切割设备、台虎钳、角磨机等。

（五）人员准备

1. 岗位设置

建议四人一组组织实施，设置资料员、工艺员、操作员、检验员四个岗位。

2. 岗位职责

（1）资料员主要负责相关焊接材料的检索、整理等工作。

（2）工艺员主要负责焊件焊接工艺编制并根据施焊情况进行优化等工作。

（3）操作员主要负责焊件的准备及装焊工作。

（4）检验员主要负责焊件的坡口尺寸、装配尺寸、焊缝外观等质检工作。

小组成员协作互助，共同参与项目实训的整个过程。

四、任务分析

各小组根据母材化学成分、力学性能、焊接性能分析，选择相应焊接方法、设备、焊接材料，确定接头形式、坡口角度、焊接电流等焊接工艺参数以制定焊接工艺规程，如图 4-9 所示。

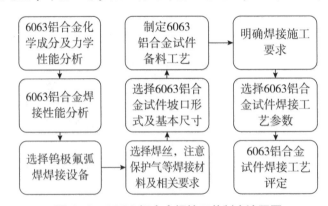

图 4-9　6063 铝合金焊接工艺制定流程图

（一）母材化学成分及力学性能分析

6063 铝合金的主要化学成分及力学性能如表 4-14 和表 4-15 所示。

表 4-14　6063 铝合金化学成分（质量分数）

单位：%

牌号	Si	Fe	Cu	Mn	Mg	Cr	Zn	Ti	Al
6063	0.2～0.6	0.35	0.10	0.10	0.45～0.9	0.1	0.1	0.1	余量

表 4-15　06Cr19Ni10 力学性能

牌号	抗拉强度 /MPa	伸长应力 /MPa	伸长率 /%
6063	≥ 205	≥ 170	≥ 7

（二）母材焊接工艺分析要点

（1）铝极易被氧化，生成的 Al_2O_3 熔点高、非常稳定，不易去除。

（2）铝的热导率和比热容是碳素钢和低合金钢的两倍多，在焊接过程中，大量的热量被迅速传到基体金属内部。

（3）铝的线膨胀系数是碳素钢和低合金钢的两倍，焊件的变形和应力较大。

（4）铝对光、热的反射能力较强，固液转变时，没有明显的色泽变化。

（5）铝在液态时能溶解大量的氢，固态时几乎不溶解氢，极易形成气孔。

（6）铝合金元素易蒸发、烧损，使焊缝性能降低。

五、编制焊接工艺

（一）检索相关资料及记录问题

资料员根据小组讨论情况记录相关问题，并将相关查阅资料名称及对应内容所在位置记录在表 4-16 中，资料形式不限。

表 4-16　资料查阅记录表

序号	资料名称	标题	需要解决的问题
如	GB/T 22086—2008	5. 弧焊方法	选择 6063 焊接方法

（二）焊接工艺卡编制

工艺员根据图纸要求制定焊接相关工艺并将表4-17和表4-18所示的工艺卡内容填写完整，其他小组成员协助完成。

表4-17　6063铝合金板立对接焊备料工艺卡

产品名称		备料工艺卡	材质	数量（件）	焊件编号	组号
工序编号	工序名称	工序内容及技术要求			设备及工装	
编制		日期		审核		日期	

表 4-18　6063 铝合金板立对接焊焊接工艺卡

绘制接头示意图			材料牌号	
			母材尺寸	
			母材厚度	
			接头类型	
			坡口形式	
			坡口角度	
			钝边高度	
			根部间隙	
			反变形角度	
焊接方法			焊机型号	
			电源种类极性	
钨极直径		干伸长度	焊接材料型号	
垫板详述		钨极种类	保护气种类	
焊接热处理	预热温度 /℃		焊后热处理方式	
	层间温度 /℃		后热温度 /℃	

焊接参数						
工步名称	焊接方法		焊条直径 /mm	保护气流量 /（L/min⁻¹）	焊接电流 /A	焊接电压 /V	焊接速度 /（cm/min⁻¹）

编制		日期		审核		日期	

六、装焊过程

操作员根据图纸及工艺要求实施装焊操作，检验员做好检验，其他小组人员协助完成。将装焊过程记录在表 4-19 中。

表 4-19　6063 铝合金板立对接装焊及检验记录表

产品名称及规格			焊件编号		
焊缝名称		记录人姓名	焊工编号（姓名）		零件名称
工步名称	焊接方法	焊条直径 / mm	焊接电流 /A	电弧电压 /V	保护气体流量 / (L/min^{-1})	焊接速度 / (cm/min^{-1})	层间温度 /℃
打底焊							
填充焊							
盖面焊							

焊前自检				
坡口角度 / (°)	钝边 /mm	装配间隙 /mm	坡口宽度 /mm	错变量 /mm

焊后自检				
焊缝正面	焊缝余高	焊缝高度差	焊缝宽度	咬边深度及长度
焊缝背面	焊缝高度		有无咬边	凹陷

焊工签名：	检验员签名：	日期：

七、任务评价与总结

(一)任务评价

焊接完成之后,各个小组根据焊接评分记录表对焊缝质量进行自评、互评,教师进行专评,并将最终评分登记到表4-20中进行汇总。试件焊接未完成,焊缝存在裂纹、夹渣、气孔、未熔合缺陷的,按0分处理。

表4-20 焊接评分记录表

产品名称及规格				小组组号	
被检组号	工件名称	焊缝名称	编号	焊工姓名	返修次数
要求检验项目:					
自评结果				签名: 日期:		
互评结果				签名: 日期:		
专评结果				签名: 日期:		
建议				质量负责人签名: 日期:		

（二）焊接工艺评定主要内容

按照 GB/T 19869.2—2012《铝及铝合金的焊接工艺评定试验》要求对试件进行焊接工艺评定，其主要内容如表4-21所示。

表4-21　6063铝合金焊接工艺评定内容

试件	试验种类	试验内容	备注
全焊透的对接焊缝	外观检验	100%	
	射线或超声波检验	100%	
	渗透检测	100%	
	横向拉伸	2个试样	
	横向弯曲或断裂试验	2个正弯和2个背弯试样	
	宏观试验	1个试样	
	微观试验	1个试样	

（三）任务总结

小组讨论总结并撰写实施报告，主要从以下几个方面进行阐述。

（1）我们学到了哪些方面的知识？

（2）我们的操作技能是否能够胜任本次实训，还存在什么短板，如何进一步提高？

（3）我们的职业素养得到哪些提升？

（4）通过本次实训我们有哪些收获，在今后对自己有哪些方面的要求？

 拓展阅读——榜样的力量

大国工匠之焊工李万君——一枪三焊为中国高铁提速

图4-10　大国工匠李万君

2016年《感动中国》颁奖词这样描述一位中国焊工：你是兄弟，是老师，是院士，是这个时代的中流砥柱。表里如一，坚固耐压，鬼斧神工，在平凡中非凡，在尽头处超越，这是你的人生，也是你的杰作。这位焊工就是中车长春轨道客车股份有限公司（简称长客、中车长客）的高级技师李万君（见图4-10）。

为了"突围"外国对我国高铁技术封锁，李万君凭着一股不服输的钻劲儿、韧劲儿，一次又一次地试验，取得了一批重要的核心试制数据，积极参与填补国内空白的几十种高速车、铁路客车、城铁车转向架焊接规范及操作方法，先后进行技术攻关100余项。如今，中车长春轨道客车股份有限公司的转向架年产量超过9000个，比庞巴迪、西门子和阿尔斯通等世界三大轨道车辆制造巨头的总和还多。

"高铁有394道工序，每一道都不容失误，我们要坚持工匠精神，做好自己的本职工作，使我们的团队技术更加成熟，保证高铁又稳又快地奔跑，同时创造具有我国自主知识产权的品牌。"他说，他就是一名技术工人，离开了生产一线啥也不是。他这辈子很幸运，能分配到长客，赶上了高铁发展的时代，才让他这样的技术工人有机会回报企业，报效国家。所以，他下决心干好高铁，变中国制造为中国创造，让每一个技术工人都能当上创新主角，像动车组一样，节节给力，人人添彩，到时候让老外给咱中国人打工！

学手艺——一年磨破了五套工作服

"我现在一听焊枪的声音，就知道哪个徒弟或是员工哪个地方焊得不好，焊缝是宽还是窄、焊接质量好不好……"，这样的境界，可是经过千锤百炼才能达到的。

1987年8月，19岁的李万君职高毕业后被分配到长春客车厂（中车长春轨道客车股份有限公司前身），在装焊车间最苦最累的水箱工段当工人，和他一起入厂的还有28个伙伴。一进焊接车间，火星子乱蹦，烟雾弥漫，刺鼻呛人。焊工们穿着厚厚的帆布工作服，戴着焊帽，拿着焊枪喷射着2300的烈焰，夏天时，穿着几斤重的装备干完活出来，全身都得湿透。

这样艰苦的条件不是每个人都能承受下来的。一年下来，和他一起入厂的同事调走了25个。但他，依然选择了留下来。厂里要求每人每月焊100个水箱，他就多焊20个，一年下来，两年一发的工作服被他磨破了5套，不够穿，他就到市场上自己掏腰包买。

除了跟着师傅学习，他一有时间就跑到其他师傅那儿看，有问题就问。慢慢地，师傅们发现，这个小伙子凡事问过一次，就会举一反三。不知不觉中，李万君的焊接手艺在同龄人中已出类拔萃。

入厂第二年，李万君就在车间技能比赛中夺冠；2005年，他在中央企业焊工技能大赛中荣获焊接试样外观第一名；1997、2003、2007年，他三次在长春市焊工技能大赛荣获第一名；2011年，他捧得了"中华技能大奖"。

攻技术——把焊枪下的产品升华成艺术品

为了攻克各种各样的困难，他成立了一个攻关团队，遇到焊接难题，整个团队都会群策群力，攻坚克难，将技能和智慧紧密地结合在一起，突破一个又一个难关。

2005年，李万君根据异种金属材料焊接性发明了"新型焊钳"，获得国家专利并被推广使用。2010年，在出口伊朗的单层轨道客车转向架横梁环口焊接难题中，李万君再次挺身而出，经过不断试验摸索，成功总结出了氩弧自动焊焊接方法和一整套焊接操作步骤，一举填补了我国氩弧焊自动焊接铁路客车转向架环口的空白，也为我国日后开发和生产新型高铁提供了宝贵依据。2012年，针对澳大利亚不锈钢双层铁路客车转向架焊接加工的特殊要求，李万君冲锋在前，总结出了"拽枪式右焊法"等20余项转向架焊接操作方法，解决了批量生产中的多项技术难题，累计为企业节约资金和创造价值800余万元。

2015年初，中车长客试制生产我国首列国产化标准动车组，转向架很多焊缝的接头形式是员工们从未接触过的。其中转向架侧梁扭杆座不规则焊缝和横侧梁连接口斜坡焊缝质量要求极高，射线检测必须100%合格，不允许有任何瑕疵。由于不规则焊缝接头过多，极易造成焊接缺陷，使这个部位的焊接成为制约生产顺利进行的"卡脖子"工序，影响了标准化动车组的研制进程。

李万君马上主动请缨，以攻关团队"李万君国家技能大师工作室"为主要阵地，经过反复论证，多次试验，最终总结出交叉运用平焊、立焊、下坡焊，有效克服质量缺陷的操作技法，成功攻克了这项焊缝接头过多导致焊缝射线检测难以100%合格的难题。

2016年7月15日，中车长客试制生产的两列中国标准动车组，以420公里时速成功进行会车实验。列车以相对时速840公里的速度擦肩而过，这还是世界第一次。实验的完美表演，将再一次赢得海外市场的关注以及相关合作国家的青睐，成为开启国外高铁市场的一把"金钥匙"，为中国高铁走出国门奠定坚实的基础。

"其实，我的追求很简单，我希望每一位焊工都把焊接标准熔到骨子里，把焊枪下的产品升华到极致，从而形成一件件艺术品……"李万君说。

凭着一股子不服输的钻劲儿，他参与填补了高速车、铁路客车、城铁车转向架焊接规范及操作方法的几十种国内空白，先后进行技术攻关 100 余项，其中 21 项获得国家专利。

带徒弟——"一枝独秀不是春，百花齐放春满园"

"师傅带徒弟十分厉害。我记得 2008 年引进高速动车组技术时，我们的水平与国外有很大的差距，只有师傅一人能焊出来，人手严重不足。为了完成任务，他只用半年的时间，就将焊工全都培养了出来，400 多名学员全部考取了国际焊工资格证书，这在整个史上也是一个奇迹……"李万君的徒弟谢元立回忆。

李万君认为，单单把自己的工作做好是不够的，"一枝独秀不是春，百花齐放春满园"。

"在带徒弟方面，师傅毫无保留，甚至还根据学员的体态胖瘦、走路姿势、运枪习惯等不同特点，制订不同的训练方案，亲身示范。"谢元立说，师傅带出的 20 多个"嫡系徒弟"如今全是技术骨干，其中 10 多人已成为吉林省首席技师。

2011 年，他主持的公司焊工首席操作师工作室，被国家劳动部授予"李万君大师工作室"称号，5 年来组织近 160 场，为公司焊工 1 万多人次，考取各种国际、国内焊工资质证书 2000 多项，满足了高速动车组、城铁车、出口车等 20 多种车型的生产需要。

李万君不仅承担为本单位培养后备技术工人的重任，还利用国家级技能大师工作室这一平台，为外单位的技术工人无私传承技艺，3 次被长春市总工会聘为"高技能人才传艺项目技能指导师"。截至目前，李万君已为吉林省、长春市以及省市工会对口援疆地区的兄弟企业培训高技能人才 2000 多人次。在中国高铁事业发展进程中，李万君实现了从一名普通焊工到我国高铁焊接专家的蜕变。

资料来源：《百度文库高校版》

三 1+X 考证任务训练

一、填空题

1.铝及铝合金焊接时的主要问题是_____、_____、_____及_____等。

2.铝及其合金焊接时，焊缝中易产生_____气孔。

3.铝及其合金焊接时，溶池表面生成的氧化铝薄膜熔点高达_____，比铝及其合金的熔点_____高出很多，往往会妨碍焊接过程进行。

二、判断题（正确的划"√"，错的划"×"）

1.铝及铝合金由于导热性较差，熔池冷却速度快，所以焊接时产生气孔的倾向不太大。　　　（　）

2.铝及铝合金焊前要仔细清理焊件表面，其主要的目的是防止产生气孔。　　　（　）

3.手工钨氩弧焊接铝及铝合金时，常采用交流电源。　　　（　）

4.为了利用氩离子阴极破碎作用，铝及铝合金氩弧焊时，电流应采用直流正接。　　　（　）

项目五　铜及铜合金的焊接工艺认知

学习导读▶

　　本项目主要学习了铜及其合金的分类、成分和性能，重点学习铜合金的焊接性分析及其焊接工艺要点。建议学习课时 4 学时。

学习目标▶

知识目标

（1）掌握铜及铜合金的分类。

（2）掌握铜及其合金的焊接性问题。

（3）掌握铜合金焊接的裂纹问题和气孔问题。

（4）掌握焊接接头力学性能和耐蚀性的问题。

（5）掌握铜及其合金的焊接工艺要点。

技能目标

（1）会分析铜合金的焊接性。

（2）会编制铜合金焊接工艺。

素质目标

（1）培养不怕吃苦、攻坚克难的品质和精益求精的工匠精神。

（2）激发爱国情怀。

任务一　认识常见铜及铜合金

　　铜具有优良的导电性能、导热性能及在某些介质中优良的抗腐蚀性能，其合金具有较高的强度，因而应用十分广泛，仅次于钢铁和铝。铜及铜合金可分为四大类，即纯铜、黄铜、青铜和白铜，其中纯铜和黄铜应用较多，白铜主要用于精密设备和传感器件上。

一、纯铜

　　纯铜是指 Cu 的质量分数达 95% 以上的工业纯铜，呈玫瑰红色，但容易和氧化合，表面形成氧化铜薄膜后，外观呈紫红色，故又称紫铜。纯铜具有面心立方晶格，无同素异晶转变，密度为 8.94 g/cm³，熔点为 1083℃。由于其导电、导热性能极好，多用于制造电线、电缆、热交换器等。纯铜中的杂质主要有铅、砷、铋、硫、氧等，它们的含量对纯铜的性能影响较大。一般来说，杂质含量越高，其塑性、韧性及传导性越差。

纯铜有以下特点。

（1）优良的导电、导热及耐蚀性（不耐硝酸和硫酸）。

（2）高塑性、韧性及可焊性，低温力学性能良好，适宜进行各种冷热加工。

工业纯铜代号有 T1、T2、T3、T4 四种。数字越大，表示铜的纯度越低。

二、黄铜

黄铜是铜锌合金的总称。黄铜的强度、硬度比纯铜高，而且耐腐蚀性好，常用于制造船舶零件、弹壳、管嘴、轴承等。

黄铜是以 Zn 为主加元素的铜合金，黄铜按成分分为普通黄铜和特殊黄铜；按加工方式分为加工黄铜和铸造黄铜。

（一）普通黄铜

普通黄铜即铜 – 锌二元合金。

加工黄铜，牌号由"H+ 数字"表示。其中"H"是"黄"字的汉语拼音字首，数字是以名义百分数表示的 Cu 的质量分数。如 H62 表示 Cu 的平均质量分数为 62%，其余为 Zn。

铸造黄铜，牌号由"Z+Cu+ 合金元素符号 + 数字"表示。其中，"Z"是"铸"字的汉语拼音字首，合金元素符号后的数字是以名义百分数表示的该元素的质量分数。如 ZCuZn38，其含义是 $\omega_{Zn} \approx 38\%$，其余为 Cu 的铸造黄铜。

（二）特殊黄铜

特殊黄铜是在铜 – 锌合金的基础上加入 Pb、Al、Sn、Mn、Si 等元素后形成的铜合金，并相应称之为铅黄铜、铝黄铜、锡黄铜等。它们具有比普通黄铜更高的强度、硬度、耐蚀性和良好的铸造性能。合金元素 Pb 可改善切削加工性和耐磨性；Si 可改善铸造性能，提高强度和耐蚀性；Al 可提高强度、硬度和耐蚀性；Sn、Al、Si、Mn 可提高耐蚀性，减小应力腐蚀开裂的倾向。

特殊黄铜，牌号由"H+ 合金元素符号（Zn 除外）+ 数字 + '–' + 数字"表示。其中"H"是"黄"字的汉语拼音字首，第一组数字是以名义百分数表示的 Cu 的质量分数，第二组数字是以名义百分数表示的主添加合金元素的质量分数，有时还有第三组数字，该数字是以名义百分数表示其他元素的质量分数。如 HSn62–1 表示 $\omega_{Cu} \approx 62\%$，$\omega_{Sn} \approx 1\%$，其余为 Zn 的加工锡黄铜。

铸造特殊黄铜的牌号由"Z+Cu+ 合金元素符号 + 数字"表示。其中，"Z"是"铸"字汉语拼音字首，合金元素符号后的数字是以名义百分数表示的该元素的质量分数。如 ZCuZn40Mn3Fe1，其含义是 $\omega_{Zn} \approx 40\%$、$\omega_{Mn} \approx 3\%$、$\omega_{Fe} \approx 1\%$、其余为 Cu 的铸造特殊黄铜。

常用加工黄铜的牌号、成分、性能及用途如表 5–1 所示。

表 5–1 常用加工黄铜的牌号、成分、性能及用途

类别	牌号	化学成分（质量分数）/%						力学性能			用途
		Cu	Pb	Al	Sn	其他	Zn	$R_m/$ MPa	$A/\%$	HBS	
普通黄铜	H96	95.0 ~ 97.0	0.03	—	—	Fe 0.1 Ni 0.5	余量	450	2	—	冷凝、散热管、汽车水箱带、导电零件
	H70	68.5 ~ 71.5	0.03	—	—	Fe 0.1 Ni 0.5 Ni 0.5	余量	660	3	150	弹壳、造纸用管、机械电器零件

续表

类别	牌号	化学成分（质量分数）/%						力学性能			用途
		Cu	Pb	Al	Sn	其他	Zn	R_m/MPa	A/%	HBS	
铅黄铜	HPb63-3	62.0～65.0	2.4～3.0	—	—	—	余量	650	4	—	要求可加工性极高的钟表、汽车零件
	HPb59-1	57.0～60.0	0.8～0.9	—	—	—	余量	650	16	140	热冲压及切削加工零件，如销子、螺钉、垫片
铝黄铜	HAl67-2.5	66.0～68.0	0.5	2.0～3.0	—	Fe 0.6	余量	650	12	170	海船冷凝器管及其他耐蚀零件
	HAl60-1-1	58.0～61.0	—	0.7～1.5	—	Fe 0.7～1.5	余量	750	8	180	齿轮、蜗轮、衬套、轴及其他耐蚀零件
锡黄铜	HSn90-1	88.0～91.0	—	—	0.25～0.7	—	余量	520	5	148	汽车、拖拉机弹性套管及耐蚀减摩零件等
	HSn62-1	61.0～93.0	—	—	0.75～1.1	—	余量	700	4	—	船舶、热电厂中高温耐蚀冷凝器管

资料来源：GB/T 5231-2022《加工铜及铜合金牌号和化学成分》。

常用铸造黄铜的牌号、成分、性能及用途如表 5-2 所示。

表 5-2　常用铸造黄铜的牌号、成分、性能用途

类别	牌号	化学成分（质量分数）/%				铸造方法	力学性能			用途举例
		Cu	Al	Mn	其他		R_m/MPa	A/%	HBS	
普通铸造黄铜	ZCuZn38	60.0～63.0	—	—	Zn 余量	S J	285 295	30 30	60 70	一般结构件和耐蚀零件，如法兰、阀座、支架、手柄、螺母等
铸造铝黄铜	ZCuZn25Al6Fe3Mn3	60.0～66.0	4.5～7.0	1.5～4.0	Fe = 2.0～4.0 Zn 余量	S J	725 740	10 7	160 170	高强耐磨零件，如桥梁支撑板、螺母、螺杆、耐磨板、蜗轮等
	ZCuZn31Al2	66.0～68.0	2.0～3.0	—	Zn 余量	S J	295 390	12 15	80 90	适用于压力铸造零件，如电动机、仪表等压铸件、耐蚀零件
铸造锰黄铜	ZCuZn38Mn2Pb2	57.0～60.0	—	1.5～2.5	Pb = 1.5～2.5 Zn 余量	S J	245 345	10 18	70 70	一般用途的结构件，如套筒、被套、轴瓦、滑块等

资料来源：GB/T 1176—2013《铸造铜及铜合金》。
注：S 砂型铸造，J 金属型铸造。

三、青铜

青铜是除铜-锌（Cu-Zn）合金、铜-镍（Cu-Ni）合金以外的所有铜基合金的总称。主要有铜-锡

（Cu–Sn）合金、铜－铝（Cu–Al）合金、铜－硅（Cu–Si）合金等，依照其主要合金成分而分别称作锡青铜、铝青铜、硅青铜。青铜比纯铜和黄铜具有更高的强度和耐磨性，用于耐腐蚀的结构。按加工方式，可分为加工青铜和铸造青铜。

加工青铜的牌号由"Q+第一个主加元素符号＋数字＋'－'＋数字"组成。其中"Q"是"青"字的汉语拼音字首，第一组数字是以名义百分数表示的第一个主加元素的质量分数，第二组数字是以名义百分数表示的其他合金元素的质量分数。例如，QSn4–3表示$w_{Sn} \approx 4\%$、$w_{Zn} \approx 3\%$、其余为Cu的加工锡青铜。

铸造青铜的牌号由"Z+Cu+合金元素符号＋数字"表示。其中"Z"是"铸"字的汉语拼音首字母，合金元素符号后的数字是以名义百分数表示的该元素的质量分数。例如：ZCuSn10Pb1，表示$w_{Sn} \approx 10\%$、$w_{Pb} \approx 1\%$。

常用加工青铜的牌号、成分、力学性能及用途如表5–3所示。

表5–3　常用加工青铜的牌号、成分、性能及用途

类别	代号	化学成分（质量分数）/%			力学性能			用途举例
		主加元素	其他		R_m/MPa	A/%	HBS	
锡青铜	QSn4–3	Sn = 3.5 ～ 4.5	Zn = 2.7 ～ 3.3	杂质总和0.2、Cu余量	550	4	160	弹性元件，化工机械耐磨零件和抗磁零件
	QSn6.5–0.1	Sn = 6.0 ～ 7.0	Zn = 0.3	P = 0.1～0.25 Cu余量，杂质总和0.1	750	10	160～200	弹簧接触片，精密仪器中的耐磨零件和抗磁零件
铝青铜	QAl9–2	Al = 8.0 ～ 10.0	Mn = 1.5 ～ 2.5	Zn = 1.0	杂质总和1.7、Cu余量	700	4～5	160～200	海轮上的零件，在250℃以下工作的管配件和零件
	QAl10–3–1.5	Al = 8.5 ～ 10.0	Fe = 2.0 ～ 4.0	Mn = 1.0～2.0	杂质总和0.75、Cu余量	800	9～12	160～200	船舶用高强度耐蚀零件，如齿轮、轴承
硅青铜	QSi3–1	Si = 2.7 ～ 3.5	Mn = 1.0 ～ 1.5	Zn = 0.5，e = 0.3，Sn = 0.25，杂质总和1.1，Cu余量	700	1～5	180	弹簧、耐蚀零件以及蜗轮、蜗杆、齿轮、制动杆等
	QSi1–3	Si = 0.6 ～ 1.1	Ni = 2.4 ～ 3.4	Mn = 0.1～0.4	杂质总和0.5，Cu余量	600	8	150～200	发动机和机械制造中的构件，在300℃以下工作的摩擦零件
铍青铜	QBe2	Be = 1.8 ～ 2.1	Ni = 0.2 ～ 0.5	杂质总和0.5，Cu余量	1250	2～4	330	重要的弹簧和弹性元件，耐磨零件以及高压、高速、高温轴承

资料来源：GB/T 5231—2022《加工铜及铜合金牌号和化学成分》。

常用铸造青铜的牌号、成分、力学性能及用途，如表5–4所示。

表 5-4 常用铸造青铜的牌号、成分、性能及用途

类别	牌号（旧牌号）	化学成分（质量分数）/%		铸造方法	力学性能			用途举例
		主加元素	其他		R_m/MPa	A/%	HBS	
铸造锡青铜	ZCuSn3Zn7Pb5Ni1	Sn = 2.0 ～ 4.0	Zn = 6.0 ～ 9.0 Pb = 4.0 ～ 7.0 Ni = 0.5 ～ 1.5	Cu 余量	S J	175 215	8 10	60 71	在各种液体燃料、海水、淡水和蒸汽（＜225℃）中工作的零件、压力小于 2.5 MPa 的阀门和管配件
	ZCuSn5Pb5Zn5	Sn = 4.0 ～ 6.0	Zn = 4.0 ～ 6.0 Pb = 4.0 ～ 6.0	Cu 余量	S J	200 200	13 13	70 90	在较高负荷、中等滑动速度下工作的耐磨、耐蚀零件，如轴瓦、缸套、活塞、离合器、蜗轮等
	ZCuSn10Pb1	Sn = 9.0 ～ 11.5	Pb = 0.5 ～ 1.0	Cu 余量	S J	220 310	3 2	90 115	在高负荷、高滑动速度下工作的耐磨零件，如连杆、轴瓦、衬套、缸套、蜗轮等
铸造铅青铜	ZCuPb10Sn10	Pb = 8.0 ～ 11.0	Sn = 9.0 ～ 11.0	Cu 余量	S J	180 220	7 5	62 65	表面压力高、又存在侧压的滑动轴承、轧辊、车辆轴承及内燃机的双金属轴瓦等
	ZCuPb30	Pb = 27.0 ～ 33.0	Cu 余量	J	—	—	40	高滑动速度的双金属轴瓦、减摩零件等
铸造铝青铜	ZCuAl8Mn13Fe3	Al = 7.0 ～ 9.0	Mn = 12.0 ～ 14.5	Cu 余量	S J	600 650	15 10	160 170	重型机械用轴套及要求强度高、耐磨、耐压的零件，如衬套、法兰、阀体、泵体等
	ZCuAl8Mn13Fe3Ni2	Al = 7.0 ～ 8.5	Ni = 1.8 ～ 2.5 Fe = 2.5 ～ 4.0 Mn = 11.5 ～ 14.0	Cu 余量	S J	645 670	20 18	160 170	要求强度高、耐蚀的重要铸件（如船舶螺旋桨、高压阀体）及耐压、耐磨零件（如蜗轮、齿轮等）

资料来源：GB/T 1176—2013《铸造铜及铜合金》。

四、白铜

白铜是铜－镍（Cu-Ni）合金，因颜色接近白色而得名。白铜的力学性能很高而且耐腐蚀性能也很好，常用于船舶和电气工业的冷凝管、精密设备仪器仪表上。

任务二 了解铜及铜合金的焊接工艺

一、铜及铜合金的焊接性分析

由于铜及铜合金独特的物理化学性能，焊接时如不采取相应的工艺措施很容易出现以下焊接问题。

（一）热导率高引起的熔化困难和热影响区宽度过大问题

铜的熔点比钢低，但其导热性特别高，常温下的热导率约为铁的 7 倍，在 1000℃时的热导率则约为铁的 11 倍之多。焊接时若采用与一般钢材相同的焊接参数，由于大量的热将散失于工件内部，坡口边缘难以熔化，填充金属与母材不能很好地熔合，容易形成未焊透。并且随工件板厚增加，这一问题显得尤为突出，所以必须采取预热和加大焊接热源功率等措施。同时，散热快还使热影响区变宽、焊接变形严重，所以要采取措施（如刚性夹具）减小变形，但要注意防止因刚性过大而引起裂纹问题。

（二）杂质引起的裂纹问题

铜与很多种杂质或化合物都会形成低熔点共晶物，如 Cu_2O+Cu、$Cu+Bi$、$Cu+Cu_2S$、$Cu+Pb$ 等低熔点物质以液态形式分布于晶界处，割断了晶粒之间的联系，使铜的高温强度降低、热脆性增加，在焊接应力的作用下很容易产生裂纹。此外，结晶温度区间大小也会影响结晶裂纹倾向，所以必须控制杂质的含量；或在焊缝金属中加入脱氧元素，如 Si、Mn、P 等。在焊接工艺上应尽量减小接头的拘束，或用预热来减缓冷却速度，降低焊接应力。

除此之外，由于氢的溶入，焊缝金属在凝固和冷却过程中过饱和的氢向金属微晶隙中扩散，造成很大的压力，削弱了焊缝金属的晶间结合力，从而产生裂纹。

（三）气孔问题

铜及铜合金焊接时，形成焊缝气孔的倾向很大。其一，在固－液态温度下，氢在固态和液态铜中的溶解度差别极大，结晶时氢逸出形成气孔；其二，熔池中锌、磷等沸点低的元素蒸发形成气泡；其三，熔池中氢与 Cu_2O 作用形成水蒸气（$Cu_2O + 2H \rightarrow 2Cu+H_2O\uparrow$），也形成气泡；此外，有些合金元素（如锌、锡、磷）沸点很低，焊接时可能气化，形成气泡。由于铜及铜合金的热导率极高。所形成的气泡往往来不及逸出，如果残留在焊缝中就会形成气孔。

为防止生成铜及铜合金焊缝气孔，必须减少氢、氧含量；填充金属中应尽量减少低沸点元素，以免产生气体；预热以延长熔池存在时间，使气泡来得及逸出；采用含有铝、钛等强脱氧元素的填充材料来减少气体来源等。

（四）接头性能变化问题

经过焊接热过程，焊缝晶粒长大，杂质增多，合金元素烧损、蒸发，铜及铜合金的接头性能会有较大的变化。

首先，导电性能明显下降。任何杂质或合金元素进入焊缝都会使导电性能下降。因此，纯铜焊接时为保证导电性能，必须防止杂质混入焊缝。

其次，接头的力学性能恶化。主要是因晶粒粗大和晶界存在杂质而使接头的塑性、韧性明显降低。可采取焊缝合金化和变质处理加以改善。

此外，耐腐蚀性降低。一些铜合金的耐蚀性是依靠锌、锰、镍、铝、锡等元素获得的，焊接时这些元素的烧损会使耐腐蚀性降低，因而必须加强对这些合金元素的保护，或者对焊缝进行合金化，防止耐腐蚀性降低。

二、铜及铜合金的焊接工艺

（一）铜及铜合金的熔焊

1.焊接方法的选择

几乎所有熔焊方法都可以用于铜及铜合金的焊接，要根据工件的厚度、接头形式及合金类型选择合适的焊接方法。原则是尽量采用大功率、高能量密度的方法。表5-5列出了纯铜和黄铜的几种主要熔焊方法的选择范围。

表5-5 熔焊方法的选择

焊接方法	纯铜	黄铜	简要说明
	焊接性		
钨极气体保护焊	好	较好	用于薄板（小于12 mm），采用直流正接
熔化极气体保护焊	好	较好	板厚大于3 mm可用，板厚大于15 mm时优点更显著，电源极性为直流反接
等离子弧焊	较好	较好	板厚在3～6 mm时可不开坡口一次焊成，最适合3～15 mm中厚板焊接
焊条电弧焊	差	差	采用直流反接，操作技术要求高，适用于板厚2～10 mm
埋弧焊	较好	尚可	采用直流反接，适用于6～30 mm的中厚板
气焊	尚可	较好	易变形，成形不良，用于厚度小于3 mm的不重要结构
碳弧焊（已逐渐被淘汰）	尚可	尚可	采用直流正接，电流大，电压高，劳动条件差，只用于厚度小于10 mm的铜件

2.熔焊用焊接材料选择

（1）焊丝。

焊丝是气焊、TIG焊、MIG焊和埋弧焊等焊接方法使用的填充金属。铜及铜合金焊接用的焊丝，除必须满足焊缝金属的性能和焊接工艺性能方面的要求外，还应能控制杂质含量和提高脱氧性能。表5-6列出了部分铜及铜合金用标准焊丝，其余焊丝见GB/T 9460—2008《铜及铜合金焊丝》。

表5-6 部分铜及铜合金的标准焊丝

牌号	名称	主要化学成分（质量分数）/%	熔点/℃	主要用途
HSCu	纯铜焊丝	Sn-1.1，Si-0.4，Mn-0.4，Cu余量	1050	纯铜氩弧焊或气焊（配熔剂CJ431），埋弧焊（配焊剂CJ431或CJ150）
HSCu	低磷铜焊丝	P-0.3，Cu余量	1060	纯铜气焊
HSCuZn-2	锡黄铜焊丝	Cu-59，Sn-1，Zn余量	886	黄铜气焊或惰性气体保护焊，铜及铜合金钎焊
HSCuZn-3	锡黄铜焊丝	Cu-60，Sn-1，Si-0.3，Zn余量	890	黄铜气焊、纯铜、白铜等钎焊
HSCuZn-4	铁黄铜焊丝	Cu-58，Sn-0.9，Si-0.1，Fe-0.8，Zn余量	860	黄铜气焊、纯铜、白铜等钎焊
HSCuZn-5	硅黄铜焊丝	Cu-62，Sn-0.5，Zn余量	905	黄铜气焊、纯铜、白铜等钎焊

在铜及铜合金焊丝中加入硅、锰、磷等元素，是为了加强脱氧性能以减少焊缝中的气孔。但脱氧剂加入量不宜过高，否则焊缝会形成过多的高熔点氧化物夹杂；硅在焊接黄铜时可防止锌的蒸发、氧化，降低焊接时的烟雾，而且还能提高熔池金属的流动性焊缝的抗裂性能和耐蚀性；加入锡可提高焊缝耐蚀性，也

可提高熔池金属的流动性，改善工艺性能。加入铁可提高焊缝强度和耐蚀性，但塑性会降低。

焊丝中铋、铅和硫等杂质必须严格控制，其质量分数均应小于0.01%。磷虽然能脱氧，但含量过多会使接头导电性能下降。因此，对导电性能要求高的铜及铜合金不宜选用含磷的焊丝。

（2）焊条。

焊接铜及铜合金用的焊条型号有ECu、ECuSi、ECuSi-B和ECuAl等。其中ECu为纯铜焊条，在大气及海水介质中具有良好的耐蚀性，适用于焊接脱氧或无氧铜构件；ECuSi适用于纯铜、硅青铜及黄铜的焊接，以及化工管道等内衬的堆焊；ECuSi-B适用于纯铜、黄铜、磷青铜的焊接，以及磷青铜轴衬、船舶推进器叶片等的堆焊；ECuAl适用于铝青铜及其他铜合金、铜合金与钢的焊接，以及铜铸件焊补等。

（3）焊剂与熔剂。

埋弧焊焊接铜及铜合金可使用焊接低碳钢的焊剂，如HJ431、HJ260和HJ150等。气焊铜及铜合金需采用熔剂，以去除熔池金属中的氧化物，防止焊缝金属受到氧化。气焊通用的熔剂主要由硼酸盐、卤化物或它们的混合物组成，如CJ301的化学成分为17.5%的$Na_2B_4O_7$和77.5%的H_3BO_3（质量分数）。

（4）保护气体。

铜及铜合金电弧焊用的保护气体主要是惰性气体氩气和氦气。铜在氮气中焊接，熔池金属流动性降低，焊缝易生气孔，故主要在钎焊中采用。

3. 焊接工艺注意事项

由于接头两侧散热比较相近才能保证加热均匀，熔化和熔合都比较一致，所以接头形式最好是对接，而且两侧厚度相同，如果厚度不同，必须加工出过渡段，使焊缝两侧厚度相同。T形接头、搭接接头焊接性很差。

由于铜及铜合金的性能特点，熔焊时的工艺条件和焊接规范也与钢有很大不同。例如，通过预热可以部分克服由于高热导率引起的加热不均和焊缝凝固过快等问题，改善焊缝成形，防止气孔、裂纹等缺陷，并减小残余应力，从而也使接头力学性能有所提高。厚度超过10 mm的工件，在焊接前都需要按照材料不同，用气焊火焰或其他方法预热，温度规范为：纯铜250～300℃，黄铜300～350℃，青铜500～600℃。纯铜单道用焊条电弧焊的焊接规范如表5-7所示。

表5-7　纯铜单道用焊条电弧焊的焊接规范

厚度 /mm	焊条直径 /mm	焊接电流 /A	电弧电压 /V
2	2～3	100～120	25～27
3	3～4	120～160	25～27
4	4～5	160～200	25～27
5	5～6	240～300	25～27
6	5～7	260～340	26～28
7～8	6～7	380～400	26～28
9～10	6～8	400～420	28～30

纯铜、黄铜钨极氩弧焊工艺参数如表5-8所示。

表 5-8　纯铜、黄铜钨极氩弧焊工艺参数

母材	板厚 /mm	坡口形式	焊丝		钨极		焊接电流		气体		预热温度 /℃
			材料	直径 /mm	材料	直径 /mm	种类	电流 /A	种类	流量 /(L·min⁻¹)	
纯铜	～ 1.5	I	纯铜	2	铈钨极	2.5	直流反接	140 ～ 180	Ar	6 ～ 8	—
	2 ～ 3	I		3		2.5 ～ 3		160 ～ 280		6 ～ 10	—
	4 ～ 5	V		3 ～ 4		4		250 ～ 350		8 ～ 12	100 ～ 150
	6 ～ 10	V		4 ～ 5		5		300 ～ 400		10 ～ 14	100 ～ 150
黄铜	1 ～ 2	端接	青铜黄铜	—	铈钨极	3.2	直流正接	185	Ar	7	不预热
	1 ～ 2	V				3.2		180		7	

气焊由于热量较小，焊接速度很低，常常需要预热及辅助加热。铜及铜合金气焊时的接头设计可参见表 5-9。铜及铜合金气焊使用的焊炬喷嘴应比焊接同样厚度的钢时大些。为了使焊道金属厚度大些并防止氧被卷入，常采用后倾焊方式。焊缝很长时，考虑到焊缝收缩的需要，工件装配时在长度方向上应逐渐加大根部间隙。气焊后，对焊缝金属可热态或冷却后进行锤击以消除应力。冷作加工能够提高焊缝金属的强度。

表 5-9　铜及铜合金气焊时的接头设计

金属厚度 /mm	接头设计	根部间隙 /mm	备注
1.5	卷边接头	0	—
1.5	I 形坡口	1.5 ～ 2.3	—
3.3	I 形坡口	2.3 ～ 3.3	—
4.8	60° ～ 90° V 形坡口	3.3 ～ 4.6	要求辅助加热
6.4	60° ～ 90° V 形坡口	3.3 ～ 4.6	要求辅助加热
9.7	60° ～ 90° V 形坡口	4.6	要求辅助加热
12.7 ～ 19	90° X 形坡口	4.6	立焊位置双面同时焊接

摩擦焊用于连接铜及其合金具有一定的优越性，其热影响区很窄，接头中不存在铸造组织，性能良好。

此外，等离子弧焊、电子束焊等方法，能量密度大，符合焊接铜及铜合金的需要，但他们对接头加工、装配的要求比较严格。电子束焊在真空中进行，一些低熔点、低沸点的元素如锌、锡、磷等容易大量蒸发损耗，不但影响焊缝的合金成分和接头性能，而且还可能因破坏真空度而使焊接过程中断。

（二）铜及铜合金的钎焊

1. 铜及铜合金的硬钎焊

（1）钎料。

铜及铜合金硬钎焊的钎料熔化温度在 450℃以上，通常是在 600 ～ 850℃之间。常用的硬钎焊钎料有以下几种类型。

①银基钎料。

主要成分是银、铜和锌，有时还加入少量的锡和镍，熔点较低。其牌号是 HL3××，如 HL302、HL303、HL304、HL306、HL322 等。采用银基钎料时，接头的装配间隙以 0.05 ～ 0.25 mm 为宜。银基钎料适合于钎焊铜与各种铜合金、铜与钢等。由于含银，这种钎料价格较贵。

②铜磷钎料。

主要成分是铜和磷，有的还加入一些锡。牌号是 HL2××，如 HL201、HL202、HL204、HL208 等。铜磷钎料具有一定的自钎作用，润湿性良好，有时可以不加或少加钎剂进行钎焊，合适的接头装配间隙为 0.02～0.15 mm。接头耐腐蚀性好，但比较脆。铜磷钎料适用于电机及仪表中铜及铜合金的钎焊。

③铜锌钎料。

主要成分是铜和锌，有时加入少量锡、硅、镍等。这种钎料熔点高但耐腐蚀性差，多用于不太重要的接头。牌号是 HL1××，如 HL101、HL102、HL103、HL104 等。铜锌钎料钎焊时装配间隙为 0.07～0.25 mm。适用于纯铜、黄铜、白铜的钎焊，其接头强度、韧度都较低。此外，含金的钎料具有良好的焊接性，但价格昂贵，一般应用很少。

（2）钎剂。

铜及铜合金硬钎焊使用的钎剂有两大类，一类以硼酸盐（$Na_2B_4O_7$、H_3BO_3 等）和氟硼酸盐（KBF_4、H_3BO_3、B_2O_3 等）为主，其作用是较好地清除氧化膜，并能很好地漫流，获得满意的钎焊效果，配合银基钎料或铜磷钎料可适用于各种铜合金的焊接。另一类以氯化物和氟化物（$ZnCl_2$、NH_4Cl、$CdCl_2$、$LiCl$、KCl、NaF 等）为主，是高活性钎剂，应用于钎焊含铝的各类铜合金，但此类钎剂腐蚀性极强，焊后必须彻底清除接头上的残渣，以免日后造成腐蚀。

（3）钎焊方法。

绝大多数钎焊方法如炉中钎焊、火焰钎焊、烙铁钎焊、感应钎焊等，都可以用于铜及铜合金的硬钎焊。可以根据工件尺寸、使用要求、批量大小，并结合钎料、钎剂的种类来选定钎焊方法。

2. 铜及铜合金的软钎焊

铜及铜合金软钎焊的焊接性较好。例如，纯铜、铜－锡合金、铜－锌合金、铜－镍合金、铜－铬合金等的软钎焊焊接都比较好，但含有硅、铝和铁的铜合金则要求使用专门的钎剂以去除表面的氧化膜。

（1）钎料。

铜及铜合金软钎焊钎料主要是锡铅软钎料。不过锡可能与铜形成合金化并且会扩散。铜合金会与锡形成固溶体，但当锡的含量超过固溶度时，会生成一种或多种金属间化合物（如 Cu_6Sn_5），造成接头脆化，强度降低。确定工艺参数时必须考虑如何防止和减少金属间化合物的生成。

（2）钎剂。

铜合金表面在清理后很快又生成新的氧化膜，因而必须在清理后迅速施加钎剂并进行钎焊。使用质量分数为锡 50%+ 铅 50% 和质量分数为锡 95%+ 锑 5% 的钎料时，可选用含氯化锌和氯化铵的液态或膏状钎剂，但必须注意腐蚀问题。

无腐蚀性的有机钎剂和树脂型钎剂适用于含锌或含锡的铜合金的焊接，不过合金表面必须事先清理好，并涂抹薄层钎剂。

必须引起注意的是，无论有机钎剂还是无机钎剂，在软钎焊之后一定要清除钎剂残余物，以免日后发生腐蚀损坏。尤其在潮湿环境下工作的接头更需要彻底清除钎剂残余物。

（3）钎焊方法。

软钎焊的方法很多，在浸入温度高于钎料熔点的液态介质中加热、电阻加热、红外加热等都有应用。在一些印刷电路板的生产中，流水线上常用波峰焊方法。

项目实训 ▶ ||||||||||||||||||||||||||||||||||||||||||||||||||||||||||||||||||||||||||||||||||||||||||||||||

一、实训描述

完成 T2 铜板对接试板焊接工艺制定与评定。

二、实训图纸及技术要求

技术要求：

（1）母材为 T2 铜板，使用钨极氩弧焊单面焊双面成形，试板如图 5-1 所示；

（2）接头形式为板对接，焊接位置为平焊；

（3）坡口尺寸、根部间隙及钝边高度自定；

（4）焊缝表面无缺陷，焊缝均匀、宽窄一致、高低平整，具体要求请参照本实训的评分标准。

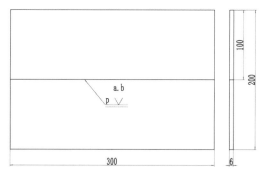

图 5-1 试板

三、实训准备

（一）母材准备

T2 铜板两块，尺寸按照图纸要求为 Ø300×100×6 mm，根据制定的焊接工艺卡加工相应坡口。

（二）焊接材料准备

根据制定的焊接工艺卡选择相应的焊接材料，并做好相应的清理、烘干保温等处理。

（三）常用工量具准备

焊工手套、面罩、手锤、活口扳手、錾子、锉刀、钢丝刷、尖嘴钳、钢直尺、焊缝万能检测尺、坡口角度尺、记号笔等。

（四）设备准备

根据制定的焊接工艺卡选择相应焊机、切割设备、台虎钳、角磨机等。

（五）人员准备

1. 岗位设置

建议四人一组组织实施，设置资料员、工艺员、操作员、检验员四个岗位。

2. 岗位职责

（1）资料员主要负责相关焊接材料的检索、整理等工作。

（2）工艺员主要负责焊件焊接工艺编制并根据施焊情况进行优化等工作。

（3）操作员主要负责焊件的准备及装焊工作。

（4）检验员主要负责焊件的坡口尺寸、装配尺寸、焊缝外观等质检工作。

小组成员协作互助，共同参与项目实训的整个过程。

四、实训分析

各小组根据母材化学成分、力学性能、焊接性能分析，选择相应焊接方法、设备、焊接材料，确定接头形式、坡口角度、焊接电流等焊接工艺参数以制定焊接工艺规程，如图 5-2 所示。

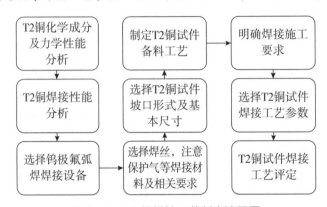

图 5-2　T2 铜焊接工艺制定流程图

（一）母材化学成分及力学性能分析

T2 铜的主要化学成分及力学性能如表 5-10 和表 5-11 所示。

表 5-10　T2 铜化学成分分析（质量分数）

单位：%

牌号	Cu+Ag	Pb	Fe	Sb	S	As	Bi
T2	99.900	0.002	0.005	0.002	0.005	0.002	0.001

表 5-11　T2 铜力学性能

牌号	抗拉强度 /MPa	维氏硬度 /HV	−40° 伸长率 /%
T2	≥ 195	≤ 70	53

（二）母材焊接工艺分析要点

1. 热导率高引起的熔化困难和热影响区宽度过大问题

必须采取预热和加大焊接热源功率等措施；

2. 杂质引起的裂纹问题

铜与很多种杂质或化合物都会形成低熔点共晶物，使铜的高温强度降低、热脆性增加，在焊接应力的作用下很容易产生裂纹；

3. 气孔问题

为防止铜及铜合金产生焊缝气孔，必须减少氢、氧的含量；填充金属中尽量减少低沸点元素，以免产生气体；通过预热延长熔池存在时间，使气泡来得及逸出；采用含有铝、钛等强脱氧元素的填充材料来减少气体来源，都是有效措施。

4. 接头性能变化问题

经过焊接热过程，焊缝晶粒长大，杂质增多，合金元素烧损、蒸发，铜及铜合金的接头性能会有较大的变化。

五、编制焊接工艺

（一）检索相关资料及记录问题

资料员根据小组讨论情况记录相关问题，并将相关查阅资料名称及对应内容所在位置记录在表 5-12 中，资料形式不限。

表 5-12　资料查阅记录表

序号	资料名称	标题	需要解决的问题
如	GB/T 39312—2020	5. 焊接工艺预规程（pWPS）	制定 T2 铜焊接工艺

（二）T2 铜焊接性分析

查阅相关材料分析 T2 铜焊接性并进行记录。

（1）_____

_____

_____

（2）_____

_____

_____

（3）_____

_____

_____

（4）_____

_____

_____

（三）焊接工艺卡编制

工艺员根据图纸要求制定焊接相关工艺并将表 5-13 和表 5-14 所示的工艺卡内容填写完整，其他小组成员协助完成。

表 5-13　T2 铜板平对接焊备料工艺卡

产品名称		备料工艺卡	材质	数量（件）	焊件编号	组号
工序编号	工序名称	工序内容及技术要求			设备及工装	
编制		日期		审核	日期	

表 5-14　T2 铜板平对接焊焊接工艺卡

绘制接头示意图			材料牌号	
			母材尺寸	
			母材厚度	
			接头类型	
			坡口形式	
			坡口角度	
			钝边高度	
			根部间隙	
焊接方法			焊机型号	
			电源种类极性	
钨极直径		干伸长度	焊接材料型号	
垫板详述		钨极种类	保护气种类	
焊接热处理	预热温度 /℃		焊后热处理方式	
	层间温度 /℃		后热温度 /℃	

焊接参数						
工步名称	焊接方法	焊条直径 / mm	保护气流量 / （L/min^{-1}）	焊接电流 /A	焊接电压 /V	焊接速度 / （cm/min^{-1}）

焊接操作要点						
1						
2						
3						
编制		日期		审核	日期	

六、装焊过程

请操作员根据图纸及工艺要求实施装焊操作，检验员做好检验，其他小组人员协助完成。将装焊过程记录在表 5-15 中。

表 5-15　T2 铜板平对接装焊及检验记录表

产品名称及规格				焊件编号			
焊缝名称		记录人姓名		焊工编号（姓名）		零件名称	
工步名称	焊接方法	焊条直径 /mm	焊接电流 /A	电弧电压 /V	保护气体流量 / (L/min^{-1})	焊接速度 / (cm/min^{-1})	层间温度 /℃
打底焊							
填充焊							
盖面焊							
焊前自检							
坡口角度 /°		钝边高度 /mm	装配间隙 /mm		坡口宽度 /mm		错变量 /mm
焊后自检							
焊缝余高		焊缝宽度	焊缝宽度差		气孔		裂纹 n
未熔合		表面成形					
焊工签名：		检验员签名：			日期：		

七、任务评价与总结

（一）任务评价

焊接完成之后，各个小组根据焊接评分记录表对焊缝质量进行自评、互评，教师进行专评，并将最终评分登记到表 5-16 中进行汇总。

表 5-16 焊接评分记录表

产品名称及规格				小组组号	
被检组号	工件名称	焊缝名称	编号	焊工姓名	返修次数
要求检验项目：					
自评结果				签名：	日期：
互评结果				签名：	日期：
专评结果				签名：	日期：
建议				质量负责人签名：	日期：

（二）焊接工艺评定的主要内容

按照 GB/T 39312—2020《铜及铜合金的焊接工艺评定试验》要求对试件进行焊接工艺评定，其主要内容如表 5-17 所示。

表 5-17 T2 铜板焊接工艺评定内容

试件	试验种类	试验内容	备注
全焊透的对接焊缝	外观检验	100%	
	射线或超声波检验	100%	
	渗透检测	100%	
	横向拉伸	2 个试样	
	横向弯曲	2 个正弯和 2 个背弯试样	
	低倍金相	1 个试样	

（三）任务总结

小组讨论总结并撰写实施报告，主要从以下几个方面进行阐述。

（1）我们学到了哪些方面的知识？

（2）我们的操作技能是否能够胜任本次实训，还存在什么短板，如何进一步提高？

（3）我们的职业素养得到哪些提升？

（4）通过本次实训我们有哪些收获，在今后对自己有哪些方面的要求？

拓展阅读——大国工程

神舟七号保护装置的焊接难题

一、航天与焊接

中国的载人航天工程，从飞船设计、火箭改进、轨道控制、空间应用到测控通信、航天员训练、发射场和着陆场等方案论证设计，都引领着世界先进技术发展，确保工程一起步就有强劲的后发优势。面对一系列全新领域和尖端课题，我国科技人员始终不懈探索、敢于超越，攻克了一项又一项关键技术难题，获得了一大批具有自主知识产权的核心技术和生产性关键技术，展示了新时期中国航天人卓越的创新能力。

图5-3　"神箭"

在科学技术飞速发展的当今时代，焊接已经成功地完成了自身的蜕变。很少有人注意到这个过程何时开始，何时结束。但它确确实实正在发生着巨大的变化，正在从传统的焊接向自动化、智能化发展，而且取得了很大的成就。现在的焊接技术，已经从一种传统的热加工技艺发展到了集材料、冶金、结构、力学、电子等多门类科学为一体的工程学科。而且，随着相关学科技术的发展和进步，正不断有新的知识融合在焊接学科之中。

焊接和航天紧密地结合在一起，随着我国航天航空事业的迅猛发展，焊接已经成为其加工制造工程中不可缺少的组成部分。为保证高科技产品的焊接质量万无一失，相关的焊接工艺、制造技术水平也需要得到迅速提高。

下面我们将对神舟七号保护装置的焊接及相关问题进行探讨，神舟七号的保护装置是飞船舱体功能顺利使用和飞船顺利完成任务的保证。焊接在神舟七号的保护装置中起到十分重要的作用。

二、下料保证切割尺寸精度

因为火箭需要的材料既要耐高温又要耐 $-196℃$ 以下的低温，还要保证尺寸精度，所以下料前要核实材质并对板材的平整度进行检测。之后，再进行切割。因为数控火焰切割和激光切割的切口都满足不了技术要求，线切割又满足不了大尺寸的切割，所以下料采用了数控高压水切割，其优点：①保证了切割尺寸精度；②不属于热切割，切口无化学元素烧损现象；③无切割变形。

三、焊接变形的控制

由于在焊接过程中，焊接变形不仅会影响焊接结构的尺寸精度和外观，而且还会降低其承载能力，矫正变形需要花费大量工时，因此测量、计算、预测并采取相应措施以控制变形和调整焊后变形的工作是十分重要的。

（一）设计措施

（1）选用合理的焊缝尺寸和形状。

在保证焊接结构有足够的承载能力的前提下，采用尽量短、小的尺寸焊缝，尽量减少焊接应力与变形。

（2）合理安排焊缝位置。

把焊缝的位置对称于构件截面积的中心轴或使焊缝接近中心轴，能够起到减少焊接后所产生的弯曲变形。

（3）选用刚度大、韧性好的材料也可以减少变形。

（二）工艺措施

1. 刚性固定法

为了减小因为焊接而产生的变形，刚性固定法是最常用的方法之一。在焊接神州七号卫星保护装置时，为了有效地防止焊接变形并保证其焊接结构的尺寸精度。在焊件的周边及焊缝两侧，采用胎夹具压紧、固定，加压的位置要尽量接近焊缝，并保持其加压的压力均匀。焊后待焊件结构整体完全冷却后，再松开胎夹具。通过量具检测得出与焊前尺寸、位置相同，工件变形量几乎为零。

2. 选用合理的焊接方法

尽量选用能量比较集中、焊接变形较小的焊接方法，可用药芯焊丝的熔化极气体保护焊取代手工电弧焊，使其更容易控制焊接变形量。

3. 选择合理的装配焊接次序

把整体焊接结构适当地分成几个部件，分别进行装配、焊接，然后整装，使不对称的焊缝或收缩量减少。较大的焊缝，能够比较自由地收缩，减小焊接应力而不影响整体焊接结构。这样，既有利于控制焊接变形，又能扩大作业面，还缩短了生产周期。

4. 对称焊法

若是某部件是圆形，那么两位焊工最好用相同的焊接设备、材料、焊接规范，同时进行焊接。这样有利于控制变形，效果也较明显并且加快了工程进度。

5. 焊接操作

在焊接制作时，为了在焊接结构表面保持整洁，在焊缝的两侧涂抹大白粉。在焊接操作过程中一丝不苟、精益求精，彰显工匠精神，例如为航天事业默默奉献的一大批工匠，张居元、张利成等，严格执行上述工艺措施，使焊后变形量几乎为零。

四、焊接后消除残余应力

（一）整体高温退火

卫星保护装置在太空中 -196℃以下的工作温度，为了避免在低温工作中焊接结构发生脆性断裂和尺寸精度的不稳定。所以，焊后整体焊接结构必须进行 600℃以上的高温退火，以确保消除残余的焊接应力。

（二）振动时效

VSR 全自动振动时效装置具有特殊的"显著去应力，有效抗变形"效果。振动时效的原理是给被时效处理的工件施加与其固有谐振频率相一致的周期激振力，使其产生共振，从而使工件获得一定的振动能量。由于工件内部产生微观的振动能量，工件内部产生了微观的塑性变形，从而使造成残余应力的歪曲晶格被渐渐地恢复平衡状态，晶粒内部的位错逐渐滑移并重新缠绕钉扎、重新排列组合，使得残余应力得以被消除和均化，能够防止工件在加工和使用过程中变形和开裂，保证工件尺寸精度的稳定性。

为了确保神州七号卫星保护装置的焊接质量与焊接构件尺寸精度万无一失，焊接结构整体高温回火后，采用全自动振动时效装置再一次进行振动时效，彻底消除结构残余焊接应力。通过控制激震频率，使焊接构件发生共振，内部发生微观粘弹塑性力学变化，降低焊件应力集中，均化焊接构件的残余应力场，有效防止焊接构件的变形与开裂，确保了焊接后结构尺寸的稳定性及疲劳寿命。

（三）喷砂

在高温退火和振动时效之后，对神州七号卫星保护装置的焊接构件整体进行喷砂处理。再一次消除焊接构件的表面残余应力，并为下道机加工工序做好准备。

五、结束语

焊接在我们日常生活中很常见，在各个领域发挥着自己的作用，中国航天就是最好的例子，神州七号运载火箭的起飞及顺利完成任务，和焊接有着密不可分的联系。焊接提高了我们的生活质量，为我们飞向太空打下坚实的技术基础，让我们向更美好的中国梦大步迈进。

（资料来源：微信公众号"焊接之家"）

🗒 1+X 考证任务训练

一、填空题

1.铜及铜合金焊接时的主要问题是＿＿＿＿＿＿、＿＿＿＿＿＿、＿＿＿＿＿＿和＿＿＿＿＿＿等。

2.黄铜焊接时，焊接区周围的一层白色烟雾是＿＿＿＿＿＿的蒸气。

二、判断题（正确的划"√"，错的划"×"）

1.铜及铜合金焊接时，焊缝中形成气孔的气体是氢和一氧化碳。　　　　　（　　）

2.铜及铜合金焊接时，铜的氧化物产物氧化亚铜可以起到防止热裂纹产生的作用。（　　）

3.铜及铜合金中的铋、铅等有利于防止热裂纹产生。　　　　　　　　　（　　）

4.黄铜焊接时的困难之一是锌的蒸发和氧化。　　　　　　　　　　　　（　　）

项目六 钛及钛合金的焊接工艺认知

学习导读 ▶

本项目主要学习钛及钛合金的分类、特点及性能；重点学习钛合金焊接分析以及钛合金的焊接工艺要点。建议学习课时 4 学时。

学习目标 ▶

知识目标

（1）掌握钛及钛合金的分类。

（2）掌握钛及钛合金的焊接性。

（3）掌握钛及钛合金的焊接工艺要点。

技能目标

（1）会分析钛合金的焊接。

（2）会编制钛合金焊接工艺。

素质目标

（1）培养焊接职业自豪感。

（2）培养不怕困难、多积累专业知识、勤于思考、善于分析问题、勇于攻坚克难的精神。

任务一 认识常用的钛及钛合金

钛及钛合金具有优良的耐蚀性、高的比强度、较好的耐热性和加工性，因此广泛应用于航空、航天、化工及冶金等各个领域，用于制造飞机、火箭、导弹、宇宙飞船、化工机械及仪器仪表等。焊接是钛合金产品制造过程中不可缺少的工艺。

一、钛的性能及合金化

（一）钛的基本性能

纯净的钛是银白色金属，密度为 4.5 g/cm^3，只相当于钢的 57%，属于轻金属。钛的主要物理性能如表 6-1 所示。钛的熔点较高，导电性差，热导率及线膨胀系数较低。钛无磁性，在很强的磁场下也不会磁化。

表 6-1   几种金属室温物理性能的比较

金属类别	密度（ρ）/（g/cm^{-3}）	熔点（TL）/℃	比热容（C）/J·（g·℃）$^{-1}$	热导率（λ）/W·（cm·℃）$^{-1}$
Ti	4.5	1680	0.54	0.15
Al	2.69	660	0.90	2.21
Cu	8.93	1083	0.38	3.84
Fe	7.86	1539	0.71	0.55

钛具有两种同素异构晶格，即室温时密排六方结构（α 钛）和高温下的体心立方结构（β 钛）。合金化可以改变稳定相存在的温度范围，使 α 钛和 β 钛在室温同时存在。钛在 882℃进行同素异构转变，在 882℃以下为密排六方晶格结构，在 882℃以上为体心立方晶格结构，同素异构转变温度随加入合金元素的种类及数量而变化。

钛在高温下能保持比较高的比强度（比强度是指强度与密度之比）。随温度的升高，其强度逐渐下降，但在 550～600℃仍可保持高的比强度。同时，钛在低温下也具有良好的力学性能，如高强度、良好的塑性和韧性等。

钛和氧形成致密氧化膜，化学稳定性好，在低温和高温气体中具有极高的耐蚀性，在海水中的抗腐蚀性也比铝合金、不锈钢和镍基合金好。

（二）钛的合金化

钛合金是在工业纯钛中加入铝、硅、铁、锡、钼、钒、锰、铬、硼和铜等合金元素形成的，其强度、塑性和抗氧化等性能显著提高。根据各种元素与钛形成的相图的特点及对钛的同素异构转变的影响，加入钛中的合金元素分为三类：第一类是提高 $\alpha \rightarrow \beta$ 转变温度的 α 稳定元素；第二类是降低 $\alpha \rightarrow \beta$ 转变温度的 β 稳定元素；第三类是对同素异构转变温度影响较小的中性元素。

1. α 稳定元素

铝是采用最为广泛且唯一有效的 α 稳定元素。钛中加入铝，可以降低熔点和提高 $\alpha \rightarrow \beta$ 转变温度，在室温和高温都能起到强化作用。

2. β 稳定元素分为两种

一种是 β 共晶元素（如钒、钼、铌和钽等），在元素周期表上的位置靠近钛，具有与 β 钛相同的晶格类型，能与 β 钛无限互溶，而在 α 钛中具有有限的溶解度。由于 β 共晶元素的晶格类型与 β 钛相同，它们能以置换的方式大量溶入 β 钛中，产生较小的晶格畸变，因此这些元素在强化合金的同时，可保持其较高的塑性。

另一种是 β 共析元素（如锰、铁、铬、硅和铜等），在 α 钛和 β 钛中均具有有限的溶解度，但在 β 钛中的溶解度较在 α 钛中的大，并以共析反应为特征。其中，锰、铁和铬等使钛的 β 相具有很慢的共析反应，反应在一般的冷却速度下不易进行，因而慢共析元素与 β 共晶元素作用类似，对合金产生固溶强化作用。而硅和铜等元素在 β 钛中所形成的共析反应速度很快，在一般的冷却速度下就可以进行，β 相很难保留到室温。共析分解所产生的化合物都比较脆，但在一定的条件下，一些元素的共析反应可用于强化钛合金，尤其是可以提高其热强脆性。

3. 中性元素

与钛同族的锆和铪等为中性元素，在 α 钛和 β 钛两相中都有较大的溶解度，甚至能够形成无限固溶体。另外，锡、铈、镧和镁等对钛的 β 转变温度影响不明显，亦属于中性元素。中性元素加入后主要对 α 相起固溶强化作用，有时也可将中性元素看作 α 稳定元素。钛合金中常用的中性元素主要为锆和锡，它们在提高 α 相强度的同时，也提高其热强性，但其强化效果低于铝，对塑性的不利作用比铝小，这有利于压力加工和焊接。

4. 杂质元素

除了上述合金元素对钛合金的组织和性能有较大的影响外，钛中的杂质元素对钛的性能也有影响。钛中的主要杂质元素有氧、氮、氢、碳、铁和硅，其中前四种属于间隙原子，后两种属于置换型原子，它们可以固溶在 α 相或 β 相中，也可以以化合物形式存在。钛的硬度对间隙杂质元素很敏感，杂质含量越多，钛的硬度就越高。因此，生产中常根据钛的硬度来估计其纯度。

二、钛及钛合金的分类和性能

根据合金元素的种类、含量以及室温组织，钛及钛合金可分为工业纯钛、α 型钛合金、β 型钛合金和 $(\alpha+\beta)$ 型钛合金等，其化学成分和力学性能，如表 6-2 和表 6-3 所示。

表 6-2　钛及钛合金的化学成分（质量分数）

单位：%

类型	牌号	主要成分										杂质（不大于）					其他元素	
		Ti	Al	Sn	Mo	V	Cr	Fe	Mn	Zr	Si	Fe	C	N	H	O	单一	总量
工业纯钛	TA0	余量	—	—	—	—	—	—	—	—	—	0.15	0.10	0.03	0.015	0.15	0.1	0.4
	TA1	余量	—	—	—	—	—	—	—	—	—	0.25	0.10	0.03	0.015	0.20	0.1	0.4
	TA3	余量	—	—	—	—	—	—	—	—	—	0.40	0.10	0.05	0.015	0.30	0.1	0.4
α 型钛合金	TA4	余量	2.0～3.3	—	—	—	—	—	—	—	—	0.30	0.10	0.05	0.015	0.15	0.1	0.4
	TA6	余量	4.0～5.5	—	—	—	—	—	—	—	—	0.30	—	0.05	0.015	0.15	0.1	0.4
	TA7	余量	4.0～6.0	2.0～3.0	—	—	—	—	—	—	—	0.30	0.05	0.04	0.015	0.15	0.1	0.4
β 型钛合金	TB2	余量	2.5～3.5	—	4.7～5.7	4.7～5.7	4.5～8.5	—	—	—	—	0.30	0.05	0.04	0.015	0.15	0.1	0.4
	TB4	余量	3.0～4.5	—	6.0～7.8	9.0～10.5		1.5～2.5	0.7～2.0	0.5～1.5	—	—	0.05	0.04	0.015	0.20	0.1	0.4
$(\alpha+\beta)$ 型钛合金	TC1	余量	1.0～2.5	—	—	—	—	—	0.8～2.0	—	—	0.30	0.10	0.05	0.012	0.15	0.1	0.4
	TC3	余量	4.5～6.0	—	—	3.5～4.5	—	—	—	—	—	0.30	0.10	0.05	0.015	0.15	0.1	0.4
	TC4	余量	5.5～6.8	—	—	3.5～4.5	—	—	—	—	—	0.30	0.10	0.05	0.015	0.20	0.1	0.1
	TC6	余量	5.5～7.0	—	2.0～3.0	—	0.8～2.3	0.2～0.7	—	—	0.15～0.40	—	0.10	0.04	0.015	0.018	0.1	0.4
	TC11	余量	5.8～7.0	—	2.8～3.8	—	—	—	—	0.8～2.0	0.20～0.35	0.25	0.10	0.04	0.012	0.15	0.05	0.3

表 6-3　钛及钛合金的力学性能

牌号	状态	板材厚度 /mm	抗拉强度（R_m）/MPa	屈服强度（R_{eL}）/ MPa	伸长率（A_5）/%
TA0	M	0.3 ～ 2.0	280 ～ 420	170	45
		2.1 ～ 5.0			30
		5.1 ～ 10.0			30
TA1	M	0.3 ～ 1.0	370 ～ 530	250	40
		2.1 ～ 5.0			30
		5.1 ～ 10.0			30
TA3	M	0.3 ～ 1.0	540 ～ 720	410	30
		1.1 ～ 2.0			25
		2.1 ～ 5.0			20
		5.1 ～ 10.0			20
TA5	M	0.5 ～ 1.0	685	585	20
		1.1 ～ 2.0			15
		2.1 ～ 5.0			12
		5.1 ～ 10.0			12
TA7	M	0.8 ～ 1.5	735 ～ 930	685	20
		1.6 ～ 2.0			15
		2.1 ～ 5.0			12
		5.1 ～ 10.0			12
TA9	M	0.8 ～ 2.0	370 ～ 530	250	30
		2.1 ～ 5.0			25
		5.1 ～ 10.0			25
TB2	ST	1.0 ～ 3.5	≤ 980	—	20
	STA		1320		8
TC1	M	0.5 ～ 1.0	590 ～ 735	—	25
		1.1 ～ 2.0			25
		2.1 ～ 5.0			20
		5.1 ～ 10.0			20
TC3	M	0.8 ～ 2.0	880	—	12
		2.1 ～ 5.0			10
		5.1 ～ 10.0			10
TC4	M	0.8 ～ 2.0	895	830	12
		2.1 ～ 5.0			10
		5.1 ～ 10.0			10

注：M 表示退火状态，ST 表示固溶处理状态，STA 表示固溶处理＋时效。

（一）工业纯钛

工业纯钛的熔点高（1668℃），比强度大，具有很高的化学活性。空气中容易形成一层致密而稳定的氧化膜，使钛在硝酸、稀硫酸、稀盐酸、磷酸、氯盐溶液及各种浓度的碱液中具有优良的耐蚀性。工业纯钛中含有微量的杂质，这些杂质促使钛强化。工业纯钛的编号为 TA，其后为序号，如 TA0 ~ TA3，其中 TA0 的纯度最高，而 TA3 的纯度最低。随着杂质含量的增加，纯钛的屈服强度、抗拉强度增加，伸长率下降。

工业纯钛与化学纯钛的不同之处是，工业纯钛含有较多量的氧、氮、碳及多种其他杂质元素，它实质上是一种低合金含量的钛合金。

工业纯钛容易加工成形，但加工后会产生冷作硬化现象。工业纯钛还具有优良的冲击韧度，尤其是低温下的冲击韧度，工业纯钛已在航空航天、机械、石油化工等方向获得广泛应用。

（二）α型钛合金

与工业纯钛相同，α型钛合金的编号也为 TA，但其序号不同，如 TA4 ~ TA8 都属 α 型钛合金。α 型钛合金中的主要合金元素是铝，铝可溶入钛中形成 α 固溶体，从而提高再结晶温度。此外，耐热性能和力学性能也有所提高，铝还能扩大氢在钛中的溶解度，起到减少形成氢脆敏感性的作用。但铝的加入量不宜过多，否则形成 Ti3Al 相引起脆性，铝的质量分数一般不应超过 7%。

α 型钛合金具有高温强度高、韧性好、抗氧化能力强、焊接性能优良、组织稳定等特点，但加工性能较 β 型钛合金及（α+β）型钛合金差。α 型钛合金不能进行热处理强化，因而只有中等的强度，冷作硬化是这种钛合金强化的唯一手段。

TA7 是应用较广的一种 α 型钛合金，此合金中除含质量分数为 4.0% ~ 6.0% 的铝外，还有质量分数为 2.0% ~ 3.0% 的锡，可以提高合金的室温性能和热强性。TA7 的抗蠕变能力较强，低温冲击韧度、压力加工性能及焊接性良好，易于冲压形成复杂的零件，也可以进行冷变形。

（三）β型钛合金

这类合金的编号为 TB，如 TB1 和 TB2 等，是含 β 稳定元素较多（质量分数 > 17%）的合金。目前，工业上应用的 β 型钛合金在平衡状态下均为 α+β 两相组织，但空冷时可将高温的 β 相保持到室温，从而得到全 β 组织。此类合金有良好的变形加工性能，经淬火时效后可得到很高的室温强度。但高温组织不稳定，耐热性差，焊接性也不好。

（四）（α+β）型钛合金

这类钛合金编号为 TC，其后为合金序号，如 TC3、TC4、TC11 等。（α+β）型钛合金有较好的综合力学性能，强度高，可热处理强化，压力加工性好，在中等温度下耐热性也比较好，但组织不够稳定。

（α+β）型钛合金既加入 α 稳定元素又加入 β 稳定元素，使 α 和 β 同时强化。β 稳定元素加入的质量分数约为 4% ~ 6%，主要是为了获得足够数量的 β 相，以改善合金的塑性，并增强合金热处理强化的能力。因此，（α+β）型钛合金的性能主要由 β 相稳定元素来决定。元素对 β 相的固溶强化和稳定能力越强，对性能改善就越明显。

在钛合金中用量最大的是 TC4，牌号 Ti-6Al-4V。它具有良好的力学性能和工艺性能，可加工成棒材、型材、板材、锻件等半成品，在航空工业中多用于制造压气机叶片、压气机盘以及紧固件等。

TC11 钛合金牌号 Ti-6.5Al-3.5Mo-1.5Zr-0.3Si，铝当量为 3.5，钼当量为 7.3，是我国航空应用较广的高温钛合金，最高长期工作温度为 500℃。该合金具有良好的热加工工艺性，可以进行焊接和各种方式的机加工。半成品有棒材、锻件和模锻件等。主要用于制造航空发动机的压气机盘、叶片、鼓筒等零件，也可用于制造飞机结构件。

任务二　了解钛及钛合金的焊接工艺

一、钛及钛合金的焊接性分析

（一）杂质元素引起的接头性能变化

常温下，钛与氧生成致密的氧化膜能保持高的稳定性和耐蚀性。但在高温下，钛及钛合金吸收氧、氮及氢的能力很强，可对焊接接头力学性能产生较大的影响。氮和氧都能提高钛的相变温度，扩大 α 相区，属于 α 相稳定元素。氮和氧在相当宽的浓度范围内能与钛形成间隙固溶体，提高钛的强度，但使其塑性急剧降低，如图 6-1 所示。

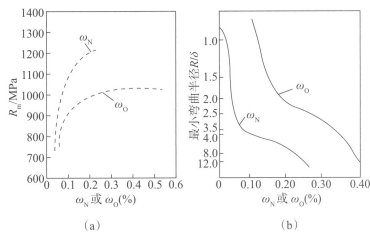

图 6-1　焊缝中氧和氮的含量对工业纯钛焊缝性能的影响

（a）抗拉强度；（b）冷弯塑性

氢能降低钛的相变温度，是 β 相稳定元素，它对钛的性能影响主要表现为氢脆。钛和氢有极强的亲和力，氢在钛中的溶解度为 33%（原子分数），是氢在铁中溶解度的几万倍。钛吸收大量的氢后，可以形成氢化钛（TiH_2），一般沿孪晶线和滑移面析出，从而增大了钛的含氢量，使韧性急剧下降，如图 6-2 所示。

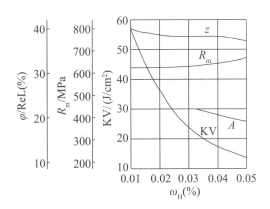

图 6-2　焊缝含氢量对钛焊缝及接头力学性能的影响

常温下钛表面氧化膜的致密度很高，使得钛非常稳定。但在温度升高过程中，钛对氢、氧和氮的吸收能力不断加强。在大气中，钛从 250℃开始吸氢，从 400℃开始吸氧，从 600℃开始吸氮。如果焊接时钛及钛合金采用焊接铝及铝合金的气体保护焊焊枪，所形成的气体保护层只能保护好熔池，对已凝固但尚处于高温状态的焊缝及热影响区则无保护作用，焊缝及热影响区吸收空气中的氮及氧导致塑性下降，使接头脆化。因此，在钛及钛合金的焊接中，必须使用氩气进行大范围保护或者置于真空环境中，以防大气污染。同时，为保证焊缝质量，对焊缝中氧、氮和氢等的含量应加以限制。例如，焊接工业纯钛时，焊缝氧、氮和氢的质量分数分别不应超过 0.15%、0.05% 和 0.015%。

此外，工件表面的油污等也可使焊缝增碳，碳的增加会使焊缝强度提高、塑性下降。特别是焊缝中出现 TiC 时，会使塑性急剧降低，在焊接应力作用下也会产生裂纹。因此，焊缝中碳的质量分数一般规定不应超过 0.1%。

（二）焊接裂纹

由于钛及钛合金中硫、磷和碳等杂质很少，晶界上低熔点共晶不易形成，结晶温度区间窄，加之焊接凝固时收缩量小，因此出现焊接热裂纹的可能性较小。但如果母材和焊丝质量不合格，杂质含量超标，则有可能出现热裂纹。

当焊缝含氧量和含氮量较高时，接头将出现脆化，在较大的焊接应力作用下，则会出现冷裂纹，并增大对缺口的敏感性。同时，焊接热影响区也容易形成延迟裂纹，这主要是由氢引起的。焊接时由于熔池和低温区母材中氢向热影响区扩散，引起热影响区氢的集聚，使析出的 TiH_2 数量增加，增大脆性的同时，也增大了组织应力，从而导致裂纹的形成。

因此，焊后真空退火可以降低含氢量和残余应力，从而减小延迟裂纹的倾向。当然，对焊接区加强保护，防止氢、氧和氮等有害气体的侵入是最主要的防裂措施。

（三）气孔

气孔是焊接钛合金时较为普遍的缺陷，分布于熔合线附近。一般认为，钛合金焊接时的气孔主要是氢气孔，是由氢在钛中的溶解度在凝固时存在突变和溶解度随温度的升高而降低造成的。如图 6-3 所示，一方面，熔池中部比边缘（即熔合线附近）温度高，故氢会由中部向边缘扩散，使边缘处氢的含量提高，另一方面，熔池边缘凝固时溶解度突然降低，此处氢易发生过饱和而形成氢气泡，当氢来不及逸出时，便在熔合线附近形成了氢气孔。

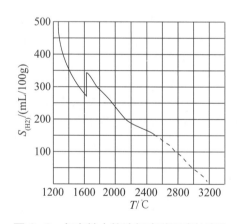

图 6-3 氢在钛中的溶解度随温度的变化

研究表明，双相（$\alpha+\beta$）型钛合金焊缝较单相 β 钛合金焊缝形成气孔的倾向大。增加多层焊焊道的数量，使气孔数量增加。为了消除钛合金焊缝中的气孔，应严格控制氢的来源。例如，采用机械方法和化学方法认真清理工件、焊丝及辅助工装表面的油污和氧化膜，采用高纯度氩气焊接以减少水分，采用局部或整体保护方法以隔离空气等。此外，以氟化物为主要活性剂的氢弧焊（A-TiG）已经可以用于钛合金的焊接，可以有效地防止焊接气孔的产生。

（四）焊接热影响区的组织变化

钛合金焊接时在热影响区上发生的组织变化包括相的转变和晶粒尺寸的变化。与母材淬火时的组织变化相似，热影响区中相的变化能形成几种类型的介稳相，从而影响热影响区的性能。其中，最典型的是钛马氏体 α'，它是合金化元素在 α 钛中的过饱和固溶体，是钛合金在加热到相变点以上而快冷时形成的无扩散型相变的产物（即 $\beta \rightarrow \alpha'$），具有与 α 一样的六方晶体结构。由于 α' 相的形成机理与钢中的马氏体相似，故 α' 又称钛马氏体，它的存在使热影响区的塑性有所降低。

热影响区中晶粒尺寸的变化主要表现是，熔合线附近过热区中晶粒长大。在相变温度以上，晶粒发生明显长大，峰值温度越高，高温停留时间越长，晶粒长大越严重。粗大的晶粒会导致热影响区脆性增加、性能降低。因此，确定焊接方法和热输入时，既要防止热输入过大造成粗晶脆化，又要避免冷速过快而形成过多的钛马氏体。

二、钛及钛合金的焊接工艺要点

（一）焊接方法

选择焊接方法时，主要考虑钛合金的物理性能、化学性能和冶金性能特点，还要兼顾工件的结构和尺寸。由于钛合金的导热性差、比热容低，熔合线附近的热影响区容易过热，故应选择能量集中的焊接方法。同时，由于钛合金的化学活性大、易于发生冶金反应，故需采用良好的保护方法。因此，焊接钛及钛合金应用最多的焊接方法是钨极氩弧焊，而熔化极氩弧焊、等离子弧焊、电子束焊和激光焊等方法也获得了不同程度的应用。

1. 钨极氩弧焊

钨极氩弧焊是焊接钛合金中最为常用的焊接方法，主要用于 10 mm 厚以下板材的焊接。对于 0.5 ～ 2 mm 厚的薄板，可以采用钨极脉冲氩弧焊进行焊接。近几年来，国内已开始研究活性钨极氩弧焊（A-TIG），通过在焊件表面涂敷活性剂，可以显著增加熔深，改善焊缝成形，并有助于消除气孔倾向。

2. 熔化极氩弧焊

熔化极氩弧焊比钨极氩弧焊的效率高，主要用于厚板的焊接，并采用直流反接方法。为避免焊枪摆动而影响保护效果及扩大热影响区，宜采用直线行进方式焊接。为降低气孔倾向宜慢速焊接，同时要采用杂质少的焊丝并注意焊接作业环境。

3. 等离子弧焊

采用氩气保护的等离子弧焊，非常适合于焊接钛及钛合金。采用小孔法进行焊接时，可焊厚度范围为 1.5 ～ 15 mm；当焊接厚度在 1.5 mm 以下的板材时，宜采用熔入法施焊，同时加反面成形垫，而当板厚 ≤ 0.5 mm 时，采用微束等离子弧进行焊接才能保证焊接质量。

4. 电子束焊

电子束焊是在高真空室中进行的，可完全防止大气的污染，易于获得高质量的焊缝。其显著特点是能量密度高、焊缝窄、热影响区小、可焊厚度大、焊接变形小以及焊接效率高。当然，在真空室中焊接，有时会限制工件的形状和尺寸，因此局部真空的电子束焊方法也已获得应用。

5. 激光焊

单激光束的穿透力不如电子束，对于大厚度板材的焊接，电子束焊接更具有优越性。例如，20 kW 的激光器只能焊接厚度在 19 mm 以下的钛合金，而 5 kW 的电子束就可以焊厚度在 30 mm 以下的钛合金。因此，激光束用于焊接钛及钛合金的薄板及精密零件，具有广阔的应用前景。特别是随着航空、航天事业的发展，需求会更为明显，应用也会更为广泛。

（二）焊接材料选择

钛及钛合金一般可以选择与母材成分相同的焊丝，也可以选择强度略低于母材的焊丝，以提高接头的韧性。常用的焊丝有 TA1 ~ TA6 和 TC3 等，这些焊丝均以真空退火状态供货。如缺少上述标准牌号的焊丝，则可从母材上剪下窄条作为焊丝，窄条的宽度与板厚相同。

（三）焊前准备

1. 板材切割

切割钛合金板材和管材时，应采用等离子切割、激光切割及高压水切割等方法，不能采用火焰切割，否则会使材料发生氧化和氮化而变脆。

2. 坡口设计和加工

坡口形式及尺寸的选择原则是尽量减少焊接层数和填充金属量，因为随着焊接层数的增多，焊缝的累积吸气量增加，这会影响接头的塑性。钛及钛合金手工钨极氩弧焊的坡口形式及尺寸如表 6-4 所示。其中，采用 V 形坡口可简化焊缝背面的保护，其钝边最小，在单面焊时甚至可不留钝边，坡口角度在 60° ~ 65° 之间。

最好用碳化钨工具及氧化铝、碳化硅磨石或低速砂轮加工坡口。采用砂轮时，最终还要用刮刀进行处理，以免杂质进入焊缝。

表 6-4　钛及钛合金手工钨极氩弧焊的坡口形式及尺寸

坡口形式	板厚 /mm	坡口尺寸		
		间隙 /mm	钝边 /mm	角度 /°
I 形对接坡口	0.5-2.5	0-0.5	—	—
V 形坡口	3-15	0-1.0	0.5-1.5	60-65
对称双 V 形坡口	10-30	1.0-1.5	1.5-2.0	60-65

3. 表面清理

焊接前对坡口及两侧 25 mm 以内的内外表面进行清理，清除表面氧化膜和污染物，而后进行清洗和干燥。厚氧化膜（在 600℃ 以上的温度形成）的清理方法为先用机械方法（喷砂、砂轮打磨）去除表面氧化皮，然后按如表 6-5 所示的酸洗条件进行酸洗。焊接坡口附近的薄氧化膜可直接酸洗，最后用清水冲洗并烘干。清洗后的焊件应在 4 h 内焊完，否则需重新清洗。此外，对所用的焊丝表面也要进行严格的机械清理和化学清理。

表 6-5　钛及钛合金表面的酸洗条件

酸洗液配方（体积分数）/%			温度 /℃	时间 /min
HF	HNO_3	H_2O	60	2-3
2-4	30-40	余量		

（四）焊接工艺参数

钛及钛合金焊接时，都有晶粒粗化的倾向，β 型钛合金尤为显著。为防止晶粒粗化，应采用较小的焊接热输入，但也要注意热输入过低造成的不利影响。表 6-6 给出了手工钨极氩弧焊焊接钛及钛合金所用的焊接参数。

表 6-6　钛及钛合金手工钨极氩弧焊焊接参数

板厚/mm	坡口形式	钨极直径/mm	焊丝直径/mm	焊接层数	焊接电流/A	氩气流量 /(L·min⁻¹)			喷嘴孔径 /mm	备注
						主喷嘴	拖罩	背面		
0.5		1.5	1.0	1	30-50	8-10	14-16	6-8	10	—
1.0	I 形坡口	2.0	1.0-2.0	1	40-60	8-10	14-16	6-8	10	间隙 0.5 mm，可不加焊丝
1.5		2.0	1.0-2.0	1	60-80	10-12	14-16	8-10	10-12	—
2.0		2.0-3.0	1.0-2.0	1	80-110	12-14	16-20	10-12	12-14	间隙 1.0 mm
2.5		2.0-3.0	2.0	1	110-120	12-14	16-20	10-12	12-14	—
3.0		3.0	2.0-3.0	1-2	120-140	12-14	16-20	10-12	14-18	—
3.5		3.0-4.0	2.0-3.0	1-2	130-150	12-14	16-20	10-12	14-18	—
4.0	V 形坡口	3.0-4.0	2.0-3.0	2	200	14-16	20-25	12-14	18-20	—
4.0		3.0-4.0	2.0-3.0	2	130-150	14-16	20-25	12-14	18-20	—
5.0		4.0	3.0	2-3	140-180	14-16	20-25	12-14	18-20	坡口角度 60°～65°
6.0		4.0	3.0-4.0	2-3	140-180	14-16	25-28	12-14	18-20	—
7.0		4.0	3.0-4.0	2-3	140-180	14-16	25-28	12-14	20-22	—
8.0		4.0	3.0-4.0	3-4	160-200	14-16	25-28	12-14	20-22	—
10.0	对称双 V 形坡口	4.0	3.0-4.0	4-6	220-240	14-16	25-28	12-14	20-22	—
13.0		4.0	3.0-4.0	6-8	200-240	12-14	25-28	12-14	20-22	—
20.0		4.0	4.0	12	230-250	15-18	20	10-12	18	—
22.0		4.0	4.0-5.0	6	200-220	16-18	18-20	18-20	20	—
25.0		4.0	3.0-4.0	15-16	200-220	16-18	20-26	20-26	22	—
30.0		4.0	3.0-4.0	17-18	200-220	15-18	20-26	20-26	22	间隙 1.0 mm，坡口 55°

焊接前，先通入保护气体以确保保护部位气体的纯度，然后再起弧焊接。焊接结束要滞后停气，特别是对于保护范围内的高温区，要持续保护到温度降至 400℃以下。焊接时采用口径较大的气体喷嘴，喷嘴与工件间的距离可适当缩小以加强保护，钨极伸出喷嘴的长度不宜过长，以能观察到熔池为宜，采用短弧焊接，不摆动焊枪，焊丝热端在焊接时不能脱离保护范围，如发现被氧化须将氧化部分清除。

（五）焊后热处理

焊后热处理可以调整钛及钛合金焊缝及热影响区的微观组织，从而改善焊接接头的性能。一般来讲，采用真空退火工艺，即在 700 ～ 750℃保温 1 h，可提高工业纯钛焊接接头的塑性。而对双相（$\alpha+\beta$）型钛合金来讲，焊接和热处理的顺序可以是淬火＋时效＋焊接＋局部退火，也可以是淬火＋焊接＋退火。焊后退火的温度和时间可根据合金的牌号、接

工程案例

钛合金焊接

头的类型和构件的工作条件等。一般在550～900℃范围内进行退火时，可大大提高焊缝和热影响区抗冷裂纹的稳定性。当 β 相数量不多时，在500～550℃退火对消除应力是合适的。当焊缝中 β 稳定元素的总质量分数增到3%～6%时，必须进行稳定化退火，以降低 α' 相弥散度，退火温度为700～850℃，而后空冷。

项目实训 ||||||||||||||||||||||||||||||||||||||||||||||||||||||||||||||||||||||||||||||||||||||

一、实训描述

完成TA3合金对接焊接工艺制定与评定。

二、实训图纸及技术要求

技术要求：

（1）母材为TA3钛合金板，使用钨极氩弧焊单面焊双面成形，试板如图6-4所示；

（2）接头形式为板对接，焊接位置为平焊；

（3）坡口尺寸、根部间隙及钝边高度自定；

（4）焊缝表面无缺陷，焊缝均匀、宽窄一致、高低平整，具体要求请参照本实训的评分标准。

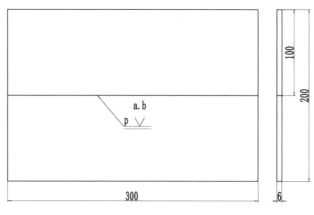

图6-4 试板

三、实训准备

（一）母材准备

TA3钛合金板两块，尺寸按照图纸要求为 Ø300×100×6 mm，根据制定的焊接工艺卡加工相应坡口。

（二）焊接材料准备

根据制定的焊接工艺卡选择相应焊接材料，并做好相应的清理、烘干保温等处理。

（三）常用工量具准备

焊工手套、面罩、手锤、活口扳手、錾子、锉刀、钢丝刷、尖嘴钳、钢直尺、焊缝万能检测尺、坡口角度尺、记号笔等。

（四）设备准备

根据制定的焊接工艺卡选择相应焊机、切割设备、台虎钳、角磨机等。

（五）人员准备

1. 岗位设置

建议四人一组组织实施，设置资料员、工艺员、操作员、检验员四个岗位。

2. 岗位职责

（1）资料员主要负责相关焊接材料的检索、整理等工作。

（2）工艺员主要负责焊件焊接工艺编制并根据施焊情况进行优化等工作。

（3）操作员主要负责焊件的准备及装焊工作。

（4）检验员主要负责焊件的坡口尺寸、装配尺寸、焊缝外观等质检工作。

小组成员协作互助，共同参与项目实训的整个过程。

四、实训分析

各小组根据母材化学成分、力学性能及焊接性能分析，选择相应焊接方法、设备、焊接材料，确定接头形式、坡口角度、焊接电流等焊接工艺参数以制定焊接工艺规程，如图6-5所示。

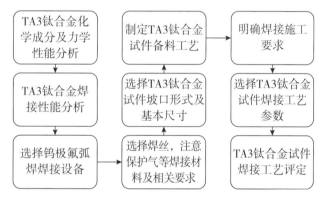

图6-5　TA3钛合金焊接工艺制定流程图

（一）母材化学成分及力学性能分析

TA3钛合金的主要化学成分及力学性能如表6-7和表6-8所示。

表6-7　TA3钛合金化学成分（质量分数）

单位：%

牌号	Ti	Fe	O	C	N	H
TA3	基体	0.25	0.25	0.05	0.05	0.012

表6-8　TA3钛合金力学性能

牌号	热处理或状态	抗拉强度（MPa）	屈服点（MPa）	断后伸长率或延伸率（%）
TA3	退火状态	≥ 500	380 ~ 550	≥ 20

（二）母材焊接工艺分析要点

1. 杂质元素引起的接头性能变化

常温下，钛与氧生成致密的氧化膜能保持高的稳定性和耐蚀性。在钛及钛合金的焊接中，必须使用氩气进行大范围保护或者置于真空环境中，以防大气污染。同时，碳的增加会使其强度提高、塑性下降。特别是焊缝中出现 TiC 时，会使塑性急剧降低，在焊接应力作用下也会产生裂纹。

2. 焊接裂纹

如果母材和焊丝质量不合格，杂质含量超标，则有可能出现热裂纹。当焊缝含氧量和含氮量较高时，接头将出现脆化，在较大的焊接应力作用下，则会出现冷裂纹，并增大对缺口的敏感性。

3. 气孔

气孔是焊接钛合金时较为普遍的缺陷，其特点是分布于熔合线附近。一般认为，钛合金焊接时的气孔主要是氢气孔。

4. 焊接热影响区的组织变化

钛合金焊接时在热影响区上发生的组织变化包括相的转变和晶粒尺寸的变化。

五、编制焊接工艺

（一）检索相关资料及记录问题

资料员根据小组讨论情况记录相关问题，并将相关查阅资料名称及对应内容所在位置记录在表 6-9 中，资料形式不限。

表 6-9　资料查阅记录表

序号	资料名称	标题	需要解决的问题
如	GB/T 13149—2009	5.焊前准备	选择试件坡口形式、尺寸及加工方式

（二）焊接性分析

各小组根据试件材料检索相关资料分析焊接性。

（1）_____

_____

（2）_____

_____

（3）_____

_____

（4）_____

_____

（三）焊接工艺卡编制

工艺员根据图纸要求制定焊接相关工艺并将表 6-10 和表 6-11 所示的工艺卡内容填写完整，其他小组成员协助完成。

表 6-10　TA3 钛合金板平对接焊备料工艺卡

产品名称		备料工艺卡		材质	数量（件）	焊件编号	组号
工序编号	工序名称	工序内容及技术要求				设备及工装	
1							
2							
3							
编制		日期		审核		日期	

表 6-11　TA3 钛合金板平对接焊焊接工艺卡

绘制接头示意图			材料牌号	
			母材尺寸	
			母材厚度	
			接头类型	
			坡口形式	
			坡口角度	
			钝边高度	
			根部间隙	
焊接方法			焊机型号	
			电源种类极性	
钨极直径		干伸长度	焊接材料型号	
垫板详述		钨极种类	保护气种类	
焊接热处理	预热温度 /℃		焊后热处理方式	
	层间温度 /℃		后热温度 /℃	
焊接参数				

工步名称	焊接方法	焊条直径 / mm	保护气流量 / (L/min⁻¹)	焊接电流 /A	焊接电压 /V	焊接速度 / (cm/min⁻¹)
编制		日期		审核		日期

六、装焊过程

操作员根据图纸及工艺要求实施装焊操作，检验员做好检验，其他小组人员协助完成。将装焊过程记录在表 6-12 中。

表 6-12　TA3 钛合金板平对接焊及检验记录表

产品名称及规格				焊件编号			
焊缝名称		记录人姓名		焊工编号（姓名）		零件名称	
工步名称	焊接方法	焊材直径 /mm	焊接电流 /A	电弧电压 /V	保护气体流量 / (L/min^{-1})	焊接速度 / (cm/min^{-1})	钨极直径 / mm
焊前自检							
坡口角度 /°		钝边 /mm		装配间隙 /mm		坡口 /mm	错变量 /mm
焊后自检							
焊缝余高		焊缝高度差		焊缝宽度		咬边深度	气孔
裂纹		未熔合		焊缝外观成形			
焊工签名：		检验员签名：			日期：		

七、实训评价与总结

（一）实训评价

焊接完成之后，各个小组根据焊接评分记录表对焊缝质量进行自评、互评，教师进行专评，并将最终评分登记到表 6-13 中进行汇总。

表 6-13　焊接评分记录表

产品名称及规格				小组组号	
被检组号	工件名称	焊缝名称	编号	焊工姓名	返修次数
要求检验项目：					
自评结果				签名：	日期：
互评结果				签名：	日期：
专评结果				签名：	日期：
建议				质量负责人签名：	日期：

（二）焊接工艺评定的主要内容

按照 GB/T 40801—2021《钛、锆及其合金的焊接工艺评定试验》要求对试件进行焊接工艺评定，其主要内容如表 6-14 所示。

表 6-14　TA3 钛合金焊接工艺评定内容

试件	试验种类	试验内容	备注
全焊透的对接焊缝	外观检验	100%	
	射线或超声波检验	100%	
	渗透检测	100%	
	横向拉伸	2 个试样	
	横向弯曲	2 个正弯和 2 个背弯试样	
	低倍金相	1 个试样	

（三）实训总结

小组讨论总结并撰写实施报告，主要从以下几个方面进行阐述。

（1）我们学到了哪些方面的知识？

（2）我们的操作技能是否能够胜任本次实训，还存在什么短板，如何进一步提高？

（3）我们的职业素养得到哪些提升？

（4）通过本次实训我们有哪些收获，在今后对自己有哪些方面的要求？

世界最大吨位的海上浮式生产储卸油船焊接应用
——超大线能量可焊钢与配套焊接新技术

一、背景与问题

船舶建造中，焊接工序约占建造周期的30%，约占制造成本的15%，焊接效率直接关系到船舶制造竞争力。以一艘1万箱集装箱船为例，我国建造工时是日本的3倍。高焊接性能钢已成为制约我国钢铁、船舶发展的瓶颈，急需突破。

高焊接性能钢，学术界称之为"大热输入量钢"，产业界通常称"大线能量焊接钢"，即可承受大线能量焊接且焊接接头性能满足要求。根据许用焊接线能量大小，钢板可粗略分为三类：①普通钢板，可承受焊接线能量 ≤ 50 kJ/cm；②大线能量焊接钢板，可承受焊接线能量 50 ~ 300 kJ/cm；③超大线能量焊接钢板，即可承受焊接线能量 ≥ 300 kJ/cm，如图6-6所示。

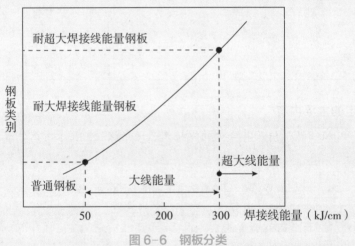

图6-6　钢板分类

以60 mm钢板焊接为例，采用线能量500 kJ/cm的气电立焊，可单道次焊透，而采用线能量50 kJ/cm以下的普通气保焊或埋弧焊，约需30个道次。采用超大线能量技术、焊接效率可提升10倍以上，因此在船舶、海工等大型钢结构制造领域应用潜力巨大。

以日本制铁、JFE、韩国浦项制铁等为代表的国外企业已成功开发了超大线焊接线能量钢板，许用线能量200 ~ 600 kJ/cm，并获产业化应用。国内部分企业也先后加大研发力度，成功开发了耐大线能量焊接钢板，但应用仅限于300 kJ/cm线能量以下，对于焊接线能量300 kJ/cm以上的超大线能量焊接板未见报道。此外，国外企业在开发钢板的同时，同步开发了配套的焊接材料及焊接工艺，以确保焊接接头质量，而国内，配套焊材和焊接工艺的研发基本处于空白。

当前满足焊接线能量300 kJ/cm以下的大线能量焊接钢板及相关技术已实现国产化，可实现35 mm钢板的单道次焊透，但对于线能量300 kJ/cm以上的超大线能量焊接钢板，即40 mm及以上钢板的单道次焊透，当前国内技术还不成熟。目前我国对于高技术船舶、海工装备用超大线能量焊接技术及钢板仍依赖进口。

高端装备用关键技术和材料，关系到国家的产业安全和经济安全。因此，本项目致力于解决焊接线能量300 kJ/cm以上的技术瓶颈、开发出包括钢板、焊丝和焊接工艺的成套技术和产品，实现国产替代进口。具体目标是，开发出 40 ~ 80 mm 厚的低温 E 级钢板及配套的焊丝和焊接工艺，可以单道次制备出满足性能要求的焊接接头。

二、解决问题的思路与技术方案

随着焊接线能量增大，焊接接头（包括焊接热影响区和焊缝）高温停留时间变长，奥氏体晶粒会显著长大、辅以较低的冷却速度、在焊后的冷却过程中容易转变成粗大晶界铁素体、侧板条铁素体等组织，导致韧性恶化。

要整体提升焊接接头韧性，需要从钢板、焊材和焊接工艺分别入手，发挥三者协同耦合的作用，同步提高焊缝和热影响区的韧性。

经过近十年攻关，由沙钢牵头、联合江苏科技大学、山东聚力焊材等单位组成的项目团队另辟蹊径，提出了"新一代氧化物冶金技术"（NT-WAP 技术）。

NT-WAP 技术思路包括：

（1）从焊接接头性能控制出发，创新性地提出了基于钢板、焊丝、焊接工艺的三体协同技术路线，与过去沿用至今、单纯依赖钢板夹杂物调控的氧化物冶金的概念存在本质区别，拓展了新视野；

（2）开发了富含活泼元素的焊丝，在改善焊缝性能的同时，如利用其易于扩散的特性，可进一步提升焊接热影响区的韧性；

（3）发明了摇动电弧控制技术，通过焊接电弧调控和焊缝质量在线监控，提升了焊接接头的质量和稳定性。

利用 NT-WAP 技术理念，形成了"钢板＋焊材＋焊接工艺"的一体化技术解决方案（见图 6-7），攻克了 600 kJ/cm 以上的超大焊接线能量的技术瓶颈，成功制备出 40 ~ 80 mm 厚的 E 级钢焊接接头，填补国内空白。应用本项目的技术和产品，实现了 40 ~ 80 mm 厚度 E 级钢板的单道次焊接，将现有 E 级钢的许用焊接线能量提升至 300 ~ 600 kJ/cm。

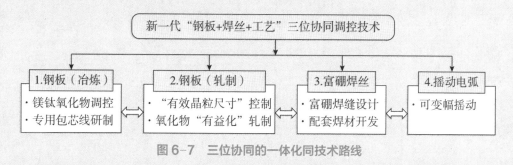

图 6-7　三位协同的一体化同技术路线

三、主要创新性成果

主要成果有：提出了"钢板＋焊丝＋焊接工艺"协同调控大线能量焊接接头低温韧性的新技术路线；发明了 600 kJ/cm 级超大线能量可焊的低温 E 级钢、配套焊丝及焊接工艺新技术；解决了"卡脖子"关键技术问题，率先实现工业应用。

四、应用情况与效果

项目技术和产品已成功应用于建造世界最大吨位的海上浮式生产储卸油船（排水量 46 万吨，储油量 230 万桶），实物质量优于进口产品，实现了国产替代进口的目标，解决了国家重大工程急需。

2019—2021 年，已累计向上海外高桥造船厂供应 2 万余吨超大线能量船板钢（含配套焊材和焊接工艺）。产品于 2021 年通过江苏省工业和信息化厅组织的新产品鉴定，经过质询和现场考察，专家组一致认定：项目产品达到国际领先水平。

项目已形成自主可控的产品和技术体系，有效促进了我国钢铁和高端装备制造业的转型升级，助力海洋强国和制造强国建设。

🗒 1+X 考证任务训练

一、填空题

1. 钛及钛合金焊接时的主要问题是＿＿＿＿＿＿、＿＿＿＿＿＿和＿＿＿＿＿＿。

2. 钛及钛合金常用的焊接方法是＿＿＿＿＿＿和＿＿＿＿＿＿。

3. 一般认为，钛合金焊接时的气孔主要是＿＿＿＿＿＿气孔，是由于氢在钛中的溶解度在凝固时存在突变和随温度的升高而降低造成的。

二、判断题（正确的划"√"，错的划"×"）

1. 钛及钛合金焊接时焊缝和热影响区的表面色泽是保护效果的标志，焊后表面最好为银白色，其次为金黄色。　　　　　　　　　　　　　　　　　　　　　（　　）

2. 气孔是焊接钛合金时较为普遍的缺陷，其特点是分布于熔合线附近。　　　（　　）

3. 由于钛合金的化学活性大，易于发生冶金反应，故需采用良好的保护方法。（　　）

项目七

铸铁的焊接工艺认知

学习导读▶

本项目主要学习铸铁的分类与性能特点、铸铁的焊接性及焊接工艺要点。
建议学习课时 4 学时。

学习目标▶

知识目标

（1）掌握铸铁的种类和性能。

（2）掌握灰铸铁的焊接性。

技能目标

（1）会分析灰铸铁的焊接性。

（2）会制定灰铸铁的焊接工艺。

素质目标

（1）培养扎根一线、刻苦钻研的精神。

（2）养成厚积薄发的职业习惯，弘扬劳动精神。

任务一 常见铸铁的认识

铸铁作为工程和结构材料应用十分广泛，几乎遍及国民经济各个部门，尤其在机械制造、交通运输、农业机械中占有举足轻重的地位。

一、铸铁的成分和性能

铸铁是 $\omega_C > 2\%$ 的铁碳合金，通常含有硅，是三元合金。有时会加入铬、钼、镍、铜、铝等，成为有特殊性能的合金铸铁，而高铬铸铁、高镍奥氏体铸铁则属于高合金铸铁。球墨铸铁及蠕墨铸铁含有微量球化元素、蠕化元素稀土、镁等。由于铸铁中碳的存在形式、石墨形状、基体组织及合金元素不同，其性能有很大差别。

铸铁的性能主要取决于石墨的形状、大小、数量及分布特点。由于石墨的强度极低，在铸铁中相当于裂缝和空洞，这样就破坏了基体金属的连续性，使基体的有效承载面积减小。铸铁中的碳能以石墨或渗碳体两种独立相的形式存在，渗碳体相是不稳定相，石墨相是相对稳定的相，因此，在熔融状态下的铁液中的碳有形成石墨的趋势。铸铁中的碳以石墨形式析出的过程称为铸铁石墨化。铸铁石墨化主要与铁液的冷却速度和其化学成分（主要是碳硅含量）有关，当具有相同成分的铁液冷却时，冷却速度越慢，析出石墨的可能性越大，而碳硅的存在有利于铸铁石墨化进程，所以对于铸铁来说，要求碳硅含量较高。

二、铸铁的分类及焊补

铸铁按碳在铸铁中的存在形式分为灰铸铁（碳的存在形式全部是石墨，石墨用 G 表示）、白口铸铁（碳的存在形式全部是 Fe_3C）和麻口铸铁（碳的存在形式为 $G+Fe_3C$）；按石墨的形态分为普通灰铸铁、球墨铸铁、蠕墨铸铁及可锻铸铁；按化学成分分为普通铸铁和合金铸铁。

普通灰铸铁中碳是以片状石墨的形式存在的，断口呈黑灰色。它具有一定的力学性能和良好的耐磨性、减振性和切削加工性，是工业中应用最广泛的一种铸铁。

球墨铸铁是由于石墨以球状分布而得名。它是在铁液中加入稀土金属、镁合金及硅铁等球化剂处理后使石墨球化而成。球墨铸铁的强度接近于碳钢，具有良好的耐磨性和一定的塑性，并能通过热处理改善性能，因此也被广泛应用于机械制造业中。目前铸铁的焊接主要就是针对上述两种铸铁的焊接。

白口铸铁中碳完全是以渗碳体的形式存在，断口呈亮白色。它的性质硬而脆，切削加工很困难，工业上极少应用，主要用作炼钢原料。

可锻铸铁中石墨呈团絮状，它是由一定成分的白口铸铁经长时间的石墨化退火而得到的。与灰铸铁相比，它有较好的强度和塑性，特别是低温冲击韧性较好，耐磨性和减振性优于碳素钢，主要用于管类零件及农机具等。

蠕墨铸铁是近十几年发展起来的新型铸铁，生产方式与球墨铸铁相似，石墨呈蠕虫状。它的力学性能介于灰铸铁与球墨铸铁之间，主要用来制造大功率柴油机气缸盖、电动机外壳等。

铸铁的焊接主要用于铸件缺陷的补焊、损坏铸件的修复、生产铸焊复合件等。在铸铁焊接中，应用最多的是灰铸铁的焊接，球墨铸铁次之，可锻铸铁最少。

任务二　了解铸铁的焊接工艺

一、铸铁的焊接性分析

灰铸铁的应用最为广泛，这里主要以灰铸铁的焊接性来进行分析。其特点是碳含量高，硫、磷杂质含量高，这就增大了焊接接头对冷却速度变化的敏感性及对冷热裂纹的敏感性。并且灰铸铁强度低，基本无塑性。其焊接时的主要问题是焊接接头易出现白口组织和裂纹。

（一）焊接接头的白口组织

铸铁焊接接头由焊缝、熔合区、热影响区及母材组成，其中熔合区由半熔化区和未熔合组成，如图7-1 所示。

在铸铁焊接时，由于熔池体积小，存在时间短，加之铸铁内部的热传导作用，使得焊缝及近缝区的冷却速度远远大于铸件在砂型中的冷却速度，因此，在焊接接头中的焊缝及半熔化区将会产生大量的渗碳体，形成白口铸铁组织。

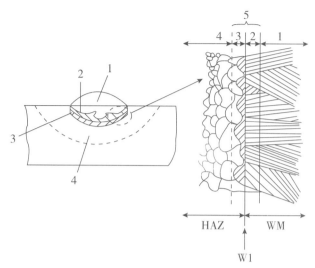

1—焊缝；2—未熔合区；3—半熔化区；4—热影响区；5—熔合区。

图 7-1　焊接接头分区

1. 焊缝区

铸铁焊接时，由于所用焊接材料不同，焊缝材质有两种类型：一种是铸铁成分，另一种是非铸铁（钢、镍、镍铁、镍铜或铜铁等）成分。当焊缝为非铸铁成分时，不存在白口组织；当焊缝为铸铁成分时，熔池冷却速度太快或碳、硅含量较低，Fe_3C 来不及分解析出石墨，仍以渗碳体（Fe_3C）形态存在，即产生白口组织。

2. 半熔化区

该区域很窄，是固相奥氏体与部分液相并存的区域，温度为 1150～1250℃，石墨全部溶解于奥氏体。当灰铸铁母材升温到 1150～1250℃，进入共晶温度区间时，成为液体与奥氏体的共晶区间，此时，共晶区内还有原来的石墨存在。焊接时半熔化区在冷却速度较快时来不及析出石墨，溶解的碳与铁形成了共晶渗碳体，即半熔化区成为"白口"，冷却速度越快，越易形成白口组织。

当焊缝为铸铁成分时，如果冷却速度太快，半熔化区与焊缝区一样，会产生白口组织。当焊缝为非铸铁成分时，由于一般都是冷焊，半熔化区的冷却速度必然很快，该区的白口组织也必然出现，只不过由于所用焊条（钢、钝镍、镍铁、镍铜或铜铁焊条等）或焊接工艺不同，白口组织带的宽度有差别。目前铸铁冷焊用的 Z308 纯镍焊条，引起的白口组织带很窄，且为间断出现。

铸铁焊接接头中白口组织的存在，不仅造成加工困难，还会引起裂纹等缺陷的产生，因为白口组织既硬又脆，其硬度在 500～800 HBS 之间。故铸铁焊接应尽量避免产生白口组织。

防止铸铁焊接接头产生白口组织的主要措施如下。

（1）改变焊缝化学成分，主要是增加焊缝的石墨化元素含量或使焊缝成为非铸铁组织。如在焊芯或药皮中加入一些石墨化元素（碳、硅等），使其含量高于母材，以促进焊缝石墨化，或使用异质材料，如镍基合金、高钒、铜钢等焊条，让焊缝分别形成奥氏体、铁素体、有色金属等非铸铁组织。这样可改变焊缝中碳的存在形式，以使其不出现冷硬组织，并具有一定的塑性。

（2）减缓冷却速度，可延长半熔化区处于红热状态的时间，有利于石墨的充分析出，故可实现半熔化区的石墨化过程。通常采用的措施是焊前预热和焊后保温缓冷。焊缝为铸铁成分时，一般预温度为 400～700℃；焊缝为非铸铁成分时，一般采用不预热的冷焊方法，有时可略加预热，预热温度为100～200℃或稍高一些。

（二）淬硬组织

当采用低碳钢或某些合金钢焊条冷焊铸铁时，焊缝为非铸铁焊缝，由于母材的熔入，使焊缝金属中碳含量增加，在快速冷却下焊缝金属就会产生高碳马氏体组织，其硬度很高（500 HBS 左右），也和白口组织一样，易引发裂纹，给切削加工带来困难。

防止或减少淬硬组织的途径：一是降低冷却速度；二是在采用钢质焊接材料时，尽量避免母材熔化过多使焊缝恶化。

（三）焊接接头裂纹

铸铁焊接时很容易产生裂纹，其类型主要是冷裂纹，其次是热裂纹。

1. 冷裂纹

焊接铸铁时产生这种裂纹的温度一般在 400℃以下，多发生在焊缝和热影响区。其产生原因有以下几方面。

①灰铸铁本身强度较低，塑性很差，承受塑性变形的能力几乎为零，因此容易引起开裂。

②由于焊接过程对焊件来说，属于局部加热和冷却，焊件必然产生焊接应力，焊接应力的存在是导致裂纹产生的又一重要原因。

③焊接接头的白口组织又硬又脆，不能承受塑性变形，容易引起开裂，严重时会使焊缝及热影响区交界整个界面开裂而分离。

焊缝上的冷裂纹主要取决于焊缝金属的性质，铸铁型（同质）焊缝是否产生冷裂纹取决于焊缝组织，例如白口、石墨形态及其分布等；非铸铁型（异质）焊缝是否产生冷裂纹取决于焊缝金属的塑性和焊接工艺的配合。

2. 热裂纹

铸铁的焊接热裂纹主要出现在焊缝上。铸铁成分的焊缝有效结晶温度区间小，铁液流动性好，几乎不产生热裂纹。结构钢焊条焊接铸铁时，因碳的熔入使焊缝具有高碳成分，加之硫、磷的熔入，焊缝热裂纹难以避免。采用铁粉型低碳钢芯、纯铁芯焊条及细丝二氧化碳气体保护焊可使熔合比减小，热裂纹倾向明显降低。钒强烈结合碳生成 V_4C_3，高钒钢焊条抗热裂纹能力很强。镍基焊缝因硫、磷与镍形成低熔点共晶分布于晶界易产生热裂纹。近年来研究表明，适当提高含碳量，适量加入钴及钇或稀土氧化物并限制锰、硅、硫、磷等元素含量，可提高镍基焊条抗热裂纹能力。

二、灰铸铁的焊接工艺要点

灰铸铁系是指前述的普通灰铸铁，其焊接方法有焊条电弧焊、气焊、钎焊和手工电渣焊，其中最常用的是焊条电弧焊、气焊及钎焊。

（一）同质焊缝的焊条电弧焊

同质焊缝指焊后形成铸铁成分的焊缝。它的焊条电弧焊工艺分为热焊（包括半热焊）和冷焊两种。

1. 热焊及半热焊

针对灰铸铁焊接时白口组织和冷裂纹的问题，人们最先采用了热焊及半热焊工艺，以达到减小铸件温度、降低接头冷却速度的目的。一般热焊预热温度为 600～700℃，半热焊预热温度为 300～400℃。

（1）热焊及半热焊的焊条。

热焊及半热焊的焊条有两种类型：一种是铸铁芯石墨化铸铁焊条（如 Z408），主要用于焊补厚大铸件的缺陷；另一种是钢芯石墨化铸铁焊条（如 Z208），外涂强石墨化药皮。

（2）热焊工艺。

电弧热焊时，一般将铸件整体或焊补区局部预热到 600～700℃，然后再进行焊接，焊后保温缓冷。热焊具体工艺如下。

①预热。对结构复杂的铸件（如柴油机缸盖），由于焊补区刚性大，焊缝无自由膨胀收缩的余地，故宜采用整体预热；对结构简单的铸件，由于焊补处刚性小，焊缝有一定膨胀收缩的余地，如铸件边缘的缺陷及小块断裂，可采用局部预热。

②焊前清理。用砂轮、扁铲、风铲等工具将缺陷中的型砂、氧化皮、铁锈等清除干净，直至露出金属光泽，距离缺陷 10～20 mm 处也应打磨干净。对有油污的，用气焊火焰烧掉，以免焊条熔滴焊不上或产生气孔。

③造型。对边角部位及穿透缺陷进行焊接，焊前为防止熔化金属流失，保证一定的焊缝成形，应在待焊部位造型，其形状尺寸如图 7-2 所示。造型材料可用型砂加水玻璃或黄泥，内壁最好放置耐高温的石墨片，并在焊前进行烘干。

④焊接。焊接时，为了保持预热温度，缩短高温工作时间，要求在最短时间内焊完，故宜采用大电流、长弧、连续焊。焊接电流一般取焊条直径 Φ 的 40～60 倍，即 I=（40～60）Φ。

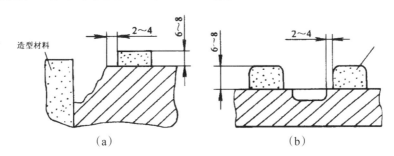

图 7-2　热焊焊补区造型示意图

（a）边角缺陷焊补；（b）中间缺陷焊补

⑤焊后缓冷。要求焊后采取缓冷措施，一般用保温材料（如石棉灰等）覆盖，最好随炉冷却。

电弧热焊的焊缝力学性能可以达到与母材基本相同，且具有良好的切削加工性，焊后残余应力小，接头质量高。但热焊法铸件预热温度高，焊工操作条件差，因此其应用和发展受到一定的限制。

（3）半热焊工艺。

半热焊采用 300～400℃整体或局部预热。与热焊相比，可改善焊工的劳动条件。半热焊由于预热温度比较低，在加热时铸件的塑性变形不明显，因而在焊补区刚性较大时，不易产生变形；但焊接应力增大，可能导致接头产生裂纹等缺陷。因此，半热焊只适用于焊补区刚度较小或形状较简单的铸件。

半热焊由于预热温度低，铸件焊接时的温差比热焊条件下大，故焊接区的冷却速度更快，易产生白口组织。为了防止白口组织及裂纹的产生，焊缝中石墨化元素含量应高于热焊时的含量，一般情况下可采用 Z208 或 Z248 焊条。半热焊工艺过程基本与热焊时相同，即大电流、长弧、连续焊，焊后保温缓冷。

2. 电弧冷焊

电弧冷焊即不预热焊法。它是在提高焊缝石墨化能力的基础上，采用大直径焊条、大焊接线能量的连续焊工艺，以增加熔池存在时间，达到降低接头冷却速度、防止白口组织产生的目的。这种方法适用于中厚度以上铸件的一般大缺陷焊补，基本上可以避免白口组织产生，从而获得较好的效果。

（1）电弧冷焊焊条。

电弧冷焊时由于焊缝冷却速度较快，为了防止出现白口组织，同质焊缝冷焊焊条的石墨化元素碳、硅的含量应比热焊焊条高。

（2）冷焊工艺要点。

①焊前清理及坡口制备。焊接前应对焊补区进行清理并制备好坡口。为防止冷焊时因熔池体积过小而冷速增大，焊补区的面积须大于 8 cm²，深度应大于 7 mm，铲挖出的型槽形状应光滑，并为上大下小呈一定的角度。其形状、尺寸示意如图 7-3 所示。

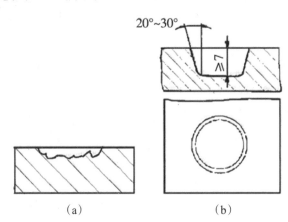

图 7-3 铸铁型焊条冷焊焊前准备示意图

（a）缺陷状况；（b）形槽形状及尺寸

②造型。坡口制备好后，为防止焊缝液态铁流失和保证焊缝力学性能高于母材，应在等焊部位造型。造型方法和材料与热焊方法基本相同（见图 7-2）。

③焊接。焊接时采用大直径焊条，使用直流反接电源，进行大电流、长弧、连续施焊。焊接电流根据焊条直径选择，当焊条直径为 5 mm 时，焊接电流应为 250 ～ 350 A；焊条直径为 8 mm 时，焊接电流为 380 ～ 600 A。电弧长度约为 8 ～ 10 mm，由中心向边缘连续焊接。坡口焊满后不要断弧，应将电弧沿熔池边缘靠近砂型移动，如图 7-4（a）所示，使焊缝堆高。一般焊缝的高度要超出母材表面 5 ～ 8 mm，焊后焊缝截面形状如图 7-4（b）所示。焊后应立即覆盖熔池，以保温缓冷。

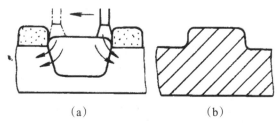

图 7-4 铸铁型焊条冷焊示意图

（a）砂型移动图；（b）焊后焊缝截面形状

（二）异质焊缝的焊条电弧冷焊

异质焊缝焊后形成非铸铁成分的焊缝。电弧冷焊由于焊前不需预热，简化了焊接工艺过程，改善了操作者的工作条件，具有适应范围广、可进行全位置焊接及焊接效率高的特点，因此，它是一种很有发展前途的焊接方法。

1. 异质焊缝电弧冷焊焊条

我国目前已发展了多种系列的非铸铁型焊缝铸铁焊条，可参看 GB/T 10044—2022《铸铁焊条及焊丝》。常用铸铁焊条的性能及主要用途如表 7-1 所示。

表 7-1 常用铸铁焊条的性能及主要用途

牌号	型号	药皮类型	电源种类	焊缝金属的类型	熔敷金属主要化学成分（质量分数）/%	主要用途
Z100	EDFe	氧化型	交直流	碳钢	—	用于一般灰铸铁件非加工面的焊补
Z116	EZV	低氢钠型	直流	高钒钢	C ≤ 0.25, Si ≤ 0.70 V8 ～ 13, Mn ≤ 1.5	用于高强度灰铸铁件及球墨铸铁的焊补
Z117	EZV	低氢钾型				
Z122Fe	EZFe-2	铁粉钛钙型		碳钢	—	多用于一般灰铸铁件非加工面的焊补
Z208	EZC			铸铁	C2.0 ～ 4.0, Si2.5 ～ 6.5	一般用于灰铸铁件的焊补
Z238	EZCQ			球墨铸铁	C3.2 ～ 4.2, Si3.2 ～ 4.0 Mn ≤ 0.80 球化剂 0.04 ～ 0.15	用于球墨铸铁件的焊补
Z238SnCu	EZCQ				C3.5 ～ 4.0, Si≈3.5 Mn ≤ O.8 Sn、Cu、Re、Mg 适量	用于球墨铸铁、蠕墨铸铁、合金铸铁、可锻铸铁、灰铸铁的焊补
Z248	EZC	石墨型	交直流	铸铁	C2.0 ～ 4.0, Si2.5 ～ 6.5	用于灰铸铁件的焊补
Z258	EZCQ			球墨铸铁	C3.2 ～ 4.2, Si3.2 ～ 4.0 球化剂 0.04 ～ 0.15	用于球墨铸铁件的焊补, Z268 也可用于高强度灰铸铁的焊补
Z268	EZCQ				C≈2.0, Si≈4.0 球化剂适量	
Z308	EZNi-1			纯镍	C ≤ 2.00, S ≤ 2.50 Ni ≥ 90	用于重要灰铸铁薄壁件和加工面的焊补
Z408	EZNiFe-1			镍铁合金	C ≤ 2.0, Si ≤ 2.5 Ni45 ～ 60, Fe 余	用于重要高强度灰铸铁件及球铸铁的焊补
Z408A	EZNiFeCu			镍铁铜合金	C ≤ 2.0, Si ≤ 2.0, Fe 余 Cu4 ～ 10, Ni45 ～ 60	用于重要灰铸铁及球墨铸铁的焊补
Z438	EZNiFe			镍铁合金	C ≤ 2.5, Si ≤ 3.0 Ni45 ～ 60, Fe 余	—
Z508	EZNiCu			镍铜合金	C ≤ 1.0, Si ≤ 0.8, Fe ≤ 6.0 Ni60 ～ 70, Cu24 ～ 35	用于强度要求不高的灰铸铁件的焊补
Z607	—	低氢钠型	直流	铜铁混合	Fe ≤ 30, Cu 余量	用于一般灰铸铁件非加工面的焊补
Z612		钛钙型	交直流			

2. 异质焊缝的电弧冷焊工艺

异质焊缝的电弧冷焊的质量，不仅取决于焊接材料的选择，而且与采取的工艺措施有关，如选择有误，会因工艺措施不当而促使裂纹、白口等缺陷产生，从而影响接头的加工性能和使用性能。

（1）焊前清理。

焊前应将铸件缺陷周围的型砂、油污清除干净。铸铁组织疏松，晶粒间隙大，尤其是旧铸件，在长期使用过程中会渗入油污、水分和杂质，如不清理干净，会使焊缝产生气孔。另外，由于焊缝中油质碳化会使接头熔化金属间浸润不良，影响焊缝与母材的熔合，进而使接头质量下降。清理方法和要求与同质焊缝的焊条电弧焊相同。

（2）坡口制备。

电弧冷焊焊补裂纹缺陷时，坡口常用U形，也有用V形的，U形比V形的熔合比小。坡口形式与尺寸如图7-5所示。开坡口前应先在裂纹两端钻孔，以免裂纹扩展，坡口表面在进行机械加工时，要尽量平整，以减少基本金属的熔入量。

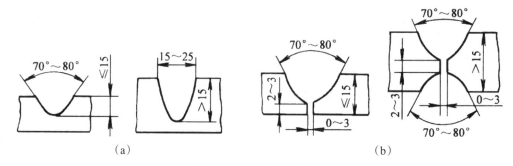

图7-5　裂纹缺陷的坡口

（a）未裂透缺陷坡口；（b）裂透缺陷坡口

（3）焊接。

采用短段、断续施焊。焊接铸铁时很容易开裂，为了减小热应力和防止冷裂纹，必须减小焊接区与母材的温差。冷焊法不是通过预热的办法，而是通过降低焊接区温度来达到降低焊接区与母材温差的目的。因此焊接电流应尽可能小。若电流大，一方面会增加熔深，母材铸铁熔入焊缝过多，影响焊缝成分，使熔合区白口层增厚，不仅难以加工，甚至会引起裂纹和焊缝剥离；另一方面还会加大焊接区与母材的温差，导致开裂。

焊接过程中，每焊一小段后，应立即采用带圆角的尖头小锤快速锤击焊缝。焊缝底部锤击不便，可用圆刃扁铲轻捻，这样既可松弛焊接应力，防止裂纹，又可锤紧焊缝微孔，增加焊缝致密性。

电弧冷焊时对温度比较敏感，难焊的铸件应在室内进行，防止风吹。另外，可将工件放置在炉旁，稍许提高其整体温度。要求更高时，可将工件整体预热至200～250℃。

对于深坡口（其壁厚为15～20 mm时），因焊缝体积大，不能一次焊满，焊接后应力增大，容易引起焊缝剥离。为此，除遵循上述工艺要点外，还须采取以下措施。

①多层焊，采用如图7-6所示的焊接顺序，以减小焊接应力。

图7-6　铸铁多层焊顺序

②当母材材质差、焊缝强度高时，或工件受力大，要求强度高时，可采用栽钉焊法。即在铸件坡口上钻孔、攻螺纹，然后拧入钢质螺钉（一般用M8的螺钉，间距20～30 mm）。

③坡口内装加强筋，如图7-7所示。焊接厚大焊件时，坡口较深较大，可将加强筋钢条改成加强板，且叠加几层。这种采用内装加强筋钢条或加强板的方法，可以承受巨大应力，提高焊补接头的强度和刚性。同时由于大大地减少了焊缝金属，减小了焊接应力，可更有效地防止焊缝剥离。

④当铸件上集中较多裂纹，不便逐条补焊时，可采用镶块焊补法。即将焊补区域挖出，用比铸铁壁厚稍薄的加强低碳钢制备一块尺寸与补焊区相同的镶块，整体焊在铸件上。

⑤当焊补较大的缺陷时，为了节约价格昂贵的镍基焊条或高钒焊条，可在第一、二层采用镍基焊条或高钒焊条，以后各层用低碳钢焊条焊满，这种焊法称为组合焊接法，如图7-8所示。

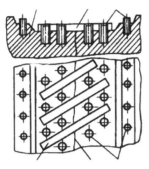

图7-7　装加强筋焊法

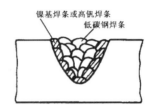

图7-8　组合焊法

（三）灰铸铁的气焊

气焊时由于氧乙炔火焰的温度比电弧焊低得多，而且火焰分散，热量不集中，焊接加热时间长，焊补区加热体积大，焊后冷却速度缓慢，有利于焊接接头的石墨化过程。然而，由于加热时间长，局部区域严重过热，导致加热区产生很大的热应力，容易引起裂纹。因此，气焊铸铁时，对刚度较小的薄壁铸件可不预热；对结构复杂或刚度较大的焊件，应采用整体或局部预热的热焊法；有些刚度较大的铸件，可采用"加热减应区法"施焊。

1. 气焊焊接材料

（1）焊丝。为了保证气焊的焊缝处不产生白口组织，并有良好的切削加工性，铸铁焊丝成分应具有高的含碳量和含硅量，常用焊丝RZC-1（由于碳、硅含量较低，适用于热焊）、焊丝RZC-2（碳、硅含量较高，适用于冷焊），其化学成分如表7-2所示。

表7-2　灰铸铁焊丝化学成分（质量分数）

单位：%

铸铁焊丝型号	C	Si	Mn	P	S	Ni	Mo
RZC-1（热焊用）	3.20～3.50	2.70～3.00	0.60～0.75	0.50～0.75	—	—	—
RZC-2（冷焊用）	3.50～4.50	3.00～3.80	0.30～0.80	≤ 0.50	≤ 0.10	—	—
RZCH（合金铸铁）	3.20～3.50	2.00～2.50	0.50～0.70	0.20～0.40	—	1.20～1.60	0.25～0.45

（2）熔剂。焊接铸铁用气焊熔剂的牌号统一为CJ201，其熔点较低，约为650℃，呈碱性，能将气焊铸铁时产生的高熔点SiO_2复合成易熔的盐类。其配方中各成分的质量分数分别为H_3BO_3 18%、Na_2CO_3 40%、$NaHCO_3$ 20%、MnO 27%、$NaNO_3$ 15%，有潮解性。

2. 气焊工艺要点

（1）铸铁气焊也分为热焊和冷焊两种，其共同注意点如下。

①气焊前应对焊件进行清理，其要求和准备工作与焊条电弧焊相同。

②气焊时应根据铸件厚度相应选用较大号码的焊炬及焊嘴以提高火焰能率，增大加热速度。气焊火焰应选用中性焰或轻微的碳化焰。为了防止熔池金属流失，焊接中应尽量保持水平位置。

③铸件焊后可自然冷却，注意不要放在空气流通的地方加速冷却，否则会促使白口、裂纹产生。

（2）铸铁热、冷焊由于热焊法与冷焊法在适用范围与工艺方法上有所不同，除了上面需要共同注意的几点外，还需分别注意以下问题。

①热焊法。一般应用范围：焊补区位于铸件中间，接头刚性较大或铸件形状较复杂时，长期在常温、腐蚀条件下工作，且内部有变质的铸件；材质较差、组织疏松粗糙的铸件；厚度较大，不预热难以施焊或焊接太慢的铸件。预热温度一般为 600 ～ 700℃。

②冷焊法。在操作中要掌握好焊接方向和速度，巧妙地运用热胀冷缩规律，使焊补区在焊接过程中能够比较自由地伸缩，从而减小焊接应力，避免热应力裂纹。为此可采用"加热减应区法"。

"加热减应区法"用于框架结构、带孔洞的箱体，如变速箱体、带辐条带轮、汽缸体等形状复杂的结构。焊前先加热断裂或裂纹两端所指的部位，裂纹间隙就会张开、加大，立即进行焊接；焊后焊缝与两端加热部位同时收缩，从而减小了热应力以避免裂纹。该加热区的作用是减小应力故称为减应区，这种焊接方法称为"加热减应区法"。用气焊火焰加热，温度一般为 600 ～ 700℃，其温度及范围主要由裂隙张开量决定，厚度为 10 ～ 20 mm 的铸件为 1.5 ～ 2 mm。焊接方法：气焊可方便地加热减应区、同时焊接，但也可用气焊火焰加热、同质焊条电弧焊。

（四）灰铸铁的钎焊

铸件钎焊时母材本身不熔化，因此对避免铸铁焊接接头出现白口是非常有利的，使接头有优良的机加工性能，另外，钎焊温度较低，焊接接头应力较小，而接头上又无白口组织，因此，发生裂纹的敏感性很小。所以钎焊用于铸铁也有一定的优越性。

铸铁常用的是氧乙炔钎焊。最常用的钎料是铜锌钎料 HL103，它的含铜量为 53% ～ 55%，其余为锌，熔点为 885 ～ 890℃。钎剂一般采用硼砂，也可用 50% 硼砂 +50% 硼酸（质量分数）。

铸铁钎焊工艺要求如下。

（1）钎焊前准备。

对坡口进行严格清理，一般用汽油洗净焊补区油污，用扁铲或砂轮等彻底清除焊补区其他杂物。

（2）坡口形式及尺寸如图 7-9 所示。

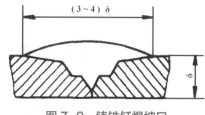

图 7-9　铸铁钎焊坡口

（3）火焰选择。用氧化焰将坡口加热至 900 ～ 930℃（樱红色），使坡口表面石墨烧去，以便钎料深入母材，提高接头强度。

（4）钎焊。在已加热的坡口上撒钎剂，并将烧红的钎料蘸上钎剂，用轻微氧化焰、铜锌钎料在坡口上焊一薄层铺底，然后逐渐填满焊缝。为了防止锌被烧损而产生气孔，焊补区不要过热，为此应保持焰心与熔池保持一定的距离，一般为 8 ～ 10 mm。火焰指向钎料，不要指向熔池，不做往复运动，添加钎料要快，加热部位要小。

工程案例

铸铁补焊

（5）钎焊顺序。应由内向外、左右交替，以减小焊接应力。长焊缝应分段钎焊，每段长度以 800 mm 为宜。第一段焊满后待温度降低到 300℃以下，再焊第二段。

（6）焊后。用火焰适当加热焊缝周围使其缓冷，以防止近缝区奥氏体相变后淬火。并用小锤锤击焊缝，使焊缝组织紧密，达到松弛应力的目的。

项目实训 ▶

一、实训描述

完成某产品缸体 HT200 裂纹修复补焊工艺制定。

二、实训图纸及技术要求

技术要求：

（1）某产品缸体裂纹修复补焊，裂纹如图 7-10 所示；

（2）材质为 HT200；

（3）需钻止裂孔；

（4）采用机械方法在开裂部位刨出坡口。对穿透性裂纹，开坡口时要消除裂纹，坡口底部呈圆弧状；

（5）补焊后质量符合要求，表面修光。

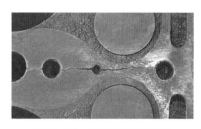

图 7-10　某产品缸体裂纹

三、实训准备

（一）补焊材料准备

材料为 HT200 灰口铸铁，厚度为 18 mm。裂纹程度：纵向，穿透和未穿透。

（二）焊接材料准备

根据制定的焊接工艺卡选择相应焊接材料，焊条选用 Z308，焊前应将焊条经 150℃左右烘焙 2 h。

（三）常用工量具准备

焊工手套、面罩、钻头、砂轮、活口扳手、錾子、锉刀、钢丝刷、尖嘴钳、钢直尺、坡口角度尺、记号笔等。

（四）设备准备

根据制定的焊接工艺卡选择相应焊机、切割设备、手持砂轮机、角磨机等。

（五）人员准备

1. 岗位设置

建议四人一组组织实施，设置资料员、工艺员、操作员、检验员四个岗位。

2. 岗位职责

（1）资料员主要负责相关焊接材料的检索、整理等工作。

（2）工艺员主要负责铸件补焊工艺编制并根据施焊情况进行优化等工作。

（3）操作员主要负责焊件的准备及操作工作。

（4）检验员主要负责焊件的坡口尺寸、裂纹止裂、焊缝外观等质检工作。

小组成员协作互助，共同参与项目实训的整个过程。

四、任务分析

各小组根据母材的成分及焊接性能分析，选择相应焊接方法、设备、焊接材料，确定坡口、止裂孔位置、焊接电流等焊接工艺参数以制定焊接工艺规程，如图 7-11 所示。

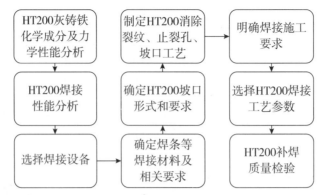

图 7-11　HT200 补焊工艺制定流程图

（一）补焊构件成分分析

HT200 的主要化学成分及力学性能如表 7-3 和表 7-4 所示。

表 7-3　HT200 化学成分（质量分数）

单位：%

牌号	C	Si	Mn	P	S	Fe
HT200	2.0～4.5	0.5～3.5	0.3～1.5	≤ 0.15	≤ 0.12	余量

表 7-4　HT200 主要力学性能

牌号	抗拉强度 /MPa	硬度 /HB	弯曲强度 /MPa	延伸率 /%	冲击吸收功 /J
HT200	≥ 200	170-200	≥ 400	< 0.5	64

（二）焊接性分析与工艺分析

（1）容易产生白口组织，以及出现裂纹等问题。

（2）当焊缝强度较高而母材强度较低时，容易产生剥离，补焊不上，尤其对于大面积的裂纹补焊是不易成功的。

（3）在制定 HT200 补焊工艺时，对铸件的缺陷要进行具体分析，尽量减小熔合比，调整热影响区，松弛焊接应力，才能使大面积的裂纹补焊获得成功。

（4）钻止裂孔，在距离裂纹末端 2～3 mm 处钻一个直径为 6～8 mm 的止裂孔。对穿透性裂纹，止裂孔要打透；对非穿透性裂纹，止裂孔要比裂纹深 2～3 mm。

（5）焊前将坡口周围预热，温度为 200～250℃，以缩小焊缝与工件的温差。

（6）焊条选用 Z308，直径 3.2 mm 和 4 mm。焊前应将焊条经 150℃左右烘焙 2 h。

（7）每层焊后清熔渣。

（8）焊后处理，在焊接区周围 200 mm 范围内，加热到 300～350℃，保温 30 min，用石棉覆盖缓冷。

五、编制焊接工艺

（一）检索相关资料及记录问题

资料员根据小组讨论情况记录相关问题，并将相关查阅资料名称及对应内容所在位置记录在表 7-5 中，资料形式不限。

表 7-5 资料查阅记录表

序号	资料名称	标题	需要解决的问题
如	GB/T 10044—2022	铸铁焊条及焊丝	选择焊条

（二）焊接工艺卡编制

工艺员根据图纸要求制定焊接相关工艺并将表 7-6 和表 7-7 所示的工艺卡内容填写完整，其他小组成员协助完成。

表 7-6 HT200 补焊焊备料工艺卡

产品名称		备料工艺卡	材质	数量（件）	焊件编号	组号
工序编号	工序名称	工序内容及技术要求			设备及工装	
编制		日期		审核	日期	

表 7-7　HT200 补焊焊接工艺卡

绘制接头示意图			材料牌号	
			母材尺寸	
			母材厚度	
			接头类型	
			坡口形式	
			坡口角度	
			止裂孔尺寸	
焊接方法			焊机型号	
			电源种类极性	
直径	干伸长度		焊接材料型号	
垫板详述			保护气种类	
焊接热处理	预热温度 /℃		焊后热处理方式	
	层间温度 /℃		后热温度 /℃	

焊接参数						
工步名称	焊接方法	焊条直径 / mm	保护气流量 / (L/min^{-1})	焊接电流 /A	焊接电压 /V	焊接速度 / (cm/min^{-1})
编制		日期		审核		日期

六、装焊过程

操作员根据图纸及工艺要求实施装焊操作，检验员做好检验，其他小组人员协助完成。将补焊过程记录在表 7-8 中。

表 7-8　HT200 补焊及检验记录表

产品名称及规格				焊件编号			
焊缝名称		记录人姓名		焊工编号（姓名）		零件名称	
工步名称	焊接方法	焊材直径 /mm	焊接电流 /A	电弧电压 /V	保护气体流量 / (L/min⁻¹)	焊接速度 / (cm/min⁻¹)	层间温度 /℃
打底焊							
填充焊							
盖面焊							
焊前自检							
坡口角度 /°		钝边 /mm		装配间隙 /mm		坡口 /mm	错变量 /mm
焊后自检							
焊缝正面		焊缝余高		焊缝高度差		焊缝宽度	咬边深度及长度
焊缝背面		焊缝高度			有无咬边		凹陷
焊工签名：		检验员签名：			日期：		

七、实训评价与总结

（一）实训评价

焊接完成之后，各个小组根据焊接评分记录表对焊缝质量进行自评、互评，教师进行专评，并将最终评分登记到表 7-9 中进行汇总。试件焊接未完成，焊缝存在裂纹、夹渣、气孔、未熔合缺陷的，按 0 分处理。

表 7-9　焊接评分记录表

产品名称及规格				小组组号	
被检组号	工件名称	焊缝名称	编号	焊工姓名	返修次数
要求检验项目：					
自评结果				签名：　　　日期：	
互评结果				签名：　　　日期：	
专评结果				签名：　　　日期：	
建议				质量负责人签名：　　　日期：	

（二）焊接工艺评定主要内容

按照 NB/T 47014—2011《承压设备焊接工艺评定》要求对试件进行焊接工艺评定，其主要内容有以下几点。

（1）熔合比小。

（2）无热裂纹。

（3）无淬硬组织。

（三）实训总结

小组讨论总结并撰写实施报告，主要从以下几个方面进行阐述。

（1）我们学到了哪些方面的知识？

（2）我们的操作技能是否能够胜任本次任务，还存在什么短板，如何进一步提高？

（3）我们的职业素养得到哪些提升？

（4）通过本次实训我们有哪些收获，在今后对自己有哪些方面的要求？

拓展阅读——榜样的力量

大国工匠之"独臂焊侠"卢仁峰

图 7-12　大国工匠卢仁峰

1986 年，卢仁峰（见图 7-12）在某军品生产攻坚中意外发生工伤，左手四级伤残基本不能工作。重返岗位后，他定下每天练习 100 根焊条的底线。为了克服左手残疾带来的技术"短板"，他把筷子当成焊条、把桌子当成练习试板，反复训练恢复技术能力，最终创造了熔化极氩弧焊、微束等离子弧焊、单面焊双面成型等操作技能，《短段逆向带压操作法》《特种车辆焊接变形控制》等多项成果，"HT 火花塞异种钢焊接技术"等国家专利。他牵头完成 152 项技术难题攻关，提出改进工艺建议 200 余项，一批关键技术瓶颈的突破为实现强军目标贡献了智慧和力量。

作为阅兵装备的某型号轮式车辆首批次生产，卢仁峰主动请缨，经过多次失败和从头再来，创造性地提出"正反面焊接，以变制变"的操作方法，使该产品合格率由 60% 提高到 96%，对推动我军轮式装备性能和国防工业水平的跃升、解决"卡脖子"技术难题具有重要的牵引推动作用。2020 年，他对某海军装备铝合金雷达结构件焊接变形问题进行攻关，通过优化焊接顺序、改进焊接方法、制作防变形工装等措施，一举解决了该装备变形问题，为开拓海军装备市场奠定了工艺技术基础。

他从事焊接工作 42 年，即便左手因工伤落下残疾，仍选择继续坚守焊工岗位；他单手掌握十几种焊接方法、练就精湛的独臂焊接绝技；他创新操作法，在我国新型主战坦克等重要装备的制造过程中，突破技术瓶颈，为国防军工事业做出了突出贡献。

一只手练就一身电焊绝活

1979 年，年仅 16 岁的卢仁峰来到内蒙古第一机械集团从事焊接工作。当时他就给自己定了目标——学好、学精焊接技术。日积月累的刻苦训练，让他的焊接技术日臻成熟。一次，厂里的一条水管爆裂，要抢修又不能停水，这让大家束手无策。而卢仁峰用 10 多分钟就漂亮地焊接成功。从此，带水焊接成了卢仁峰的招牌绝活，也让他成了厂里有名的能人。然而就在这时，卢仁峰却遭遇到人生中最沉重的打击，一场突发灾难，让他的左手丧失劳动能力。单位安排他做库管员，但卢仁峰没有接受，他做出了一个大家都没想到的决定——继续做焊工。那段日子，卢仁峰常常一连几个月吃住在车间，他给自己定下每天练习 100 根焊条的底线，常常一蹲就是几个小时。一次次的练习中，卢仁峰不断寻找替代左手的办法——特制手套、牙咬焊帽等。凭着这股倔劲，他不但恢复了焊接技术，仅靠右手练就一身电焊绝活，还攻克了一个个焊接难题，他的手工电弧焊单面焊双面成型技术堪称一绝，压力容器焊接缺陷返修合格率达百分之百，赢得了"独手焊侠"的美誉。

卢仁峰家里珍藏着一只大手套，"当时我戴着这只手套将残疾的左手掩饰起来，参加首届兵器工业技能大赛，我要用单手竞赛来证明自己。比赛第二名的成绩，验证了我的技术，也让我对未来充满了信心。"卢仁峰说。

在技术创新上不断突破自己

21 世纪初，我国研制新型主战坦克和装甲车辆，这些国之重器使用坚硬的特种钢材作为装甲。材料的焊接难度极高，这让卢仁峰和同事们一筹莫展。爱琢磨的卢仁峰经过数百次攻关，终于解决了难题。

2009 年，作为国庆阅兵装备的某型号车辆首次批量生产，在整车焊接蜗壳部位过程中，由于焊接变形和焊缝成型难以控制，致使平面度极差，严重影响整车的装配质量和进度。卢仁峰投入紧张的技术攻关中。从焊丝的型号到电流大小的选择，他和工友们反复研究细节，确定操作步骤。最终，利用焊接变形的特性，采用"正反面焊接，以变制变"的方法，使该产品生产合格率从 60% 提高到 96%。

工友们常说，卢仁峰之所以被称为焊接"大师"，是因为有一手绝活——一动焊枪，他就知道钢材的可焊性如何，仅凭一块钢板掉在地上的声音，就能辨别出碳含量有多少，应采用怎样的工艺。在穿甲弹冲击和车体涉水等试验过程中，他焊接的坦克车体坚如磐石、密不透水。

通过多年的研究和实践，卢仁峰最终创造了熔化极氩弧焊、微束等离子弧焊、单面焊双面成型等操作技能，《短段逆向带压操作法》《特种车辆焊接变形控制》等多项成果，"HT 火花塞异种钢焊接技术"等国家专利。卢仁峰先后完成了《解决某车辆焊接变形和焊缝成型》《某轻型战术车焊接技术攻关》《某新型民品科研项目焊接攻关》等 23 项"卡脖子"技术难题的攻关，其中《解决某车辆焊接变形和焊缝成型》项目节约资金和创造经济价值 500 万元以上。

2021 年，卢仁峰对某海军装备铝合金雷达结构件焊接变形问题进行攻关，通过优化焊接顺序、改进焊接方法、制作防变形工装等措施，一举解决了该装备的变形问题，为公司开拓海军装备市场、提升装备质量奠定了工艺技术基础。

多年来，他牵头完成 152 项技术难题攻关，提出改进工艺建议 200 余项，一批关键技术瓶颈的突破为实现强军目标贡献了智慧和力量。

好的技术，能够在危急时刻力挽狂澜

"我认识卢仁峰有 20 多年了。你们看他获得了很多荣誉，很光鲜，但我看到的是他日复一日的磨炼和背后的艰辛。"卢仁峰的老同事孟荣建动情地说。

"好的技术是啥，就是关键时刻能挽救一个厂。"说起 20 年前的一次经历，孟荣建至今仍历历在目。

当时孟荣建所在的车间正在生产一批紧急订单。但车间泵站的泵体裂了，如果卸下来修的话得

耽误两个月的生产，这是一个分厂甚至是整个一机集团（内蒙古第一机械集团简称）都承担不起的损失。

"在这紧急时刻，所有人都想到了卢仁峰。他当时就已经是技术水平比较高的师傅了。经过仔细研判，他在工友的协助下一点一点抠开焊，只用了一周时间就修好了设备，及时恢复了生产，当时就为厂子节约了50多万元的维修费用。"孟荣建说。

一机集团三分公司302车间主任贾峰则回忆起了2009年与卢仁峰"并肩作战"的一次难忘的攻关。

2009年，作为国庆阅兵装备的某型号轮式战车首次批量生产。一边是新材料、新工艺的应用，一边是高水平、严要求的质量标准，一个全新的考验又一次摆在了卢仁峰的面前。"特别是在焊接蜗壳部位过程中，焊接变形和焊缝成型难以控制。"贾峰说，从焊丝的型号到电流大小的选择，卢仁峰和工友们对每个细节反复推敲、认真研究；从工艺方案的确定到每个操作步骤，他们反复试验。在车体狭小的空间里，他认真研究查找问题，找寻解决的办法，最终利用焊接变形的特性，采用"正反面焊接，以变制变"的操作方法，把产品的合格率由60%提升到96%，保证了阅兵装备如期交付。大巧破难。正是因为他秉承劳模精神、劳动精神、工匠精神，他成了独一无二的卢仁峰。

传承，匠人之重任

2017年，中华全国总工会向100个"全国示范性劳模和工匠人才创新工作室"授牌，内蒙古一机集团卢仁峰创新工作室荣耀上榜。

攻克难关，取得荣誉，这在卢仁峰看来并非工作的全部。作为"手艺人"，传承必不可少。他的工作室是希望的发源地，也是传承的大平台。卢仁峰带领的科研攻关班，被命名为"卢仁峰班组"。他虽然性格温和，但是一教起徒弟就变得十分严苛。为了提高徒弟们焊接手法的精确度，他总结出"强化基础训练法"，每带一名新徒弟，不管过去基础如何，1年内必须每天进行5块板、30根焊条的定位点焊，每点误差不得大于0.5毫米，不合格就重来。

如今，卢仁峰已经带出了50多个徒弟，且个个都成了技术骨干。他带出的百余名工匠，都迅速成长为企业的技师、高级技师和技术能手，有的还获得了"全国劳动模范""五一劳动奖章"和"全国技术能手"等殊荣。他归纳提炼出的《理论提高6000字读本》"三顶焊法""短段逆向操作法""带水带压焊法"等一批先进操作法，已成为公司焊工的必学"宝典"。

卢仁峰执着地在焊接岗位上坚守了40多年。"最大的心愿就是把这门手艺传下去"，面对众多荣誉，卢仁峰的心态非常平和。43年，15695天，直到获得2021年"大国工匠年度人物"荣誉，卢仁峰从未放下过手中的焊钳，甚至在他遭遇人生致命打击——左手因工伤致残后，他也没有放下。

（资料来源：《百度文库高校版》）

📋 1+X 考证任务训练

一、填空题

1. 灰铸铁焊接时存在的问题主要是_____和_____。

2. 铸铁焊补时，电弧热焊法的预热温度是_____，电弧半热焊法的预热温度是_____。

3.非铸铁焊缝电弧冷焊焊接材料按焊缝金属的类型可分为_____、_____和_____三大类。

4.灰铸铁冷焊时，常采用锤击焊缝的方法，其主要目的是_____。

5.球墨铸铁的白口化倾向及淬硬倾向比灰铸铁大，其原因是_____。

6.加热减应区法，就是加热补焊处以外的一个或几个区域（即减应区），以降低补焊处_____，从而防止产生_____的一种工艺方法。

二、判断题

1.铸铁中石墨片越粗大，母材强度越低，发生剥离裂纹的敏感性越大。（　　）

2.灰铸铁铸铁型焊缝中产生热裂纹的主要原因是母材中C、S、P过多地溶入焊缝金属中。（　　）

3.Z208焊条由于焊缝强度高，塑性好，不仅可以用于灰铸铁焊接，还可焊接球墨铸铁。（　　）

4.焊条电弧焊补焊铸铁时有冷焊、半热焊和热焊三种工艺。（　　）

5.灰铸铁焊接的主要问题是在熔合区易于产生白口组织和在焊接接头产生裂纹。（　　）

6.处理铸铁件上的裂纹缺陷时，先将现在裂纹的端头钻止裂孔，后再加工坡口。（　　）

7.灰热焊铸铁时，焊后必须采用均热缓冷措施。（　　）

8.灰铸铁异质焊缝电弧冷焊的工艺特点是分段焊、断续焊、分散焊及焊后马上锤击焊缝。（　　）

项目八

金属材料焊接工艺评定

学习导读▶

本项目主要学习焊接工艺评定的目的、焊接工艺评定的一般程序、焊接工艺指导书内容，并学习书写焊接工艺评定报告等文件等。建议学习课时 8 学时。

学习目标▶

知识目标

（1）掌握焊接工艺评定的目的。

（2）掌握焊接工艺评定的一般程序。

（3）掌握焊接工艺指导书内容。

（4）熟悉焊接工艺评定报告等文件。

技能目标

（1）会焊接工艺评定的一般程序。

（2）会下达焊接工艺评定任务。

（3）会编制焊接工艺评定报告等文件。

素质目标

（1）学习大国工匠艾爱国焊工的榜样事迹，传递爱党爱国情怀。

（2）养成质量意识、安全意识的良好职业素养。

任务一 焊接工艺评定初识

焊接工艺评定是焊接结构生产质量控制的一个重要步骤和环节。是通过对接头的力学性能试验或其他性能的试验来证实焊接工艺规程的正确性和合理性的一种程序。为了保证生产者能制造出符合质量要求的焊接结构，生产者在实际生产前必须对准备用于指导产品生产的焊接工艺进行评定，经评定合格后才能用于指导实际生产。

20 世纪 90 年代初，我国借鉴国外先进的质量管理经验，结合国情，首先在受国家安全监督的焊接结构制造单位，如锅炉压力容器制造厂中实行焊接工艺评定制度，后又扩展到普通钢结构制造单位。先后颁布实施了相应的标准，如 JB 4708—1992《钢制压力容器焊接工艺评定》和 JB 6963—1993《钢制件熔化焊工艺评定》。这两个标准主要是参照美国 AWS D1.1《钢结构焊接规范》第 5 章"焊接评定"和 ASME《锅炉压力容器规范》第 9 卷"焊接与钎焊评定"编制的。由于国情不同（如我国的母材金属系列和焊接材料金属系列与美国存在较大差别），而且我国实行焊接工艺评定的历史不长，需有逐渐完善和积累经验的过程。

现在国家标准正在逐渐与国际接轨，方向是对 ISO 标准进行等同转化。从 2005 年开始颁布与焊接工艺评定相关的通用标准，如下所示。

（1）GB/T 19866—2005《焊接工艺规程及评定的一般原则》（等同采用 ISO 15607:2003）。

（2）GB/T 19868.1—2005《基于试验焊接材料的工艺评定》（等同采用 ISO 15610:2003）。

（3）GB/T 19868.2—2005《基于焊接经验的工艺评定》（等同采用 ISO 15611:2003）。

（4）GB/T 19868.3—2005《基于标准焊接规程的工艺评定》（等同采用 ISO 15612:2004）。

（5）GB/T 19868.4—2005《基于预生产焊接试验的工艺评定》（等同采用 ISO15613:2004）。

（6）GB/T 19869.1—2005《钢、镍及镍合金的焊接工艺评定试验》（等同采用 ISO15614-1:2004）等。

这个系列焊接工艺评定国家标准适用范围广，不针对具体产品。为了减少焊接工艺评定试验工作量，标准列出五种工艺评定的方法可供选择，如表 8-1 所示。

表 8-1　焊接工艺评定的方法

评定方法	应用说明
焊接工艺评定试验	应用普遍。当焊接接头的性能对应用结构具有关键影响时，一般都采用此法。可参照标准 GB/T 19869.1—2005 规定的对钢、镍及镍合金进行工艺评定的试验方法
焊接材料试验	仅限于使用焊接材料的那些焊接方法。适用于焊接不会明显降低热影响区性能的那些母材。焊接材料的试验应包括生产中使用的母材。有关材料和其他参数的更多限制由 GB/T 19868.1—2005 规定
焊接经验	限于过去用过的焊接工艺，许多焊缝在接头和材料方面相似。只有从以前经验中获知焊接工艺确实可靠时才能用此法。具体要求参见 GB/T 19868.2—2005
标准焊接规程	与焊接工艺评定试验相似。该规程是在按照相关标准的焊接工艺评定试验基础上，以 WPS 形式颁布的规程，且经考评考官或考试机构同意。其限定范围参见 GB/T 19868.3—2005
预生产焊接试验	原则上可经常使用，但要求在生产条件下制作试件。适合于批量生产具体要求参见 GB/T 19868.4—2005

资料来源：GB/T 19866-2005《焊接工艺规程及评定的一般原则》。

目前国家针对各行业焊接产品生产特点制定了相应的焊接工艺评定的专用标准。例如，实行焊接工艺评定最早的锅炉、压力容器行业，国家能源局在总结前期实践经验的基础上先后对旧标准 JB 4708—1992、2000《钢制压力容器焊接工艺评定》进行了修订，现改为 NB/T 47014—2011《承压设备焊接工艺评定》，修订后的标准适用范围扩大了，产品已从钢制压力容器扩大到锅炉、压力容器和压力管道，金属材料也从钢材扩大到钛材、铝材、铜材和镍材，焊接方法增加了等离子弧焊、气电立焊、螺柱焊和摩擦焊等。标准的内容基本上和原标准 JB 4708—2000《钢制压力容器焊接工艺评定》没有原则区别，但更完善和规范了。此标准实际上就是表 8-1 中的第一种方法，即必须通过工艺评定试验的方法进行评定，和国家标准 GB/T 19869.1—2005《钢、镍及镍合金的焊接工艺评定试验》规定一致，其基本做法和程序大体相同，只是针对承压设备特点在焊接试件制备和试验取样、替代（认可）范围上有较大的区别。

鉴于承压设备这个行业产品典型，很具代表性，故本项目以 NB/T 47014—2011《承压设备焊接工艺评定》的规定为主要内容介绍焊接工艺评定方法，同时也吸取部分文献中的一些实践经验和资料。另外，针对焊接钢结构的生产特点，国家也制定了《钢结构焊接规范》（GB 50661—2011）专用标准，其中规定了焊接工艺评定的内容和方法。因此生产焊接钢结构的企业进行焊接工艺评定时就可以执行此标准。

任务二　焊接工艺评定的总则和一般程序

一、焊接工艺评定的总则

任何焊接结构产品生产单位凡需进行焊接工艺评定的，都应执行国家对本行业产品生产所制定的焊接工艺评定标准。除此以外，还应符合标准规定范围内产品自身的相应标准和技术文件的要求；焊接工艺评定都应在产品生产单位内进行；所用生产单位的设备、仪表均处于正常状态；金属材料和焊接材料符合相应标准；应由该生产单位操作技能熟练的焊接人员使用本单位的设备来焊接用于工艺评定的试件。

焊接接头对于压力容器的合格焊缝而言，一是接头性能应符合要求，二是焊缝没有超标缺陷。焊工技能考试的目的是获得无超标缺陷的焊缝，而焊接接头的使用性能由评定合格的焊接工艺来保证。因此，进行焊接工艺评定前要排除焊工操作因素带来的干扰，先对焊工进行进技能评定，进行焊工技能评定时，则要求焊接工艺正确以排除焊接工艺不当带来的干扰。焊工技能考试范围内解决的问题不要放到焊接工艺评定中来。

焊接工艺评定的一般过程：根据金属材料的焊接性，按照设计文件规定和制造工艺拟定预焊接工艺规程（pWPS）、施焊试件和制取试样、检测焊接接头是否符合规定要求，并形成焊接工艺评定报告（PQR），对预焊接工艺评定规程进行评价。

焊接工艺评定的最终目的是得出能直接指导生产用的焊接工艺规程（WPS），它的依据就是评定合格的焊接工艺评定报告（PQR）。图8-1为焊接工艺规程流程图。

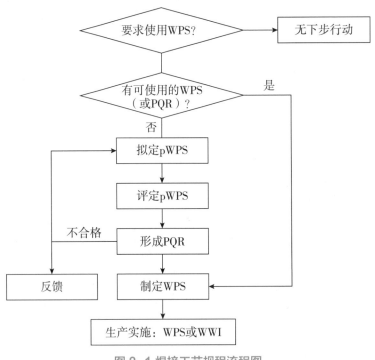

图8-1 焊接工艺规程流程图

二、焊接工艺评定的一般程序

焊接工艺评定在具体运作过程中可因各企业生产管理系统不同而有差别，生产单位进行焊接工艺评定时，必须结合本单位的实际情况灵活地进行规划。下面介绍某些企业的具体做法。

（一）焊接工艺评定立项

通常由生产单位的设计或工艺技术管理部门根据新产品结构、材料、接头形式、所采用的焊接方法和钢板厚度范围，以及老产品在生产过程中因结构、材料或焊接工艺的重大改变，在需要重新编制焊接工艺规程时，提出需要焊接工艺评定的项目。

（二）下达焊接工艺评定任务书

焊接工艺评定立项并经过一定审批程序后，根据有关法规和产品的技术条件编制焊接工艺评定任务书。其内容应包括，产品订货号、接头形式、母材金属牌号及规格、接头性能的要求，检验项目和合格标准。焊接工艺评定任务书可参考表8-2。

表 8-2　焊接工艺评定任务书推荐格式

任务书编号：

任务来源										
产品名称						产品令号				
部（组）件名称						部（组）件图号				
零件名称						焊接方法				
被评接头	母材钢号		母材类组别		规格		接头形式				
母材力学性能										
	钢号	试件规格	屈服点 R_{eL}/MPa	抗拉强度 R_m/MPa	冲击吸收功 KV/J	伸长率 A_5/MPa	收缩率 Z/%	冷弯角（D = 3S）/°		标准
产品										
试件										
评定标准										
试件无损检查项目　□外观　□MT　□PT　□RT　□UT										
试件理化性能试验项目										
项目	拉伸		弯曲			冲击	金相		硬度	化学分析
	接头	全焊缝	面弯	背弯	侧弯		宏观	微观		
试样数量										
补充试验项目（不作考核）										
性能试验合格标准（按试件母材）										
要求完成日期：										

制定：_____　　日期：_____　　校对：_____　　日期：_____

（三）编制焊接工艺指导书

焊接工艺（指导书），即预焊接工艺规程（pWPS），由焊接工艺工程师根据金属材料的焊接性，按照焊接工艺评定任务书提出的条件和技术要求进行编制，推荐的格式如表8-3所示。

表 8-3　焊接工艺指导书推荐格式（pWPS）

单位名称：＿＿＿＿＿＿＿＿＿＿＿　　批准人签字：＿＿＿＿＿＿＿＿＿＿

焊接工艺指导书编号：＿＿＿＿＿＿　日期：＿＿＿＿＿＿＿＿＿　焊接工艺评定报告编号：＿＿＿＿＿＿＿＿

焊接方法：＿＿＿＿＿＿＿＿＿＿　机械化程度（手工、半自动、自动）：＿＿＿＿＿＿＿＿＿＿

简图：（接头形式、坡口形式与尺寸、焊层、焊道布置及顺序）

焊接接头：＿＿＿＿＿＿＿＿＿＿＿＿

坡口形式：＿＿＿＿＿＿＿＿＿＿

衬垫（材料及规格）：＿＿＿＿＿＿＿＿

其他：＿＿＿＿＿＿＿＿＿＿

母材：

类别号：＿＿＿＿　组别号：＿＿＿＿　与类别号：＿＿＿＿　组别号：＿＿＿＿　相焊及标准号：＿＿＿＿　钢号：＿＿＿＿

与标准号：＿＿＿＿　钢号：＿＿＿＿相焊

厚度范围：

母材：对接焊缝＿＿＿＿＿＿＿＿＿角焊缝

管子直径、壁厚范围：对接焊缝＿＿＿＿＿＿＿＿角焊缝＿＿＿＿＿＿＿＿

焊缝金属厚度范围：对接焊缝＿＿＿＿＿＿＿＿角焊缝＿＿＿＿＿＿＿＿

其他＿＿＿＿＿＿＿＿

焊接材料：

焊材类别		
焊材标准		
填充金属尺寸		
焊材型号		
焊材牌号（钢号）		
其他		

耐蚀堆焊金属化学成分（质量分数）　　　　　　　　单位：%

C	Si	Mn	P	S	Cr	Ni	Mo	V	Ti	Nb

其他：

焊接位置：

　对接焊缝的位置：＿＿＿＿＿＿

　焊接方向：（向上、向下）：＿＿＿＿＿＿

　角焊缝位置：＿＿＿＿＿＿

　焊接方向：（向上、向下）：＿＿＿＿＿＿

焊后热处理：

　温度范围（℃）：＿＿＿＿＿＿

　保温时间（h）：＿＿＿＿＿＿

预热：

　预热温度（℃）（允许最低值）：＿＿＿＿＿＿

　层间温度（℃）（允许最低值）：＿＿＿＿＿＿

　保持预热时间：＿＿＿＿＿＿

　加热方式：＿＿＿＿＿＿

气体：

　　　　　　　　气体种类　混合比　流量（L/min）

　保　护　气　＿＿＿＿　＿＿＿＿　＿＿＿＿

　尾部保护气　＿＿＿＿　＿＿＿＿　＿＿＿＿

　背面保护气　＿＿＿＿　＿＿＿＿　＿＿＿＿

续表

电特性：
电流种类：_____　　极性：_____
焊接电流范围（A）：_____　电弧电压（V）：_____

焊道 / 焊层	焊接方法	填充材料		焊接电流		电弧电压 / V	焊接速度 / （cm/min^{-1}）	线能量 / （kJ/cm^{-1}）
		牌号	直径	极性	电流 /A			

（按所焊位置和厚度，分别列出电流和电压范围，记入下表）

钨极类型及直径：_____　喷嘴直径（mm）：_____
熔滴过渡形式：_____　焊丝送丝速度（cm/min）：_____

技术措施：
　摆动焊或不摆动焊：_____　摆动参数：_____
　焊前清理和层间清理：_____　背面清根方法：_____
　单道焊或多道焊（每面）：_____　单焊丝或多焊丝：_____
　导电嘴至工件距离（mm）：_____　锤击：_____
　其他：_____

编制		日期		审核		日期		批准		日期	

注：对每一种母材与焊接材料的组合均需分别填表。

（四）编制焊接工艺评定试验执行计划

计划内容应包括未完成所列焊接工艺评定试验的全部工作，试件备料、坡口加工、试件组焊、焊后热处理、无损检测和理化检验等的计划进度、费用预算、负责单位、协作单位分工及要求等。

（五）试件的准备和焊接

试验计划经批准后即按焊接工艺指导书领料、加工试件、组装试件、焊接材料烘干和焊接。试件的焊接应由考试合格的熟练焊工，按焊接工艺指导书（即 pWPS）规定的各种焊接参数焊接。焊接全过程应在焊接工程师监督下进行，并记录焊接参数的实测数据。如试件要求焊后热处理，则应记录热处理过程的实际温度和保温时间。

（六）试件的检验

试件焊完后先进行外观检查，后进行无损检测，最后进行接头的力学性能试验。如检验不合格，则分析原因，重新编制焊接工艺指导书，重焊试件。

按照焊接工艺评定任务书提出的条件和技术要求编制焊接工艺指导书。指导书的格式与焊接工艺规程相似，但比较简单。在指导书中，原则上只要求填写所要评定的焊接工艺的所有重要参数，而焊接工艺的次要参数，尤其是操作技术参数可列也可不列，由编制者自行决定。但为便于正式焊接工艺规程的编制，大多数焊接工艺规程指导书都会列出焊接工艺的次要参数，特别是那些对评定试板焊接质量有较大影响的次要参数。

（七）编写焊接工艺评定报告

完成焊接工艺指导书所要求的试验项目，且试验结果全部合格后，即可编写焊接工艺评定报告（PQR），焊接工艺评定报告的内容大体上分成两大部分。第一部分是记录焊接工艺评定试验的条件，包括试板材料牌号、类别号、接头形式、焊接位置、焊接材料、保护气体、预热温度、焊后热处理制度、焊接能量参数等。第二部分是记录各项检验结果，包括拉伸、弯曲、冲击、硬度、宏观金相、着色试验和化学成分分析结果等，其推荐格式如表8-4所示。

编写焊接工艺评定报告最重要的原则是如实记录，无论是试验条件还是检验结果都必须是实测记录数据，并应有相应的记录卡和试验报告等原始证据。焊接工艺评定报告是一种必须由企业管理者代表签字的重要质保文件，也是技术监督部门和用户代表审核企业质保能力的主要依据之一。因此，编写人员必须认真负责，一丝不苟，如实填写，不得错填和涂改。报告应经有关人员校对和审核。

焊接工艺评定试验可能由于接头某项性能不符合标准要求而失败。在这种情况下。首先应分析失败的原因，然后重新编制焊接工艺评定任务书，重复进行上述程序，直至评定试验结果全部合格。

焊接工艺评定报告（PQR）内容具体包括下列内容。

（1）评定报告编号及相对应的设计书编号。

（2）评定项目名称。

（3）评定试验采用的焊接方法、焊接位置。

（4）所依据的产品技术标准编号。

（5）试板的坡口形式、实际的坡口尺寸。

（6）试板焊接接头焊接顺序和焊缝的层次。

（7）试板母材金属的牌号、规格、类别号，如采用非法规和非标准材料，则应列出实际的化学成分化验结果和力学性能的实测数据。

（8）焊接试板所用的焊接材料，列出牌号、规格以及该批焊材入厂复验结果，包括化学成分和力学性能。

（9）评定试板焊前实际的预热温度、层间温度和后热温度等。

（10）记录试板焊后热处理的实际加热温度和保温时间，对于合金钢应记录实际的升温和冷却速度。

（11）焊接电参数，记录试板焊接过程中实际使用的焊接电流、电弧电压、焊接速度。对于熔化极气体保护焊和电渣焊应记录实际的送丝速度。电流种类和极性应清楚表明。如采用脉冲电流，应记录脉冲电流的各参数。

（12）操作技术参数，凡是在试板焊接中加以监控或检测的参数都应加以记录、其他参数可不作记录。

（13）力学性能检验结果，应注明检验报告的编号、试样编号、试样形式、实际的接头强度性能和抗弯性能数据。

（14）其他性能的检验结果，角焊缝宏观检查结果，或耐蚀性检验结果、硬度测定结果。

（15）评定结论。

（16）编制、校对、审核人员签名。

（17）企业管理者代表批准，以示对报告的正确性和合法性负责。

表 8-4 焊接工艺评定报告推荐格式（PQR）

单位名称：_____ 批准人签名：_____
焊接工艺评定报告编号：_____ 焊接工艺指导书编号：_____
焊接方法：_____ 机械化程度：（手工、半自动、自动）_____

接头简图：（坡口形式、尺寸、衬垫、每种焊接方法或焊接工艺、焊缝金属厚度）

母材：
材料标准：_____
钢号：_____
类、组别号_____与类、组别号：_____相焊
厚度：_____
直径：_____
其他：_____

焊后热处理：
热处理温度（℃）：_____
保温时间（h）：_____

保护气体：
　　　　　　　气体　　混合比　流量（L/Min）
保　护　气　_____　_____　_____
尾部保护气　_____　_____　_____
背面保护气　_____　_____　_____

填充金属：
焊材标准：_____
焊材牌号：_____
焊材规格：_____
焊缝金属厚度：_____
其他：_____

电特性：
电流种类：_____
极性：_____
钨极尺寸：_____
焊接电流范围（A）：_____
电弧电压（V）：_____
其他：_____

焊接位置：
对接焊缝位置：_____方向（向上、向下）
角焊缝位置：_____方向（向上、向下）
预热：
　预热温度（℃）：_____
　层间温度（℃）：_____
　其他：_____

技术措施：
焊接速度（cm/min）：_____
摆动或不摆动：_____
摆动参数：_____
多道焊或单道焊（每面）：_____
多丝焊或单丝焊：_____
其他：_____

拉伸试验： 试验报告编号：

试样编号	试样宽度/mm	试样厚度/mm	横截面积/mm²	断裂载荷/kN	抗拉强度/MPa	断裂部位和特征

弯曲试验： 试验报告编号：

试样编号	试样类型	试样厚度/mm	弯心直径/mm	弯曲角度/°	试验结果

续表

冲击试验：				试验报告编号：			
试样编号	试样尺寸	缺口类型	缺口位置	试验温度/℃	冲击吸收功/J	备注	

金相检验（角焊缝）：_____

　　根部：（焊透、未焊透）_____　　　焊缝：（熔合、未熔合）_____

　　焊缝、热影响区：（有裂纹、无裂纹）_____

检验截面					
焊脚差/mm					

无损检验

　　RT：_____　　　UT：_____

　　MT：_____　　　PT：_____

　　其他：_____

耐蚀堆焊金属化学成分										（质量分数）/%
C	Si	Mn	P	S	Cr	Ni	Mo	V	Ti	Nb

分析表面或取样开始表面至熔合线的距离（mm）：

附加说明：_____

晶间腐蚀：_____

试验报告编号：_____

评定标准：_____

试样编号：_____

结论：_____

结论：本评定按_____规定焊接试件、检验试样，测定性能，确认试验记录正确

评定结果（合格、不合格）：_____

焊工姓名		焊工代号		施焊日期	
编制		日期	审核		日期	批准		日期

　　焊接工艺评定报告经审批后，一般要复印两份，一份交企业质量管理部门供安全技术监督部门或用户核查，一份交焊接工艺部门，作为编制焊接工艺规程（即 WPS）的依据。评定报告原件存企业档案部门。

任务三 焊接工艺评定规则

各种标准的评定规则因产品类型不同而有差别，但基本上是对评定的条件、何种情况需进行评定和评定结果的适用（或替代）范围等作出规定。这里主要介绍 NB/T 47014—2011《承压设备焊接工艺评定》中钢制锅炉和压力容器焊接工艺评定的规则，重点介绍对接焊缝和角焊缝焊接工艺评定部分。

一、焊接工艺评定因素及其类别划分

鉴于钢制锅炉和压力容器有别于其他焊接结构，它们多在高温、低温、高压和腐蚀介质等较苛刻环境和条件下工作，所选用的金属材料和焊接材料种类较多和复杂，所用到的焊接方法也是多种多样的，而且焊后对母材金属与焊接接头的化学和物理性能有特别要求，对这样的焊接产品进行焊接工艺评定的工作非常复杂和繁重，为了既能简化和减轻焊接工艺评定工作又能避免重复或遗漏。NB/T 47014—2011 先把影响焊接质量的各种因素按其性质进行分类，然后针对生产中这些焊接工艺评定因素的变化而作出规定。

（二）通用焊接工艺评定因素及分类

1. 焊接方法及分类

焊接方法的类别为：气焊、焊条电弧焊、埋弧焊、钨极气体保护焊、熔化极气体保护焊（含药芯焊丝电弧焊）、电渣焊、等离子弧焊、摩擦焊、气电立焊和螺柱电弧焊。

2. 金属材料及分类

根据金属材料的化学成分、力学性能和焊接性，将焊制承压设备用的母材进行分类、分组，焊制承压设备用的母材进行分类如表 8-5 所示。

表 8-5 焊制承压设备用的母材分类

母材		牌号、级别、型号	标准
类别	组别		
Fe-1	Fe-1-1	10	GB/T 699, GB/T 711, GB/T 3087, GB/T 6479, GB/T8163, GB/T 9948, GB/T 12459
		15	GB/T 710, GB/T 711, GB/T 13237
		20	GB/T 699, GB/T 710, GB/T 711, GB/T 3087, GB/T 6479, GB/T 8163, GB/T 9948, GB/T 12459, GB/T 13237, NB/T 47008
		20G	GB/T 5310, GB/T 12459
		Q195	GB/T 700
		Q215A	GB/T 700, GB/T 3091
		Q235A.F	GB/T 3274
		Q235A	GB/T 700, GB/T 912, GB/T 3091, GB/T 3274, GB/T 13401
		Q235B	GB/T 700, GB/T 912, GB/T 3091, GB/T 3274, GB/T 13401
		Q235C	GB/T 700, GB/T 912, GB/T 3274
		Q235D	GB/T 700, GB/T 3274
		Q245R	GB/T 713
		Q295	GB/T 1591, GB/T 8163

续表

母材		牌号、级别、型号	标准
类别	组别		
Fe-1	Fe-1-1	L175	GB/T 9711.1
		L210	GB/T 9711.1
		L245	GB/T 9711.1，GB/T 12459
		L290	GB/T 9711.1
		L245NB	GB/T 9711.2
		L245MB	GB/T 9711.2
		L290NB	GB/T 9711.2
		L290MB	GB/T 9711.2
		l0MnDG	GB/T 12459，GB/T 18984
		20MnG	GB/T 5310，GB/T 12459
		WCA	GB/T 12229
		ZG 200−400	GB/T 11352
	Fe-1-2	25	GB/T 699
		HP295	GB/T 6653
		HP325	GB/T 6653
		HP345	GB/T 6653
		Q345	GB/T 1591，GB/T 8163，GB/T 12459
		Q345R	GB/T 713
		Q390	GB/T 1591
		L320	GB/T 9711.1
		L360	GB/T 9711.1
		L390	GB/T 9711.1
		L415	GB/T 9711.1
		L360QB	GB/T 9711.2
		L360MB	GB/T 9711.2
		L415NB	GB/T 9711.2
		L415QB	GB/T 9711.2
		ZG 230−450	GB/T 11352
		ZG 240−450BD	GB/T 16253
		09MnD	GB/T 150.2
		16Mn	GB/T 6479，GB/T 12459，NB/T 47008
		25MnG	GB/T 5310，GB/T 12459
		16MnD	NB/T 47009
		16MnDG	GB/T 12459，GB/T 18984

续表

母材		牌号、级别、型号	标准
类别	组别		
Fe-1	Fe-1-2	16MnDR	GB/T 3531，GB/T 13401
		09MnNiD	GB/T 150.2，NB/T 47009
		09MnNiDR	GB/T 3531，GB/T 13401
		15MnNiDR	GB/T 3531
		WCB	GB/T 12229
		WCC	GB/T 12229
	Fe-1-3	HP365	GB/T 6653
	Fe-1-4	Q370R	GB/T 713
		L450	GB/T 9711
		L450QB	GB/T 9711
		L450MB	GB/T 9711
		15MnNiNbDR	GB/T 150.2
		07MnMoVR	GB/T 19189
		07MnNiVDR	GB/T 19189
		07MnNiMoDR	GB/T 19189
		12MnNiVR	GB/T 19189
		08MnNiMoVD	NB/T 47009
		L485	GB/T 9711
		L555	GB/T 9711
		L485MB	GB/T 9711
		L555MB	GB/T 9711
		L485QB	GB/T 9711
		L555QB	GB/T 9711
Fe-2	—	—	—
Fe-3	Fe-3-1	15MoG	GB/T 5310
		20MoG	GB/T 5310
		12CrMo	GB/T 6479，GB/T 9948，NB/T 47010
		12CrMoG	GB/T 5310
	Fe-3-2	20MnMo	NB/T 47008
		20MnMoD	NB/T 47009
		l0MoWVNb	GB/T 6479，GB/T 12459
		12SiMoVNb	GB/T 6479
	Fe-3-3	20MnNiMo	NB/T 47008
		20MnMoNb	NB/T 47008

续表

母材		牌号、级别、型号	标准
类别	组别		
Fe-3	Fe-3-3	13MnNiMoR	GB/T 713
		18MnMoNbR	GB/T 713
Fe-4	Fe-4-1	09CrCuSb	GB/T 150.2
		14CrlMo	NB/T 47008
		14CrlMoR	GB/T 713，GB/T 13401
		15CrMo	GB/T 3077，GB/T 6479，GB/T 9948，GB/T 12459，NB/T 47010，NB/T 47008
		15CrMoG	GB/T 5310
		15CrMoR	GB/T 713，GB/T 12459，GB/T 13401
		ZG 15CrlMoG	GB/T 16253
		ZG 20CrMo	JB/T 9625，JB/T 10087
	Fe-4-2	12CrlMoV	GB/T 3077，NB/T 47010，NB/T 47008
		12CrlMoVG	GB/T 5310
		12CrlMoVR	GB/T 713
		ZG 15CrlMolV	JB/T 9625，JB/T 10087
		ZG 20CrMoV	JB/T 9625，JB/T 10087
Fe-5A	—	08Cr2AlMo	GB/T 150.2
		12Cr2Mo	GB/T 6479，GB/T 12459
		12Cr2MoG	GB/T 5310，GB/T 12459
		12Cr2Mol	GB/T 150.2，NB/T 47008
		ZG 12Cr2MolG	GB/T 16253
		12Cr2MolR	GB/T 713，GB/T 13401
Fe-5B	Fe-5B-1	lCr5Mo	GB/T 6479，GB/T 9948，GB/T 12459，NB/T 47008
		ZG 16Cr5MoG	GB/T 16253
	Fe-5B-2	10Cr9MolVNb	GB/T 5310
Fe-5C	—	12Cr2MoWVTiB	GB/T 5310
		12Cr2MolVR	GB/T 150.2
		12Cr2MolV	NB/T 47008
		12Cr3MolV	NB/T 47008
		12Cr3MoVSiTiB	GB/T 5310
Fe-6	—	06Crl3（S41008）	GB/T 3280，GB/T 14976，GB/T 20878
		12Crl3	GB/T 3280
		20Crl3	GB/T 3280
Fe-7	Fe-7-1	06Crl3（S11306）	GB/T 24511，NB/T 47010

续表

母材		牌号、级别、型号	标准
类别	组别		
Fe-7	Fe-7-1	06Crl3Al	GB/T 24511
	Fe-7-2	lCrl7	GB/T 13296
		10Crl7	GB/T 3280
		019Crl9Mo2NbTi	GB/T 24511
Fe-8	Fe-8-1	12Crl8Ni9	GB/T 3280
		022Crl9Nil0（S30403）	GB/T 12771，GB/T 24511，GB/T 24593，NB/T 47010
		06Crl9Nil0（S30408）	GB/T 12771，GB/T 24511，GB/T 24593，NB/T 47010
		07Crl9Nil0（S30409）	GB/T 24511，NB/T 47010
		06Crl8NillNb	GB/T3280，GB/T 4237
		06Crl8NillTi（S32168）	GB/T 12771，GB/T 24511，GB/T 24593，NB/T 47010
		022Crl7Nil2Mo2（S31603）	GB/T 12771，GB/T 24511，GB/T 24593，NB/T 47010
		06Crl7Nil2Mo2（S31608）	GB/T 12771，GB/T 24511，GB/T 24593，NB/T 47010
		022Crl9Nil3Mo3（S31703）	GB/T 24511，NB/T 47010
		06Crl9Nil3Mo3	GB/T 24511
		06Crl7Nil2Mo2Ti（S31668）	GB/T 24511，NB/T 47010
		07Crl7Nil2Mo2（S31609）	NB/T 47010
		0Crl8Ni9	GB/T 12459，GB/T 12771，GB/T 13296，GB/T 13401，GB/T 14976
		lCrl8Ni9	GB/T5310，GB/T 12459
		lCrl9Ni9	GB/T 13296，GB/T 9948
		00Crl9Nil0	GB/T 12459，GB/T 12771，GB/T 13296，GB/T 13401，GB/T 14976
		0Crl8Nil0Ti	GB/T 12459，GB/T 12771，GB/T 13296，GB/T 13401，GB/T 14976
		lCrl8Ni9Ti	GB/T 13296
		lCrl8NillTi	GB/T 13296
		0Crl8NillNb	GB/T 12459，GB/T 12771，GB/T 13296，GB/T 13401，GB/T 14976
		lCrl9NillNb（S34779）	GB/T 5310，GB/T 9948，GB/T 12459，GB/T 13296，NB/T 47010
		00Crl7Nil4Mo2	GB/T 12459，GB/T 12771，GB/T 13296，GB/T 13401，GB/T 14976
		0Crl7Nil2Mo2	GB/T 12459，GB/T 12771，GB/T 13296，GB/T 13401，GB/T 14976
		lCrl7Nil2Mo2	GB/T 13296
		00Crl9Nil3Mo3	GB/T 13296，GB/T 14976
		0Crl9Nil3Mo3	GB/T 13296，GB/T 14976

母材		牌号、级别、型号	标准
类别	组别		
Fe-8	Fe-8-1	0Crl8Nil2Mo2Ti	GB/T 13296，GB/T 14976
		lCrl8Nil2Mo2Ti	GB/T 13296
		lCrl8Nil2Mo3Ti	GB/T 13296
		0Crl8Nil3Si4	GB/T 13296
		015Cr21Ni26Mo5Cu2（S39042）	NB/T 47010
		CF3	GB/T 12230
		CF3M	GB/T 12230
		CF8	GB/T 12230
		CF8M	GB/T 12230
		CF8C	GB/T 12230
	Fe-8-2	06Cr23Nil3	GB/T 4237
		0Cr23Nil3	GB/T 12459，GB/T 12771，GB/T 13296，GB/T 13401，GB/T 14976
		2Cr23Nil3	GB/T 13296
		06Cr25Ni20（S31008）	GB/T 24511，NB/T 47010
		0Cr25Ni20	GB/T 12459，GB/T 12771，GB/T 13296，GB/T 13401，GB/T 14976
		2Cr25Ni20	GB/T 13296
Fe-9B		10Ni3MoVD	NB/T 47009
		06Ni3MoDG	GB/T 12459，GB/T 18984
		ZG 14Ni4D	GB/T 16253
		08Ni3DR	GB/T 150.2
		08Ni3D	NB/T 47009
Fe-10I	—	00Cr27Mo	GB/T 13296
Fe-10H	—	022Crl9Ni5Mo3Si2N（S21953）	GB/T 21832，GB/T 21833，GB/T 24511，NB/T 47010
		022Cr22Ni5Mo3N（S22253）	GB/T 21832，GB/T 21833，GB/T 24511，NB/T 47010
		022Cr23Ni5Mo3N（S22053）	GB/T 21832，GB/T 21833，GB/T 24511，NB/T 47010
		022Cr25Ni7Mo4N	GB/T 21833
Al-1	—	1050A	GB/T 3880.2，GB/T 4437.1，GB/T 6893
		1060	GB/T 3880.2，GB/T 4437.1，GB/T 6893
		1200	GB/T 3880.2，GB/T 4437.1，GB/T 6893
		3003	GB/T 3880.2，GB/T 4437.1，GB/T 6893，JB/T 4734
Al-2	—	3004	GB/T 3880.2

续表

母材		牌号、级别、型号	标准
类别	组别		
Al−2	—	5052	GB/T 3880.2，GB/T 4437.1，GB/T 6893
		5454	GB/T 4437.1
		5A03	GB/T 3880.2，GB/T 6893
Al−3	—	6061	GB/T 4437.1，GB/T 6893，JB/T 4734
		6063	GB/T 4437.1，GB/T 6893
		6A02	GB/T 3880.2，GB/T 4437.1，GB/T 6893
Al−4	—	—	—
Al−5	—	5083	GB/T 3880.2，GB/T 4437.1，GB/T 6893，JB/T 4734
		5086	GB/T 3880.2，GB/T 4437.1
		5A05	GB/T 3880.2，GB/T 6893
Ti−1	—	TA0	GB/T 3621，GB/T 3624，GB/T 3625，GB/T 16598
		TA1	GB/T 3621，GB/T 3624，GB/T 3625，GB/T 16598
		ZTil	GB/T 6614
		TA1−A	GB/T 14845
		TA9	GB/T 3621，GB/T 3624，GB/T 3625，GB/T 16598
Ti−2	—	TA2	GB/T 3621，GB/T 3624，GB/T 3625，GB/T 16598
		TA3	GB/T 3621，GB/T 16598
		TA10	GB/T 3621，GB/T 3624，GB/T 3625，GB/T 16598
		ZTi2	GB/T 6614
Cu−1	—	T2	GB/T 1527，GB/T 2040，GB/T 4423，GB/T 17791
		TP1	GB/T 1527，GB/T 2040，GB/T 17791
		TP2	GB/T 1527，GB/T 2040，GB/T 17791
		TU2	GB/T 2040，GB/T 17791
Cu−2	—	H62	GB/T 1527，GB/T 2040
		HSn62−1	GB/T 1527，GB/T 2040
		HSn70−1	GB/T 1527，GB/T 8890
		HA177−2	GB/T 8890
Cu−3	—	QSi3−1	GB/T 4423
Cu−4	—	B19	GB/T 2040
		BFelO−1−1	GB/T 2040，GB/T 8890
		BFe30−1−1	GB/T 2040，GB/T 4423，GB/T 8890
Cu−5	—	QA1 5	GB/T 2040
		QA1 9−4	GB/T 1528
		ZCuAl 10Fe3	GB/T 1176

母材		牌号、级别、型号	标准
类别	组别		
Ni-1	—	N5	GB/T 2054
		N6	GB/T2054, GB/T2882, GB/T 4435, GB/T 12459, YB/T 5264
		N7	GB/T 2054
Ni-2	—	NCu30	GB/T 2054, GB/T 12459, NB/T 47046, NB/T 47047, JB 4743
Ni-3	—	NS312	GB/T 2882, GB/T 12459, GB/T 15008, YB/T 5353, YB/T 5354
		NS315	GB/T 15008
		NS334	GB/T 2882, GB/T 12459, GB/T 15008, YB/T 5353, YB/T 5354
		NS335	GB/T 15008, YB/T 5264, YB/T 5353, YB/T 5354
		NS336	GB/T 15008, YB/T 5353, YB/T 5354
Ni-4	—	NS321	GB/T 15008, YB/T 5353, YB/T 5354
		NS322	GB/T 15008, YB/T 5353, YB/T 5354
Ni-5	—	NS111	GB/T 2882, GB/T 12459, GB/T 15008, YB/T 5264, YB/T 5353, YB/T 5354
		NS112	GB/T 2882, GB/T 12459, GB/T 15008, YB/T 5264, YB/T 5353, YB/T 5354
		NS 142	GB/T 15008, YB/T 5353, YB/T 5354
		NS143	GB/T 15008
		015Cr21Ni26Mo5Cu2	GB/T 24511, NB/T 47010

3. 焊接材料及分类

焊接材料有焊条、焊丝、填充丝、焊带、焊剂、预置填充金属、金属粉、板极、熔嘴等。焊条分类如表8-6所示。气焊、气体保护焊、等离子弧焊用焊丝和填充丝分类如表8-7所示。埋弧焊用焊丝分类如表8-8所示。碳钢、低合金钢和不锈钢埋弧焊用焊剂分类如表8-9所示。

表8-6 焊条分类

分类代号	分类依据	标准及型号示例	
FeT-1-1	熔敷金属抗拉强度 420 MPa，用于焊接 Fe-1-1 组的 E43 系列焊条	NB/T 47018.2	E43xx
FeT-1-2	熔敷金属抗拉强度 490 MPa，用于焊接 Fe-1-2 组的 E50 系列焊条	NB/T 47018.2	E50xx E50xx-x
FeT-1-3	熔敷金属抗拉强度 540 MPa，用于焊接 Fe-1-3 组的 E55 系列焊条	NB/T 47018.2	E55xx-x
FeT-1-4	熔敷金属抗拉强度 590 MPa，用于焊接 Fe-1-4 组的 E60 系列焊条	NB/T 47018.2	E60xx-D1
FeT-2	—	—	
FeT-3-1	熔敷金属公称成分与 Fe-3-1 组钢材类似，用于焊接 Fe-3-1 组的低合金钢焊条	NB/T 47018.2	E55xx-B1
FeT-3-2	熔敷金属公称成分与 Fe-3-2 组钢材类似，用于焊接 Fe-3-2 组的低合金钢焊条	NB/T 47018.2	E55xx-G

续表

分类代号	分类依据	标准及型号示例	
FeT-3-3	熔敷金属公称成分与 Fe-3-3 组钢材类似，用于焊接 Fe-3-3 组的低合金钢焊条	NB/T 47018.2	E60xx-D1
FeT-4	熔敷金属公称成分与 Fe-4 类钢材类似，用于焊接 Fe-4 类钢的低合金钢焊条	NB/T 47018.2	E55xx-B2 E55xx-B2-V
FeT-5A	熔敷金属公称成分与 Fe-5A 类钢材类似，用于焊接 Fe-5A 类钢的低合金钢焊条	NB/T 47018.2	E60xx_B3
FeT-5B	熔敷金属公称成分与 Fe-5B 类钢材类似，用于焊接 Fe-5B 类钢的低合金钢或不锈钢焊条	NB/T 47018.2	E5MoV-15
FeT-5C	熔敷金属公称成分与 Fe-5C 类钢材类似，用于焊接 Fe-5C 类钢的低合金钢焊条	—	
FeT-6	熔敷金属为马氏体组织的不锈钢焊条	NB/T 47018.2	E410-xx
FeT-7	熔敷金属为铁素体组织的不锈钢焊条	—	
FeT-8	熔敷金属为奥氏体组织的不锈钢焊条	NB/T 47018.2	E308-xx E347-xx E316L-xx
FeT-9B	熔敷金属含 Ni 量不小于 3.5%，用于焊接 Fe-9B 类钢的低温钢焊条	—	
FeT-10I	熔敷金属公称成分与 Fe-10I 相类似，用于焊接 Fe-10I 类钢的不锈钢焊条	—	
Fe-10H	熔敷金属为奥氏体－铁素体组织的不锈钢焊条	—	
CuT-1	纯铜类焊条	GB/T 3670	ECu
CuT-2	青铜类的铜硅合金焊条	GB/T 3670	ECuSi-A ECuSi-B
CuT-3	青铜类的铜锡合金焊条	GB/T 3670	ECuSn-A ECuSn-B
CuT-4	白铜类的铜镍合金焊条	GB/T 3670	ECuNi-A ECuNi-B
CuT-6	青铜类的铜铝合金焊条	GB/T 3670	ECuAl-A2 ECuAl-B ECuAl-C
CuT-7	青铜类的铜镍铝合金焊条	GB/T 3670	ECuAlNi ECuMnAlNi
NiT-1	纯镍焊条	GB/T 13814	ENi2061
NiT-2	镍铜合金焊条	GB/T 13814	ENi 4060
NiT-3	镍基类镍铬铁合金焊条和镍铬钼合金焊条	GB/T 13814	ENi 6062 ENi 6133 ENi 6182 ENi 6093 ENi 6002 ENi 6625 ENi 6276 ENi 6275 ENi 6620 ENi 6455

续表

分类代号	分类依据	标准及型号示例	
NiT-4	镍基类镍钼合金焊条	GB/T 13814	ENi 1001 ENi 1004 ENi 1066
NiT-5	铁镍基类镍铬钼合金焊条	GB/T 13814	ENi 6985

表8-7 气焊、气体保护焊、等离子弧焊用焊丝和填充丝分类

分类代号	分类依据	标准及型号示例	
FeS-1-1	熔敷金属抗拉强度 420 MPa，用作焊接 Fe-1-1组的焊丝、填充丝	—	
FeS-1-2	熔敷金属抗拉强度 490 MPa，用作焊接 Fe-1-2 组的焊丝、填充丝	NB/T 47018.3	ER49-1 ER50-6
FeS-1-3	熔敷金属抗拉强度 540 MPa，用作焊接 Fe-1-3 组的焊丝、填充丝	NB/T 47018.3	ER55-D2 ER55-D2-Ti
FeS-1-4	熔敷金属抗拉强度 590 MPa，用作焊接 Fe-1-4 组的焊丝、填充丝	—	
FeS-2	—		
FeS-3-1	熔敷金属公称成分与 Fe-3-1 组钢材类似，用作焊接 Fe-3-1 组钢的低合金钢焊丝、填充丝	—	
FeS-3-2	熔敷金属公称成分与 Fe-3-2 组钢材类似，用作焊接 Fe-3-2 组钢的低合金钢焊丝、填充丝	—	
FeS-3-3	熔敷金属公称成分与 Fe-3-3 组钢材类似，用作焊接 Fe-3-3 组钢的低合金钢焊丝、填充丝	—	
FeS-4	熔敷金属公称成分与 Fe-4 类钢材类似，用作焊接 Fe-4 类钢的低合金钢焊丝、填充丝	NB/T 47018.3	ER55-B2 ER55-B2-MnV
FeS-5A	熔敷金属公称成分与 Fe-5A 类钢材类似，用作焊接 Fe-5A 类钢的低合金钢焊丝、填充丝	NB/T 47018.3	ER62-B3 ER62-B3L
FeS-5B	熔敷金属公称成分与 Fe-5B 类钢材类似，用作焊接 Fe-5B 类钢的低合金钢或不锈钢焊丝、填充丝	—	
FeS-5C	熔敷金属公称成分与 Fe-5C 类钢材类似，用作焊接 Fe-5C 类钢的低合金钢焊丝、填充丝	—	
FeS-6	熔敷金属为马氏体组织的不锈钢焊丝、填充丝	—	
FeS-7	熔敷金属为铁素体组织的不锈钢焊丝、填充丝	—	
FeS-8	熔敷金属为奥氏体组织的不锈钢焊丝、填充丝	—	
FeS-9B	熔敷金属含 Ni 量不小于 3.5%，用作焊接 Fe-9B 类钢 的低温钢焊丝、填充丝	NB/T 47018.3	ER55-C3
FeS-10I	熔敷金属公称成分与 Fe-10I 相类似，用作焊接 Fe-10I 类钢的不锈钢焊丝、填充丝		

续表

分类代号	分类依据	标准及型号示例	
FeS-IOH	熔敷金属为奥氏体-铁素体组织的不锈钢焊丝、填充丝	—	
AIS-1	纯铝焊丝和填充丝	NB/T 47018.6	ER 1100, R 1100 ER 1188, R 1188
AIS-2	铝镁焊丝和填充丝	NB/T 47018.6	ER 5183, R 5183 ER 5356, R 5356 ER 5554, R 5554 ER 5556, R 5556 ER 5654, R 5654
AIS-3	铝硅焊丝和填充丝	NB/T 47018.6	ER 4145, R 4145 ER 4043, R 4043 ER 4047, R 4047
TiS-1	纯钛焊丝和填充丝	NB/T 47018.7	ER TA1ELI ER TA2ELI ER TA3ELI ER TA4ELI
TiS-2	公称成分为 Ti-Pd 的焊丝和填充丝	NB/T 47018.7	ER TA9
TiS-4	公称成分为 Ti-0.3Mo-0.8Ni 的焊丝和填充丝	NB/T 47018.7	ER TA12
CuS-1	纯铜类焊丝和填充丝	GB/T 9460	SCu 1898
CuS-2	青铜类的铜硅合金焊丝和填充丝	GB/T 9460	SCu 6560
CuS-3	青铜类的铜锡合金焊丝和填充丝	GB/T 9460	SCu 5210
CuS-4	白铜类的铜镍合金焊丝和填充丝	GB/T 9460	SCu 7158
CuS-6	青铜类的铜铝合金焊丝和填充丝	GB/T 9460	SCu 6100A
CuS-7	青铜类的铜镍铝合金焊丝和填充丝	GB/T 9460	SCu 6325
NiS-1	纯镍焊丝和填充丝	GB/T 15620	SNi 2061
NiS-2	镍铜合金焊丝和填充丝	GB/T 15620	SNi 4060
NiS-3	镍基类镍铬钼合金和镍铬钼铁合金焊丝及填充丝	GB/T 15620	SNi 6082 SNi 6062 SNi 7092 SNi 6002 SNi 6625 SNi 6276 SNi 6455
NiS-4	镍基类镍铝合金焊丝和填充丝	GB/T 15620	SNi 1001 SNi 1003 SNi 1004 SNi 1066
NiS-5	铁镍基类镍铬铝合金和镍铬铁合金焊丝及填充丝	GB/T 15620	SNi 6975 SNi 6985 SNi 8065

表 8-8　埋弧焊用焊丝分类

分类代号	分类依据	标准及牌号示例	
FeMS-1-1	熔敷金属抗拉强度 415 MPa，用作焊接 Fe-1-1 组的埋弧焊焊丝	NB/T 47018.4	H08A H08MnA
FeMS-1-2	熔敷金属抗拉强度 480 MPa，用作焊接 Fe-1-2 组的埋弧焊焊丝	NB/T 47018.4	H08MnA H10Mn2 H10MnSi
FeMS-1-3	熔敷金属抗拉强度 550 MPa，用作焊接 Fe-1-3 组的埋弧焊焊丝	NB/T 47018.4	H08MnMoA H10Mn2 Hl0MnSi
FeMS-1-4	熔敷金属抗拉强度 620 MPa，用作焊接 Fe-1-4 组的埋弧焊焊丝	NB/T 47018.4	H08Mn2MoA H08Mn2MoVA H08MnMoA
FeMS-2	—		—
FeMS-3-1	熔敷金属公称成分与 Fe-3-1 组钢材类似，用作焊接 Fe-3-1 组钢的低合金钢埋弧焊焊丝	NB/T 47018.4	H08CrMoA H13CrMoA
FeMS-3-2	熔敷金属公称成分与 Fe-3-2 组钢材类似，用作焊接 Fe-3-2 组钢的低合金钢埋弧焊焊丝	NB/T 47018.4	H08MnMoA H10Mn2 H10MnSi
FeMS-3-3	熔敷金属公称成分与 Fe-3-3 组钢材类似，用作焊接 Fe-3-3 组钢的低合金钢埋弧焊焊丝	NB/T 47018.4	H08Mn2MoA H08Mn2MoVA
FeMS-4	熔敷金属公称成分与 Fe-4 类钢材类似，用作焊接 Fe-4 类钢的低合金钢埋弧焊焊丝	NB/T 47018.4	H08CrMoVA H08CrMoA H13CrMoA
FeMS-5A	熔敷金属公称成分与 Fe-5A 类钢材类似，用作焊接 Fe-5A 类钢的低合金钢埋弧焊焊丝		—
FeMS-5B	熔敷金属公称成分与 Fe-5B 类钢材类似，用作焊接 Fe-5B 类钢的低合金钢或不锈钢埋弧焊焊丝		—
FeMS-5C	熔敷金属公称成分与 Fe-5C 类钢材类似，用作焊接 Fe-5C 类钢的低合金钢埋弧焊焊丝		—
FeMS-6	熔敷金属为马氏体组织的不锈钢埋弧焊焊丝	NB/T 47018.4	H12Crl3
FeMS-7	熔敷金属为铁素体组织的不锈钢埋弧焊焊丝	NB/T 47018.4	H10Crl7
FeMS-8	熔敷金属为奥氏体组织的不锈钢埋弧焊焊丝	NB/T 47018.4	H08Cr2lNil0 H03Cr21Nil0 H08Crl9Nil2Mo2 H03Crl9Nil2Mo2 H08Cr20Nil0Nb
FeMS-9B	熔敷金属含 Ni 量不小于 3.5%，用作焊接 Fe-9B 类钢的低温钢焊丝		—
FeMS-10I	熔敷金属公称成分与 Fe-10I 相类似，用作焊接 Fe-10I 类钢的不锈钢埋弧焊焊丝		—

续表

分类代号	分类依据	标准及牌号示例
FeMS-10H	熔敷金属为奥氏体 - 铁素体组织的不锈钢埋弧焊焊丝	—

表 8-9 碳钢、低合金钢和不锈钢埋弧焊用焊剂分类

类别代号	焊剂型号、类型	焊剂标准
FeG-1	F4× ×-H× × ×	NB/T 47018.4（限 GB/T 5293）
FeG-2	F5× ×-H× × ×	
	F48× ×-H× × ×	NB/T 47018.4（限 GB/T 12470）
FeG-3	F55× ×-H× × ×	
FeG-4	F62× ×-H× × ×	
FeG-5	熔炼焊剂	NB/T 47018.4（限 GB/T 17854）
FeG-6	烧结焊剂	

4. 焊后热处理及分类

对于钢材类焊后热处理的类别有以下几种。

（1）不进行焊后热处理。

（2）低于下转变温度进行焊后热处理。

（3）高于上转变温度进行焊后热处理（如正火）。

（4）先在高于上转变温度进行焊后热处理，然后再在低于下转变温度进行焊后热处理（即正火或淬火＋回火）。

（5）在上下转变温度之间进行焊后热处理。

（二）焊接方法的专用焊接工艺评定因素及分类

焊接方法的专用焊接工艺评定因素分为重要因素、补加因素和次要因素。

重要因素是指影响焊接接头力学性能和弯曲性能（冲击韧性除外）的焊接工艺评定因素。

补加因素是指影响焊接接头冲击韧性的焊接工艺评定因素，当规定进行冲击试验时，需增加补加因素。

次要因素是指对要求测定的力学性能和弯曲性能无明显影响的焊接工艺评定因素。

焊接方法的专用焊接工艺评定因素及分类，如表 8-10 所示。

表8-10　焊接方法的专用焊接工艺评定因素及分类

类别	焊接工艺评定因素	重要因素									补加因素									次要因素								
		气焊	焊条电弧焊	埋弧焊	熔化极气体保护焊	钨极气体保护焊	等离子弧焊	气电立焊	螺柱电弧焊	摩擦焊	气焊	焊条电弧焊	埋弧焊	熔化极气体保护焊	钨极气体保护焊	等离子弧焊	气电立焊	螺柱电弧焊	摩擦焊	气焊	焊条电弧焊	埋弧焊	熔化极气体保护焊	钨极气体保护焊	等离子弧焊	气电立焊	螺柱电弧焊	摩擦焊
接头	（1）改变坡口形式	—	—	—	—	—	—	—	—	—	—	—	—	—	—	—	○	—	—	○	—	—	—	—	○	○	—	—
	（2）增加或取消衬垫	—	—	—	—	—	—	—	—	—	—	—	—	—	—	—	—	—	—	—	—	—	—	—	—	—	—	—
	（3）改变衬垫的公称成分	—	—	—	—	—	—	—	—	—	—	—	—	—	—	—	—	—	—	○	○	○	○	—	○	—	—	—
	（4）改变坡口根部间隙	—	—	—	○	—	—	—	—	—	—	—	—	—	—	—	—	—	—	○	○	○	○	—	○	○	—	—
	（5）取消单面焊时的衬垫（双面焊按有衬垫的单面焊考虑）	—	—	—	—	—	—	○	—	—	—	—	—	—	—	—	—	—	—	—	○	○	○	—	○	—	—	—
	（6）增加或取消非金属或非金属的焊接熔池金属熔敷（或焊缝背面成形块）	—	—	—	—	—	—	—	—	—	—	—	—	—	—	—	—	—	—	—	○	—	○	○	○	—	—	—
	（7）增加衬垫，或改变衬垫的公称成分	—	—	—	—	—	—	—	—	—	—	—	—	—	—	—	—	—	—	—	—	—	—	○	○	—	—	—
	（8）改变螺柱端部的尺寸和形状	—	—	—	—	—	—	—	○	—	—	—	—	—	—	—	—	—	—	—	—	—	—	—	—	—	—	—
	（9）改变电弧保护套圈型号或焊剂型号	—	—	—	—	—	—	—	○	—	—	—	—	—	—	—	—	—	—	—	—	—	—	—	—	—	—	—
	（10）两工件端部焊接平面与旋转轴线夹角变化大于评定值±10°	—	—	—	—	—	—	—	—	○	—	—	—	—	—	—	—	—	—	—	—	—	—	—	—	—	—	—
	（11）焊接接头横截面积的变化大于评定值10%，或两工件相焊处，从实心截面改变为空心截面，或反之	—	—	—	—	—	—	—	—	○	—	—	—	—	—	—	—	—	—	—	—	—	—	—	—	—	—	—
	（12）管－管相焊处的外径变化超出评定试件±10%	—	—	—	—	—	—	—	—	—	—	—	—	—	—	—	—	—	—	—	—	—	—	—	—	—	—	—
填充金属	（1）改变焊条直径	—	—	—	—	—	—	—	—	—	—	—	—	—	—	—	—	—	—	—	○	○	—	—	—	—	—	—
	*（2）焊条的直径改为大于6 mm	—	—	—	—	—	—	—	—	—	—	○	—	—	—	—	—	—	—	—	○	—	—	—	—	—	—	—
	（3）改变焊丝直径	—	—	—	—	—	—	—	—	—	—	—	—	—	—	—	—	—	—	—	—	—	—	—	—	—	—	—
	（4）改变混合焊剂的混合比例	—	—	○	—	—	—	—	—	—	—	—	○	—	—	—	—	—	—	—	○	—	—	—	—	—	—	—
	（5）增加或取消金属填充金属	—	—	○	—	—	—	—	—	—	—	—	—	—	—	—	—	—	—	—	○	—	—	○	—	—	—	—
	（6）添加或取消附加的填充焊丝与评定值比，其体积改变超过10%	—	—	—	○	—	—	—	—	—	—	—	—	—	—	—	—	—	—	—	—	—	—	○	—	—	—	—
	（7）改变填充金属横截面尺寸	—	—	○	—	—	—	—	—	—	—	—	—	—	—	—	—	—	—	—	—	—	—	—	—	—	—	—
	（8）实芯焊丝、药芯焊丝，金属粉之间变更	—	—	—	—	—	—	—	—	—	—	—	—	—	—	—	—	—	—	—	—	—	—	—	—	—	—	—
	（9）增加或取消可熔性嵌条	—	—	—	○	—	—	—	—	—	—	—	—	—	—	—	—	—	—	—	—	—	—	○	○	—	—	—
	（10）若焊缝金属合金含量主要取决于附加填充金属，当焊接工艺改变引起焊缝金属中重要合金元素超出评定范围	—	—	○	—	—	—	—	—	—	—	—	—	—	—	—	—	—	—	—	—	—	—	—	—	—	—	—

类别	焊接工艺评定因素	重要因素									补加因素									次要因素								
		气焊	焊条电弧焊	埋弧焊	熔化极气体保护焊	钨极气体保护焊	等离子弧焊	气电立焊	螺柱电弧焊	摩擦焊	气焊	焊条电弧焊	埋弧焊	熔化极气体保护焊	钨极气体保护焊	等离子弧焊	气电立焊	螺柱电弧焊	摩擦焊	气焊	焊条电弧焊	埋弧焊	熔化极气体保护焊	钨极气体保护焊	等离子弧焊	气电立焊	螺柱电弧焊	摩擦焊
焊接位置	（1）与评定试件相比，增加焊接位置	—	—	—	—	—	—	—	○	—	—	—	—	—	—	—	—	—	—	—	○	—	—	—	○	—	—	—
	（2）需做清根处理的根部焊道向上立焊或向下立焊	—	—	—	—	—	—	—	—	—	—	—	—	—	—	—	—	—	—	—	○	—	—	—	○	—	—	—
	*（3）从评定合格的焊接位置改变为向上立焊	—	○	○	○	○	○	○	—	○	—	—	—	○	○	○	—	—	—	—	—	—	—	—	—	○	—	—
预热	（1）预热温度比已评定值降低 50 ℃以上	—	○	○	○	○	○	—	—	—	—	—	—	—	—	—	—	—	—	○	—	—	—	—	—	—	—	—
焊后热	*（2）道间最高温度比经评定记录值高 50 ℃以上	—	—	—	—	—	—	—	—	—	○	—	—	—	○	○	—	—	—	—	—	—	—	—	—	—	—	—
	（3）施焊结束至焊后热处理前，改变后热温度和保温时间	—	○	○	○	○	○	—	—	—	—	—	—	—	—	—	—	—	—	—	—	—	—	—	—	—	—	—
气体	（1）改变可燃气体种类	○	—	—	—	—	—	—	—	—	—	—	—	—	—	—	—	—	—	—	—	—	—	—	—	—	—	—
	（2）改变气体保护方式（如真空、惰性气体等）	—	—	—	—	—	—	—	—	○	—	—	—	—	—	—	—	—	—	—	—	—	—	—	—	—	—	—
	（3）改变单一保护气体种类；改变混合保护气体规定配比；从单一保护气体改用混合保护气体或反之；增加或取消保护气体	—	—	—	○	○	○	○	—	—	—	—	—	—	—	—	—	—	—	—	—	—	—	—	—	—	—	—
	（4）当类别号为 Fe-10I，Ti-1，Ti-2，Ni-1～Ni-5 时，取消焊缝背面保护气体，或背面保护气体从惰性气体改为混合气体	—	—	—	—	○	○	—	—	—	—	—	—	—	—	—	—	—	—	—	—	—	—	—	—	—	—	—
	（5）当焊接 Fe-10I，Ti-1，Ti-2 类材料时，取消尾部保护气体；尾部保护气流量比评定值减少 10% 或更多	—	—	—	○	○	○	—	—	—	—	—	—	—	—	—	—	—	—	—	—	—	—	—	—	—	—	—
	（6）改变喷嘴和保护气体改变为混合气体的流量和组成	—	—	—	—	—	—	—	—	—	—	—	—	—	○	○	—	—	—	—	—	—	—	—	—	—	—	—
	（7）增加或取消尾部保护气体或改变尾部保护气体成分	—	—	—	—	—	—	—	—	—	—	—	—	○	○	○	—	—	—	—	—	—	—	—	—	—	—	—
	（8）保护气流量改变超出规定范围	—	—	—	—	—	—	—	—	—	—	—	—	○	○	○	○	—	—	—	—	—	—	—	—	—	—	—
	（9）增加或取消背面保护气体，改变背面保护气体规定的流量和组成	—	—	—	—	—	—	—	—	—	—	—	—	○	○	○	—	—	—	—	—	—	—	—	—	—	—	—
电特性	（1）改变电流种类或极性	—	—	—	—	—	—	○	—	—	—	—	—	—	—	—	—	—	—	—	○	○	○	○	○	○	—	—
	*（2）增加线能量或单位长度焊道的熔敷金属体积超过评定合格值	—	—	—	—	—	—	—	—	—	—	—	—	—	—	—	○	—	—	—	—	—	—	—	—	—	—	—
	（3）改变焊接电流范围，除焊条电弧焊、钨极气体保护焊外改变电弧电压范围	—	—	—	—	—	—	—	—	—	—	—	—	—	—	—	—	—	—	—	—	—	○	—	○	○	—	—
	（4）在直流电源上叠加或取消脉冲电流	—	—	—	—	○	—	—	—	—	—	—	—	—	—	—	—	—	—	—	—	—	—	—	—	—	—	—
	（5）钨极的种类或直径	—	—	—	—	○	—	—	—	—	—	—	—	—	—	—	—	—	—	—	—	—	—	—	—	—	—	—
	（6）从喷射弧、熔滴或脉冲弧改变为短路弧，或反之	—	—	—	○	—	—	—	—	—	—	—	—	—	—	—	—	—	—	—	—	—	—	—	—	—	—	—
	（7）与评定值相比，改变电弧时间超过±0.1 s	—	—	—	—	—	—	—	○	—	—	—	—	—	—	—	—	—	—	—	—	—	—	—	—	—	—	—
	（8）与评定值相比，改变电流超过±10%	—	—	—	—	—	—	—	○	—	—	—	—	—	—	—	—	—	—	—	—	—	—	—	—	—	—	—
	（9）改变焊接电源类型	—	—	—	—	—	—	—	○	—	—	—	—	—	—	—	—	—	—	—	—	—	—	—	○	○	—	—

续表

类别	焊接工艺评定因素	重要因素									补加因素									次要因素							
		气焊	焊条电弧焊	埋弧焊	熔化极气体保护焊	钨极气体保护焊	等离子弧焊	气电立焊	螺柱电弧焊	摩擦焊	气焊	焊条电弧焊	埋弧焊	熔化极气体保护焊	钨极气体保护焊	等离子弧焊	气电立焊	螺柱电弧焊	摩擦焊	焊条电弧焊	埋弧焊	熔化极气体保护焊	钨极气体保护焊	等离子弧焊	气电立焊	螺柱电弧焊	摩擦焊
技术措施	(1) 从氧化焰改为还原焰，或反之	—	—	—	—	—	—	—	—	—	—	—	—	—	—	—	—	—	○	—	—	—	—	—	—	—	—
	(2) 左焊法或右焊法	—	—	—	—	—	—	—	—	—	—	—	—	—	—	—	—	—	—	—	—	—	—	—	—	—	—
	(3) 不摆动焊或摆动焊	—	—	—	—	—	—	—	—	—	—	—	—	—	—	—	—	—	—	—	—	—	—	○	—	—	—
	(4) 改变焊前清理和清层间清理方法	—	—	—	—	—	—	—	—	—	—	—	—	—	—	—	—	—	—	—	○	○	○	○	○	—	—
	(5) 改变清根方法	—	—	—	—	—	—	—	—	—	—	—	—	—	—	—	—	—	—	—	○	○	○	○	—	—	—
	(6) 机动焊、自动焊时，改变电极（焊丝、钨极）摆动幅度、频率和两端停留时间	—	—	—	—	—	—	—	—	—	—	—	—	—	—	—	—	—	—	—	—	○	○	○	○	—	—
	(7) 改变导电嘴至工件的距离	—	—	—	—	—	—	—	—	—	—	—	—	—	—	—	—	—	—	—	—	—	—	—	—	—	—
	*(8) 由每面多道焊改为每面单道焊	—	—	—	—	—	—	○	—	—	—	—	—	○	○	○	—	—	—	—	○	○	○	○	○	—	—
	*(9) 机动焊、自动焊时，单丝焊改为多丝焊，或反之	—	—	—	—	—	—	○	—	—	—	—	—	○	○	○	—	—	—	—	○	○	○	○	○	—	—
	(10) 机动焊、自动焊时，改变电极间距	—	—	—	—	—	—	—	—	—	—	—	—	—	—	—	—	—	—	—	—	—	—	—	—	—	—
	(11) 从手工焊、半自动焊改为机动焊、自动焊，或反之	—	—	—	—	—	—	—	○	—	—	—	—	—	—	—	—	—	—	—	—	—	—	—	—	—	—
	(12) 有无锤击焊缝	—	—	—	—	—	—	—	—	—	—	—	—	—	—	—	—	—	—	—	—	—	—	—	—	—	—
	(13) 嘴孔、喷嘴尺寸	—	—	—	—	—	—	—	—	—	—	—	—	—	—	—	—	—	—	—	—	—	—	○	—	—	—
	(14) 改变螺柱焊枪型号；与评定变化值相比，提升高度变化超过0.8 mm	—	—	—	—	—	—	—	○	—	—	—	—	—	—	—	—	—	—	—	—	—	—	—	—	—	—
	(15) 与评定值相比，工件外表面线速度变化量大于评定值±10%	—	—	—	—	—	—	—	—	○	—	—	—	—	—	—	—	—	—	—	—	—	—	—	—	—	—
	(16) 机动焊变化量大于评定值±10%	—	—	—	—	—	—	—	—	○	—	—	—	—	—	—	—	—	—	—	—	—	—	—	—	—	—
	(17) 转动能量变化量大于评定值±10%	—	—	—	—	—	—	—	—	○	—	—	—	—	—	—	—	—	—	—	—	—	—	—	—	—	—
	(18) 顶锻变形量变化量大于评定值±10%	—	—	—	—	—	—	—	—	—	—	—	—	—	—	—	—	○	—	—	—	—	—	—	—	—	—
	(19) 填丝焊改为小孔焊，或反之、或改为两者兼有	—	—	—	—	—	—	—	—	—	—	—	—	—	—	○	—	—	—	—	—	—	—	—	—	—	—
	(20) 对于纯钛、钛铝合金，在密封室内焊接，改变为密封室外焊接	—	—	—	—	○	○	—	—	—	—	—	—	—	—	—	—	—	—	—	—	—	—	—	—	—	—

资料来源：NB/T 47014—2011《承压设备焊接工艺评定》。

注：1. 符号"○"表示该焊接工艺评定因素对该焊接方法为评定因素，符号"—"表示焊接工艺评定因素对该焊接方法不作为评定因素。

2. 符号"*"为当经高于上转变温度的焊后热处理或奥氏体母材焊后经固溶处理时不作为补加因素。

3. 药芯焊丝电弧焊的焊接工艺评定因素与熔化极气体保护焊相同。

二、对接焊缝、角焊缝焊接工艺评定规则

焊接生产中用于焊接新产品的焊接工艺，必须按 NB/T 47014—2011 进行焊接工艺评定，合格后才能使用。如果正常生产的焊接产品，当某一焊接工艺因素发生改变，是否需要对改变的工艺因素进行重新评定，NB/T 47014—2011 对此也作出了明确规定。此外，NB/T 47014—2011 也规定了某些工艺评定合格项目（即结果）的适用（或替代）范围；也提出了免于焊接工艺评定的前提和条件等。下面是针对对接焊缝和角焊缝焊接工艺评定的主要规则。

（一）各种焊接方法的通用评定规则

（1）焊接方法的评定规则：凡是改变焊接方法，必须重新进行焊接工艺评定。

（2）母材的评定规则如下。

①钢材类别的评定规则（螺柱焊、摩擦焊除外）。当钢材的类别号改变，必须重新进行焊接工艺评定；采用焊条电弧焊、埋弧焊、熔化极气体保护焊、钨极气体保护焊和等离子弧焊使用填丝工艺对 Fe-1 ～ Fe-5A 类别母材进行焊接工艺评定时，高类别号母材相焊评定合格的焊接工艺，适用于该高类别号母材与低类别号母材相焊；除此以外，当不同类别号的母材相焊时，即使母材各自的焊接工艺都已评定合格，其焊接接头仍需重新进行焊接工艺评定。当按规定对热影响区进行冲击试验时，若两类（组）别号母材之间相焊所拟定的预焊接工艺规程（pWPS）与他们各自相焊评定合格的焊接工艺相同，则这两类（组）别号母材之间相焊不需要重新进行焊接工艺评定。两类（组）别号母材之间相焊，经评定合格的焊接工艺也适用于这两类（组）别号母材各自相焊。

②钢材组别号的评定规则（螺柱焊、摩擦焊除外）。某一母材评定合格的焊接工艺，适用于同类别号、同组别号的其他母材；在同类别号中高组别号母材评定合格的焊接工艺，适用于该高组别号母材与低组别号母材相焊；组别号为 Fe-1-2 的母材评定合格的焊接工艺，适用于组别号为 Fe-1-1 的母材。除上述规定以外，母材组别号改变时都要重新进行焊接工艺评定。

③摩擦焊时母材的评定规则。当母材公称成分或抗拉强度等级改变时，需重新进行焊接工艺评定；若两种不同的公称成分或抗拉强度等级的母材组成焊接接头，即便母材各自焊接工艺都已评定合格，其焊接接头仍需重新进行焊接工艺评定。

（3）填充金属的评定规则。变更填充金属类别号的，需重新进行焊接工艺评定，但当用强度级别高的类别填充金属代替强度级别低的类别填充金属焊接 Fe-1、Fe-3 类母材时，可以不需要重新进行焊接工艺评定。

埋弧焊、熔化极气体保护焊、等离子弧焊的焊缝合金含量若主要取决于附加填充金属，当焊接工艺改变引起焊缝金属中主要合金元素成分超出评定范围的情况时，需重新进行焊接工艺评定。

埋弧焊、熔化极气体保护焊时，增加、取消附加填充金属或改变其体积超过 10% 者，需重新进行焊接工艺评定。

在同一类别填充金属中，当按规定进行冲击试验时，则用非低氢型药皮焊条代替低氢型（含 EXX10、EXX11）药皮焊条及用冲击试验合格指标较低的填充金属代替较高的填充金属（冲击试验合格指标较低时仍符合设计文件规定的除外），同为补加因素，需重新进行焊接工艺评定。

当 Fe-1 类钢材埋弧多层焊时，改变焊剂类型（中性焊剂、活性焊剂），需重新进行焊接工艺评定。

（4）焊后热处理的评定规则。改变焊后热处理类别，需重新进行焊接工艺评定。除气焊、螺柱电弧焊、摩擦焊外，当按规定进行冲击试验时，焊后热处理的保温温度或保温时间范围改变后，需重新进行焊接工艺评定。试件的焊后热处理应与焊件在制造过程中的焊后热处理基本相同，低于下转变温度进行焊后热处理时，试件保温时间不得少于焊件在制造过程中累计保温时间的 80%。

（5）试件厚度与焊件厚度的评定规则如下。

①对接焊缝试件评定合格的焊接工艺，适用于焊件厚度的有效范围按表 8-11 或表 8-12 的规定。

表 8-11　对接焊缝试件厚度与焊件厚度规定（试件进行拉伸试验和横向弯曲试验）

单位：mm

试件母材厚度 T	适用于焊件母材厚度的有效范围		适用于焊件焊缝金属厚度（t）的有效范围	
	最小值	最大值	最小值	最大值
< 1.5	T	2T	不限	2t
1.5 ≤ T ≤ 10	1.5	2T	不限	2t
10< T < 20	5	2T	不限	2t
20 ≤ T < 38	5	2T	不限	2t（t < 20）
20 ≤ T < 38	5	2T	不限	2T（t > 20）
38 ≤ T ≤ 150	5	200[①]	不限	2t（t < 20）
38 ≤ T ≤ 150	5	200[①]	不限	200[①]（t ≥ 20）
> 150	5	1.33T[①]	不限	2t（f < 20）
> 150	5	1.33T[①]	不限	1.33T[①]（t ≥ 20）

①限于焊条电弧焊、埋弧焊、钨极气体保护焊、熔化极气体保护焊，其余按表 8-13、表 8-14 或 2T、2t。

②用焊条电弧焊、埋弧焊、钨极气体保护焊、熔化极气体保护焊、等离子弧焊和气电立焊等焊接方法完成的试件，当按规定进行冲击试验时，焊接工艺评定合格后，若试件厚度 T ≥ 6 mm，适用于焊件母材厚度的有效范围最小值为试件厚度 T 与 16 mm 两者中的最小值；当 T < 6 mm 时，适用于焊件母材厚度的最小值为 T/2。如试件经高于上转变温度的焊后热处理或奥氏体材料焊后经固溶处理时，仍按表 8-11 或表 8-12 的规定。

表 8-12　对接焊缝试件厚度与焊件厚度规定（试件进行拉伸试验和纵向弯曲试验）

单位：mm

试件母材厚度 T	适用于焊件母材厚度的有效范围		适用于焊件焊缝金属厚度（t）的有效范围	
	最小值	最大值	最小值	最大值
< 1.5	T	2T	不限	2t
1.5 ≤ T ≤ 10	1.5	2T	不限	2t
> 10	5	2T	不限	2t

③当厚度大的母材焊件属于表 8-13 所列的情况时，评定合格的焊接工艺适用于焊件母材厚度的有效范围最大值参照表 8-13。

表 8-13　焊件在所列条件时试件母材厚度与焊件母材厚度规定

序号	焊件条件	试件母材厚度（T）/mm	适用于焊件母材厚度的有效范围	
			最小值	最大值
1	焊条电弧焊、埋弧焊、钨极气体保护焊、熔化极气体保护焊和等离子弧焊用于打底焊，当单独评定时	≥ 13	按表 8-11、表 8-12 或相关规定执行	按继续填充焊缝的其余焊接方法的焊接工艺评定结果确定
2	部分焊透的对接焊缝焊件	≥ 38		不限
3	返修焊、补焊	≥ 38		不限
4	不等厚的对接焊缝焊件，用等厚的对接焊缝试件来评定	≥ 6（类别号为 Fe-8、Ti-1、Ti-2、Ni-1、Ni-2、Ni-3、Ni-4、Ni-5 的母材，不进行冲击试验）		不限（厚边母材厚度）
		≥ 38（除类别号为 Fe-8、Ti-1、Ti-2、Ni-1，Ni-2、Ni-3、Ni-4，Ni-5 的母材外）		不限（厚边母材厚度）

④当试件符合表 8-14 所列的焊接条件时，评定合格的焊接工艺适用于表 8-14 中规定焊件的最大厚度。

⑤对接焊缝试件评定合格的焊接工艺用于焊件角焊缝时，焊件厚度的有效范围不限；角焊缝试件评定合格的焊接工艺用于非受压焊件角焊缝时，焊件厚度的有效范围不限。

表 8-14　试件在所列焊接条件时试件厚度与焊件厚度规定

序号	试件的焊接条件	适用于焊件的最大厚度 /mm	
		母材	焊缝金属
1	除气焊、螺柱电弧焊、摩擦焊外，试件经超过上转变温度的焊后热处理	1.1T	按表 8-11、表 8-12 中的相关规定执行
2	试件为单道焊或多道焊时，若其中任一焊道的厚度大于 13 mm	1.1T	
3	气焊	T	
4	短路过渡的熔化极气体保护焊时，若试件厚度小于 13 mm	1.1T	
5	短路过渡的熔化极气体保护焊时，若试件焊缝金属厚度小于 13 mm	按表 8-11、表 8-12 或按照相关规定执行	1.1T

（二）各种焊接方法的专用评定规则

（1）当变更任何一个重要因素时，都要重新进行焊接工艺评定。

（2）当增加或变更任一补加因素时，按增加或变更的附加因素，增焊冲击韧性用试件进行试验。

（3）当增加或变更次要因素时，不需重新进行焊接工艺评定，但需重新编制预焊接工艺规程（pWPS）。

通过工艺试验方法进行焊接工艺评定时，需按焊接工艺指导书，即预焊接工艺规程（pWPS）要求准备试件，按规定的焊接方法、焊接位置和给定的焊接参数对试件进行焊接，按规定的要求进行热处理和焊缝内外质量检查，按规定从试件上截取力学性能检测用的各种试样并对其进行检测试验，把检测的结果与合格的标准作对比，符合标准要求则评为合格。若有不合格的，则需改变焊接工艺，重新进行试验，直至全部合格为止。最后把评定合格的工艺记录、检测结果写成焊接工艺评定报告（即PQR），整个焊接工艺评定试验工作才算完成。下面介绍过程中几个主要环节。

（1）试件制备。

根据钢制压力容器焊接结构的特点，焊接工艺评定用的试件主要分为板状和管状两种形式，如图8-2所示。对接焊缝试件只有板状对接和管状对接两种，而角焊缝试件有板状角接、管与板角接和管与管角接三种。摩擦焊试件接头形式应与产品规定一致。

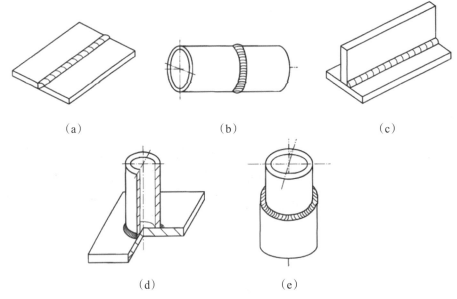

（a）　　　　　　　　　（b）　　　　　　　　　（c）

（d）　　　　　　　　　（e）

图8-2　对接焊缝和角焊缝工艺评定试件形式

（a）板状对接焊缝试件；（b）管状对接焊缝试件；（c）板状角焊缝试件；
（d）管与板角焊缝试件；（e）管与管角焊缝试件

（2）适用范围。

评定对接焊缝预焊接工艺规程时，采用对接焊缝试件，对接焊缝试件评定合格的焊接工艺，适用于焊件中的对接焊缝和角焊缝；评定非受压角焊缝预焊接工艺规程时，仅用角焊缝试件。

板状对接焊缝试件评定合格的焊接工艺，适用于管状焊件的对接焊缝，反之亦可。任一角焊缝试件评定合格的焊接工艺，适用于所有形式的焊件角的焊缝。

当同一条焊缝使用两种或两种以上焊接方法或重要因素、补加因素不同的焊接工艺时，可按每种焊接方法（或焊接工艺）分别进行评定，也可使用两种或两种以上焊接方法（或焊接工艺）焊接试件进行组合评定。

组合评定合格的焊接工艺用于焊件时，可以采用其中一种或几种焊接方法（或焊接工艺），但应保证其重要因素、补加因素不变。只需其中任一种焊接方法（焊接工艺）所评定的试件母材厚度来确定组合评定试件适用焊件母材厚度的有效范围。

（3）对试件制备的要求。

所制备的焊接工艺评定用的试件必须满足如下要求。

①母材、焊接材料和试件的焊接都必须符合拟定的预焊接工艺规程（即 pWPS）的要求。

②试件的数量和尺寸应满足制备试样的要求，试样也可直接在焊件上切取。

③对接焊缝试件厚度应充分考虑适用焊件厚度的有效范围。

因此，试件的材质、形状和尺寸大小是根据产品结构和生产的特点在综合了整个评定过程中所需做的全部检验和测试项目之后确定的。

任务五 试件和试样的检验要求

一、对接焊缝试件和试样的检验要求

对接焊缝试件和试样的检验要求如下。

（1）检验的项目有外观检查、无损检测、力学性能试验和弯曲试验，当规定进行冲击试验时，只对焊接接头作夏比冲击试验。

（2）外观检查和无损检测（按 JB/T 4730）的结果不得有裂纹。

（3）力学性能试验和弯曲试验项目与取样数量除另有规定外，也应符合表 8-15 的规定。

表 8-15 力学性能试验和弯曲试验项目和取样数量

试件母材的厚度 T/mm	拉伸试验 / 个	弯曲试验[2] / 个			冲击试验[4][5] / 个	
	拉伸[1]	面弯	背弯	侧弯	焊缝区	热影响区[4]
T < 1.5	2	2	2	—	—	—
1.5 ≤ T ≤ 10	2	2	2	[3]	3	3
10 < T < 20	2	2	2	[3]	3	3
T ≥ 20	2	—	—	4	3	3

①一根管状接头全截面试样可以代替两个带肩板形拉伸试样。

②当试件焊缝两侧的母材之间或焊缝金属和母材之间的弯曲性能有显著差别时，可改用纵向弯曲试验代替横向弯曲试验。纵向弯曲时，取面弯和背弯试样各 2 个。

③当试件厚度 T ≥ 10 mm 时，可以用 4 个横向侧弯试样代替 2 个面弯和 2 个背弯试样。组合评定时，应进行侧弯试验。

④当焊缝两侧母材的代号不同时，每侧热影响区都应取 3 个冲击试样。

⑤当无法制备 5 mm × 10 mm × 55 mm 小尺寸冲击试样时，免做冲击试验。

（4）当试件采用两种或两种以上焊接方法（或焊接工艺）时，拉伸试样和弯曲试样的受拉面应包括每一种焊接方法（或焊接工艺）的焊缝区和热影响区；当按规定做冲击试验时，每一种焊接方法（或焊接工艺）的焊缝区和热影响区，都要经受冲击试验的检验。

拉伸试样和弯曲试样的尺寸，需要在相关标准和技术文件规定的允许公差范围内。

（5）对力学性能试样和弯曲试验试样的取样要求。

①取样时，一般要用冷加工方法，当用热加工方法取样时，则应去除其热影响区。

②允许避开焊接缺陷制取试样。

③试样去除焊缝余高前，允许对试样进行冷校平。

④板状对接焊缝试件上试样取样位置，如图 8-3 所示；管状对接焊缝试件上试样取样位置，如图 8-4 所示。

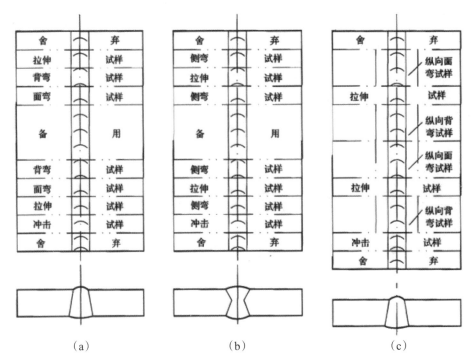

图 8-3　板状对接焊缝试件上取试样位置图

（a）不取侧弯试样时；（b）取侧弯试样时；（c）取纵向弯曲试样时

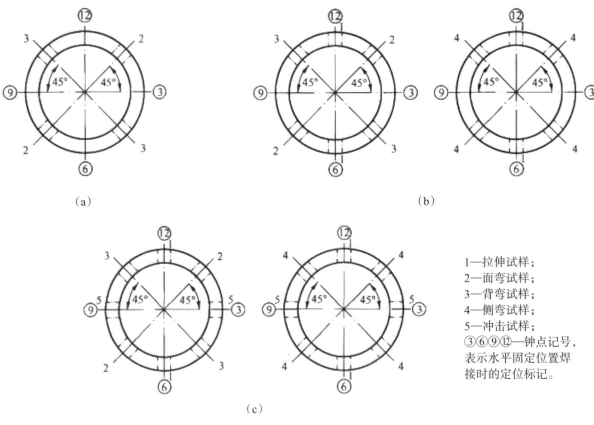

1—拉伸试样；
2—面弯试样；
3—背弯试样；
4—侧弯试样；
5—冲击试样；
③⑥⑨⑫—钟点记号，表示水平固定位置焊接时的定位标记。

图 8-4　管状对接焊缝试件上取试样位置

（a）拉伸试样为整管时弯曲试样位置；（b）不要求冲击试验时；（c）要求冲击试验时

下面是力学试验的三种试验方法。

（1）拉伸试验。

①试样形式。紧凑型板接头带肩板形拉伸试样（见图8-5）是适用于所有厚度板状的对接焊缝试件；紧凑型管接头带肩板形拉伸试样形式Ⅰ（见图8-6）是适用于外径大于76 mm的所有壁厚管状的对接焊缝试件；紧凑型管接头带肩板形拉伸试样形式Ⅱ（见图8-7）是适用于外径小于或等于76 mm的管状对接焊缝试件；管接头全截面拉伸试样（见图8-8）是适用于外径小于或等于76 mm的管状对接焊缝试件。

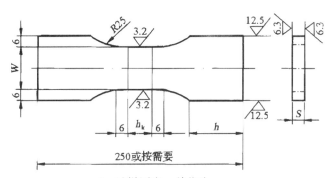

S—试样厚度，单位为mm；

w—试样受拉伸平行侧面宽度，大于或等于20 mm；

h_K—S两侧面焊缝中的最大宽度，单位为mm；

h—夹持部分长度，根据试验机夹具而定，单位为mm。

图8-5　紧凑型板接头带肩板形拉伸试样

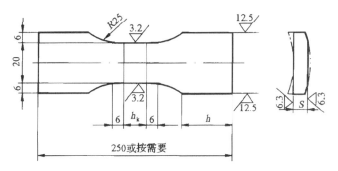

图8-6　紧凑型管接头带肩板形拉伸试样形式Ⅰ

注：为取得图中宽度为20 mm的平行平面，壁厚方向上的加工量应最少。

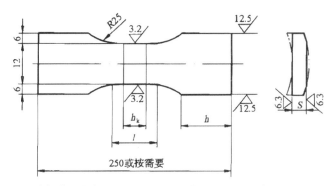

l—受拉伸平行侧面长度，大于或等于h_K+2S，单位为mm。

图8-7　紧凑型管接头带肩板形拉伸试样形式Ⅱ

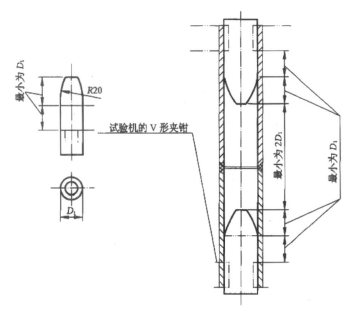

图 8-8　管接头全截面拉伸试样

②取样及其加工要求。试样的焊缝余高应以机械方法去除，使之与母材齐平；厚度小于或等于 30 mm 的试件，采用全厚度试样进行试验，试样厚度应等于或接近试件母材的厚度 T；当试验机受能力限制不能进行全厚度的拉伸试验时，可将试件在厚度方向上均匀分层取样，等分后制取试样厚度应接近试验机所能试验的最大厚度。等分后的两片或多片试样的试验代替一个全厚度试样的试验。

③试验方法。拉伸试验按 GB/T 228.1—2021 规定的试验方法测定焊接接头的抗拉强度。

④合格标准。

A. 当试样母材为同一金属材料代号时，每个（片）试样的抗拉强度应不低于标准规定的母材抗拉强度的最低值，对钢质母材即等于其标准规定的下限值。

B. 当试样母材为两种金属代号时，每个（片）试样的抗拉强度应不低于本标准规定的两种母材抗拉强度的最低值中的较小值。

C. 若规定使用室温抗拉强度低于母材的焊缝金属，则每个（片）试样的抗拉强度应不低于焊缝金属规定的抗拉强度最低值。

D. 上述试样如果断在焊缝或熔合线以外的母材上，其抗拉强度值不低于本标准规定的母材抗拉强度最低值的 95% 可认为试验符合要求。

（2）弯曲试验。

①对试样加工的要求。弯曲试验用的试样，其焊缝余高应采用机械方法去除。面弯、背弯试样的拉伸面应加工齐平。试样受拉伸表面不得有划痕和损伤。

②试样的形式。

A. 面弯和背弯试样如图 8-9 所示。当试件母材厚度 $T > 10$ mm 时，取 $S = 10$ mm，从试样受压面去除多余厚度；当 $T < 10$ mm 时，取 S 尽量接近 T；板状及外径 $\Phi > 100$ mm 管状试件，试样宽度 $B = 38$ mm；当管状试件外径 Φ 为 $50 \sim 100$ mm 时，则 $B = (S + \Phi/20)$ mm，且 8 mm $\leqslant B \leqslant 38$ mm；当 10 mm $\leqslant \Phi \leqslant 50$ mm 时，则 $B = (S + \Phi/20)$ mm，且最小为 8 mm；或当 $\Phi \leqslant 25$ mm 时，则将试件在圆周方向上四等分取样。

B. 横向侧弯试样如图 8-10 所示。当试件厚度 10 mm $< T < 38$ mm 时，试样宽度 B 等于或接近于试件厚度；当试件厚度 $T > 38$ mm 时，允许沿试件厚度方向分层切成宽度为 $20 \sim 38$ mm 的等分的两片或多片试样代替一个全厚度侧弯试样的试验，或者试样在全宽度下弯曲。

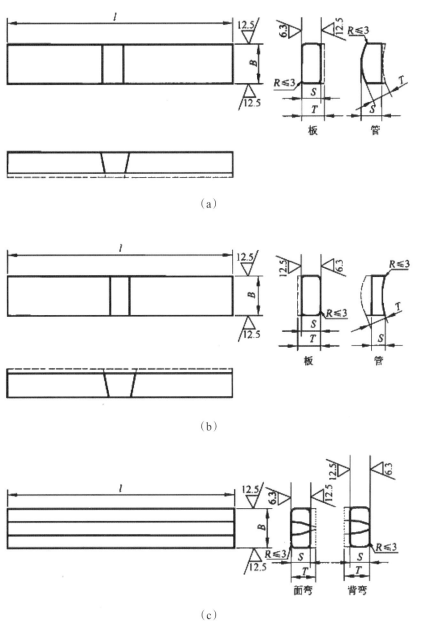

（a）

（b）

（c）

试样长度 $l \approx D+2.5S+100$，单位为 mm；试样拉伸面棱角 $R \leqslant 3$ mm。

图 8-9　面弯和背弯试样

（a）板状和管状试件的面弯试样；（b）板状和管状试件的背弯试样；（c）纵向面弯和背弯试样

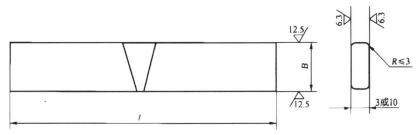

B—试样宽度（此时为试件厚度方向）；$l \geqslant 150$ mm。

图 8-10　横向侧弯试样

③试验方法。弯曲试验按 GB/T 2653—2008 和下面的试验条件与参数进行测定焊接接头的完整性和塑性。当 $S = 10$ mm 时，弯心直径 D 取 40 mm，支承辊之间距离为 63 mm；当 $S < 10$ mm 时，弯心直径 $D = 4S$，支承辊之间距离为 $6S+3$，弯曲角度均为 180°。试样的焊缝中心应对准弯心轴线；侧弯试验时，若试样表面存在缺陷，则以缺陷较严重一侧作为拉伸面；弯曲角度应以试样在承受载荷时测量为准；对于断后伸长率 A，标准规定值下限小于 20% 的母材，若弯曲试验不合格，而其实测值小于 20%，则允许加大弯心直径重新进行试验，此时的弯心直径等于 $2A$（A 为断后伸长率的规定值下限乘以 100）；支座间距等于弯心直径加（$2S+3$）mm；横向弯曲试验时，焊缝金属和热影响区应完全位于试样的弯曲部分内。

④合格指标。对接焊缝试件的弯曲试样弯曲到规定的角度后，其拉伸面上的焊缝和热影响区内，沿任何方向不得有单条长度大于 3 mm 的开口缺陷；试样的棱角开口缺陷一般不计，但由于未熔合、夹渣或其他内部缺陷引起的棱角开口缺陷应计入；若采用两片或多片试验时，每片试样都应符合上述要求。

（3）冲击试验。

①试样的制备。取样时注意试样的位置、取向和试样缺口的位置。

A.试样纵轴线应垂直于焊缝轴线，缺口轴线应垂直于母材表面。

B.试样在试件厚度上的取样位置如图 8-11 所示。

C.焊缝区试样的缺口轴线应位于焊缝中心线上，热影响区试样的缺口轴线到试样纵轴线与熔合线交点的距离 K > 0，且应尽可能多的通过热影响区，如图 8-12 所示。

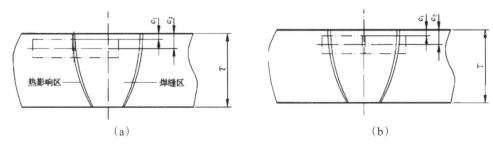

图 8-11　冲击试样位置

（a）热影响区冲击试验位置；（b）焊缝区冲击试样位置

注：1. c_1、c_2 按材料标准规定执行、当材料标准没有规定时，若 $T \leq 40$ mm，则 $c_1 \sim 0.5 \sim 2$ mm；若 $T > 40$ mm，则 $c_2 = T/4$。

2. 双面焊时，c_1 从爆缝背而的材料表面测量。

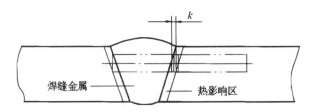

图 8-12　热影响区冲击试样缺口轴线位置

②试样形式、尺寸和试验方法。应符合 GB/T 229—2020 的规定。当试件尺寸无法制备标准试样（宽度为 10 mm）时，则应依次制备宽度为 7.5 mm 或 5 mm 的小尺寸冲击试样；试验温度应不高于钢材标准规定的试验温度。

③合格指标。钢质焊接接头每个区 3 个标准试样为一组的冲击吸收能量平均值应符合设计文件或相关技术文件规定，且不应低于表 8-16 中的规定值，至多允许有一个试样的冲击吸收能量低于规定值，但不得低于规定值的 70%；宽度为 7.5 mm 或 5 mm 的小尺寸冲击试样的冲击吸收能量指标，分别为标准试样冲击吸收能量指标的 7.5% 或 5%。

表 8-16　钢材及奥氏体型不锈钢焊缝的冲击吸收能量最低值

材料类别	钢材标准抗拉强度下限值（R_m）/MPa	3 个标准试样冲击功平均值（KV_2）/J
碳钢和低合金钢	≤ 450	≥ 20
	450 ～ 510	≥ 24
	510 ～ 570	≥ 31
	570 ～ 630	≥ 34
	630 ～ 690	≥ 38
奥氏体不锈钢焊缝	—	≥ 31

二、角焊缝试件和试样的检验要求

角焊缝试件和试样检验的项目包括外观检验和金相检验（宏观）。

（1）角焊缝试件及试样尺寸：板状角焊缝试件和试样尺寸如图 8-13 和表 8-17 所示，管状角焊缝试件如图 8-14 所示。这两者的金相试样尺寸，只要都包括全部焊缝、熔合区和热影响区即可。

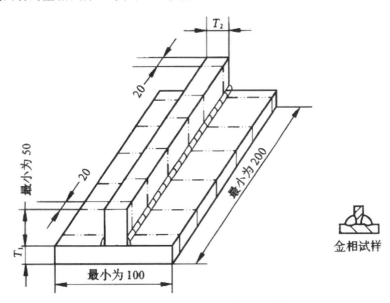

图 8-13　板状角焊缝试件及试样

注：最大焊脚等于 T_2，且不大于 20 mm。

表 8-17　板状角焊缝试件尺寸

翼板厚度（T_1）/mm	腹板厚度（T_2）/mm
≤ 3	T_1
> 3	≤ T_1 但不小于 3

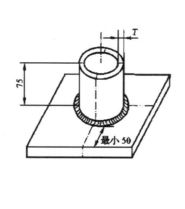 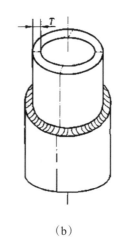

（a）　　　　　　　　　　　　　　　　　　（b）

图 8-14　管状角焊缝试件

（a）管－板角焊缝试件；（b）管－管角焊缝试件

图 8-14（a）为管－板角焊缝试件，其中 T 为管壁厚，要求底板母材厚度不小于 T，且最大焊脚等于管壁厚，图中双点划线为切取试样示意线。图 8-14（b）为管－管角焊缝试件，其中 T 为内管壁厚，要求外管壁厚不小于 T，且最大焊脚等于内管壁厚，图中双点划线为切取试样示意。

（2）试件外观检查不允许有裂纹。

（3）金相宏观检验，对板状角焊缝试样在试件两端各舍去 20 mm，然后沿试件纵向等分切取 5 块试样，每块试样取一个面进行金相检验，任意两检验面不得为同一切口的两侧面；对管状角焊缝试样、是将试件等分切取 4 块试样，焊缝的起始和终了位置应位于试样焊缝的中部。每块试样取一个面进行金相检验，任意两检验面不得为同一切口的两侧面。

（4）检验的合格指标：焊缝根部焊透，焊缝金属和热影响区没有裂纹、未熔合的情况，角焊缝两焊脚之差不大于 3 mm。

本任务是以典型产品—钢制压力容器的焊接工艺评定来介绍焊接工艺评定的基本概念、目的、内容、程序和方法。依据是《承压设备焊接工艺评定》（NB/T 47014—2011）。该标准除钢制的压力容器外还有铝、钛、镍、铜等金属或合金制的压力容器的焊接工艺评定，也包括耐蚀堆焊工艺评定、复合金属材料焊接工艺评定、换热管与管板焊接工艺评定和螺柱电弧焊工艺评定等内容。除承压设备外，如面广量大的焊接钢结构的焊接工艺评定也有了相关国家标准，在《钢结构焊接规范》（GB 50661—2011）中就有焊接工艺评定的规定，其评定的原则、方法与程序基本相同，但在具体做法上有较大的区别。

任务六　焊接工艺评定案例

一、氩弧焊＋焊条电弧焊 20# 管对接焊接工艺评定

焊接工艺指导书如表 8-18 所示；焊接工艺评定报告如表 8-19 所示。

表 8-18　焊接工艺指导书

单位名称											

焊接工艺指导书编号 <u>ZDS-09-01</u>　日期 <u>09.2.18</u>

焊接工艺评定报告编号 <u>I-1-G133×5-DY20</u>

焊接方法：<u>氩弧焊＋手工电弧焊</u>　　机械化程度（手工、半自动、自动）：<u>手工</u>

焊接接头：<u>　对接　</u>　　　　　简图：（接头形式与尺寸、焊层、焊道布置及顺序）

坡口形式：<u>　Y 型　</u>

衬垫（材料及规格）<u>　/　</u>

其他<u>　/　</u>

母材：

类别号　<u>I</u>　组别号　<u>I-1</u>　与类别号　<u>I</u>　组别号　<u>I-1</u>　相焊及标准号　<u>GB/T 8163-2018</u>

钢号　<u>20#</u>　与标准号　<u>GB/T 8163-2018</u>　钢号　<u>20#</u>　相焊

厚度范围：

母材：对接焊缝<u>　1.5-10 mm　</u>角焊缝<u>　不限　</u>

管子直径、壁厚范围：<u>　直径不限　壁厚 1.5-10　</u>角焊缝<u>　不限　</u>

焊缝金属厚度范围：对接焊缝<u>　最小不限 -10 mm　</u>角焊缝<u>　不限　</u>

其他<u>　/　</u>

焊接材料：

焊材类别	焊丝	焊条
焊材标准	GB/T 8110—2008	GB/T 5117—2012
填充金属尺寸	$\Phi 2.5$ mm	$\Phi 3.2$ mm
焊材型号	ER50-6	E4316
焊材牌号	J50	J426
其他		150℃烘干 1 小时

耐蚀堆焊金属化学成分（质量分数）										单位：%	
C	Si	Mn	p	S	Cr	Ni	Mo	v	Ti	Nb

其他：

焊接位置：

对接焊缝的位置<u>　水平固定　</u>

焊接方向（向上、向下）<u>　向上　</u>

角焊缝位置<u>　/　</u>

焊接方向：（向上、向下）<u>　/　</u>

焊后热处理：

温度范围（℃）<u>　/　</u>

保温时间（h）<u>　/　</u>

预热：

预热温度（℃）（允许最低值）<u>　/　</u>

层间温度（℃）（允许最高值）<u>　/　</u>

保持预热时间<u>　/　</u>

加热方式<u>　/　</u>

气体：

　　　　　　　　气体种类　混合比　流量（L/Min）

保护气　　　　　<u>氩气</u>　　　　　　　<u>10-12</u>

尾部保护气

背面保护气

续表

电特性：

电流种类：__直流__　极性：__正接／反接__

焊接电流范围（A）：__90-120__　电弧电压（V）：__23-26__

（按所焊位置和厚度分别列出电流和电压范围，记入下表）

焊道／焊层	焊接方法	填充材料		焊接电流		电弧电压 /V	焊接速度 / (cm·min⁻¹)	线能量 / (kJ·cm⁻¹)
		牌号	直径 / mm	极性	电流 /A			
1	氩弧焊	J50	Φ2.5	正	90-115	14-16	5-6	25.9-27.3
2	焊条电弧焊	J422	Φ3.2	正	100-120	23-26	8-9	18-20.8
3	焊条电弧焊	J422	Φ3.2	正	100-110	23-26	8-9	18-19.1

钨极类型及直径：__2.5__　喷嘴直径（mm）：__8～10__

熔滴过渡形式：__／__　焊丝送进速度（cm/min）：__／__

技术措施：

摆动焊或不摆动焊：__打底焊道为不摆动焊；填充、盖面焊为摆动焊__

摆动参数：__摆动宽度为焊条直径的 1～4 倍__

焊前清理和层间清理：__焊前清理坡口两侧 20 mm 范围内油污、锈等杂质，打磨出金属光泽__

背面清根方法：__／__　单道焊或多道焊（每面）：__单道__　单丝焊或多丝焊：__／__

导电嘴至工作距离（mm）__／__　锤击：__／__　其他：__／__

编制		日期		审核		日期		批准		日期	

注：对每一种母材与焊接材料的组合均需分别填表。

表 8-19　焊接工艺评定报告

单位名称：

焊接工艺评定报告编号：__I-1-G133×5-DY20__　焊接工艺指导书编号：__ZDS-09-01__

焊接方法：__手工电弧焊__　机械化程度：（手工、半自动、自动）__手工__

接头简图：（坡口形式、尺寸、衬垫、每种焊接方法或焊接工艺、焊缝金属厚度）

母材：

材料标准：__GB/T 8163-2018__

钢号：__20#__

类、组别号__I-1__与类、组别号：__I-1__相焊

厚度：__δ＝5 mm__

直径（mm）：__Φ133 mm__

其他：__／__

焊后热处理：

热处理温度（℃）：

保温时间（h）：

保护气体：

	气体	混合比	流量（L/Min）
保护气	氩气		10～12
尾部保护气			
背面保护气			

续表

填充金属：	电特性：
焊材标准：　GB/T 5117—2012	电流种类：　直流
焊材牌号：　J50/J422	极性：　正接／反接
焊材规格（mm）：　Φ2.5/Φ3.2	钨极尺寸：　／
焊缝金属厚度：　5 mm	焊接电流范围（A）：（1）90~120
其他：　／	电弧电压（V）：　24~26
	其他：　／

焊接位置：	技术措施：
对接焊缝位置：水平固定向上　方向（向上、向下）	焊接速度（cm/min）：5 ～ 9
角焊缝位置：　／　　方向（向上、向下）	摆动或不摆动：打底焊道为不摆动焊；填充、盖面焊为摆动焊
	摆动参数：摆动宽度为焊条直径的1-4倍
预热：	多道焊或单道焊（每面）：单道
预热温度（℃）：　／	多丝焊或单丝焊：　／
层间温度（℃）：　／	其他：　／
其他：　／	

拉伸试验：　　　　　　　　　　　　　　试验报告编号：09HFGY001

试样编号	试样宽度 /mm	试样厚度 /mm	横截面积 /mm²	断裂载荷 /kN	抗拉强度 /MPa	断裂部位和特征
1	25	5	125		500	母材
2	25	5	125		490	母材

弯曲试验：　　　　　　　　　　　　　　试验报告编号：09HFGY001

试样编号	试样类型	试样厚度 /mm	弯心直径 /mm	弯曲角度 /°	试验结果
1	面弯	5	3S	360	合格
2	面弯	5	3S	360	合格
3	背弯	5	3S	360	合格
4	背弯	5	3S	360	合格

锤击试验：　　　　　　　　　　　　　　试验报告编号：09HFGY001

试样编号	试样尺寸 /mm	缺口类型	缺口位置	试验温度 /℃	冲击吸收功 /J	备注
01	3×1.6	Π	焊缝			未见缺陷
02						

金相检验（角焊缝）：

　根部：（焊透、未焊透）　　　　　　　　焊缝：（熔合、未熔合）

　焊缝、热影响区：（有裂纹、无裂纹）

检验截面	I	II	III	IV	V
焊脚差 /mm					

无损检验

 RT: √   UT:

 MT: PT:

 其他:

耐蚀堆焊金属化学成分（质量分数）										单位：%
C	Si	Mn	P	S	Cr	Ni	Mo	V	Ti	Nb

分析表面或取样开始表面至熔合线的距离（mm）：

附加说明：

晶间腐蚀：

试验报告编号：

评定标准：

试样编号

结论：

结论：本评定按 SY/T 4103—2006 规定焊接试件、检验试样，测定性能，确认试验记录正确。

评定结果：（合格、不合格）__合格__

焊工姓名		焊工代号	026	施焊日期	2009.2.20
编制	日期	审核	日期	批准	日期

二、焊条电弧焊复合板（20R+0Cr18Ni10Ti）对接焊工艺评定

焊条电弧焊复合板（20R+0Cr18Ni10Ti）对接焊工艺评定，焊接工艺指导书如表 8-20 所示，焊接工艺评定报告举例如表 8-21 所示。

表 8-20 焊接工艺指导书

	焊接工艺指导书	指导书编号	日期
		HP33-1D	2008-5-29
焊接方法	机械化程度（手工、半自动、自动）	焊接工艺评定报告编号	
SMAW	手工	HP33-1B	

焊接接头：

坡口形式____V

衬垫（材料及规格）__无__—__

其他

简图：（接头、坡口形式与尺寸、焊层、焊道布置及顺序）

母材：

　　类别号　复合钢板　组别号　　　与类别号　复合钢板　组别号　　　相焊及标准号　JB 4733

　　钢号　20R+0Cr18Ni10Ti　与标准号　钢号

厚度范围：

　　母材：对接焊缝　复层：3　基层：9～24 mm　角焊缝　不限

　　管子直径、壁厚范围：对接焊缝　　　　　　　角焊缝　　　　　　

　　焊缝金属厚度范围：对接焊缝　　　—　　　角焊缝

其他：　　　—

焊接材料：

焊接材料类别	过渡层用焊条	复层用焊条	基层用焊条
焊接材料标准	GB/T 983	GB/T 983	GB/T 5117
填充金属尺寸	$\Phi4.0$	$\Phi4.0$	$\Phi3.2\ \Phi4.0$
焊接材料型号	E309−16	E347−16	E4315
焊接材料牌号（钢号）	A302	A132	J427
其他			

耐蚀堆焊金属化学成分									（质量分数）/%	
C	Si	Mn	P	S	Cr	Ni	Mo	V	Ti	Nb

其他：根据产品用户协议，

焊接位置：

1. 对接焊缝的位置　　　（立、横、仰焊）

　　焊接方向（向上、向下）向上

2. 角焊缝位置

　　焊接方向（向上、向下）

焊后热处理：

　　温度范围（℃）580～620

　　保温时间（h）

预热：

　　预热温度（℃）（允许最低值）

　　层间温度（℃）（允许最高值）≤ 250

　　保持预热时间（h）

　　加热方式　　　—

气体：

	类别	气体种类	混合比	流量（L/min）
	保护气			
	尾部保护气			
	背面保护气			

电特性：

　　电流种类（直流、交流）直流　极性　反极

　　焊接电流范围（A）110、160　电弧电压（V）（24）、（28）

（按所焊位置和厚度，分别列出电流电压范围，记入下表）

焊道/焊层	焊接方法	填充材料		焊接电流		电弧电压/V	焊接速度/（cm·min⁻¹）	线能量/（kJ·cm⁻¹）
		牌号	直径/mm	极性	电流/A			
坡口面 1/1		J427	$\Phi3.2$	反极	110～130	（22～25）	（8～10）	基层
1～2/ 2～5		J427	$\Phi4.0$	反极	150～160	（26～28）	（11～13）	基层

注：复层砂轮打磨成 V 型坡口，深度比复层厚度加 2～3 mm，底部呈圆弧形。

续表

| 1/1 | SMAW | A302 | Φ4.0 | 反极 | 150～170 | （26～28） | （10～12） | 过渡层 |
| 1/2 | SMAW | A132 | Φ4.0 | 反极 | 150～170 | （26～28） | （10～12） | 复层 |

| 钨极类型及直径 ___—___ | 喷嘴直径（mm）___—___ |
| 熔滴过渡形式 ___—___ | 焊丝送进速度（cm/min）___—___ |

技术措施：
摆动焊或不摆动焊 _摆动（压低电弧）_	摆动参数 _1～3 mm_
焊前清理和层间清理 _严格清理_	背面清根方法 _电砂轮打磨（深4～5 mm）_
单道焊或多道焊（每面）_多道焊_	单丝焊或多丝焊 ___—___
导电嘴至工件距离（mm）___—___	锤击 ___—___
其他 ___—___	

| 编制 | | 日期 | | 审核 | | 日期 | | 批准 | | 日期 | |

表8-21 焊接工艺评定报告举例

	焊接工艺评定报告	评定报告编号	日期
		HP33-1B	2008-5-30
焊接方法	机械化程度（手工、半自动、自动）	焊接工艺指导书编号	
D 焊条电弧焊	HP33-1D		

母材：
材料标准 _GB/T 713，GB/T 3280_
钢号 _20R +0Cr18Ni10Ti_
类、组别号 _____与_____相焊
厚度 _12+3_ 直径 _____
其他 _____

简图：（坡口形状、尺寸、衬垫、每种焊法和工艺、焊缝金属厚度）

焊后热处理：
热处理温度（℃）_____
保温时间（h）_____

电特性：
电流种类 _直流_
极性 _反极_
钨极尺寸
焊接电流（A）_Φ3.2（120）Φ4.0（160）_
电弧电压（V）_（22-25）_

其他

焊接位置：
对接焊缝位置 _____方向（向上、向下）
角接焊缝位置 _____方向（向上、向下）

填充金属：
焊材标准 _GB/T 5117 GB/T 983_
牌号 _J427 A302 A132_ 规格 _Φ3.2 Φ4.0_
焊缝总厚度 _15_ 其他

续表

保护气体：

类别	气体	混合比	流量（L/min）
保护气体			
尾部保护气			
背面保护气			

技术措施：
焊接速度（cm/min）（8-14）
摆动或不摆动　摆动　　摆动参数　1～3 mm
多道焊或单道焊（每面）　正面：多道　背面：多道
多丝焊或单丝焊
其他　复层焊前应清根，深度 4～5 mm

预热：
　预热温度（℃）_____　层间温度（℃）≤ 250
　其他_____

拉伸试验：　　　　　　　　　　　　　　　　拉伸报告编号：__SHP33-1__

试样编号	试样厚度 /mm	试样宽度 /mm	横截面积 /mm²	断裂荷载 /kN	抗拉强度 /MPa	断裂部位和特征
1	15.0	25	375	173	465	断焊缝
2	15.0	25	375	172	465	断焊缝

弯曲试验：　　　　　　　　　　　　　拉伸报告编号弯曲报告编号：__SHP33-1__

试样编号	试验类型	试样厚度 /mm	弯心直径 /mm	弯曲角度 /°	试验结果	备注
1	侧弯	10	40	180	合格	
2	侧弯	10	40	180	合格	
3	侧弯	10	40	180	合格	
4	侧弯	10	40	180	合格	

冲击试验：　　　　　　　　　　　　　冲击报告编号：__SHP33-1__

试样编号	试样尺寸 /mm	缺口类型	缺口位置	试验温度 /°	冲击吸收功 /J	备注
1	55×10×10	A_{KV}	焊缝	20	212	
2	55×10×10	A_{KV}	焊缝	20	233	
3	55×10×10	A_{KV}	焊缝	20	236	
4	55×10×10	A_{KV}	热影响区	20	197	
5	55×10×10	A_{KV}	热影响区	20	213	
6	55×10×10	A_{KV}	热影响区	20	206	

金相检验（角焊缝）：　　　　　　　　金相报告编号：_____

根部（焊透、未焊透）_____
焊缝（熔合、未熔合）_____
焊缝、热影响区（有无裂纹）_____

检验截面	Ⅰ	Ⅱ	Ⅲ	Ⅳ	Ⅴ
焊脚差 /mm					

续表

无损检验：				监测报告编号：__SHP33-1__							

RT　2　张　Ⅰ级

UT_____　MT_____　PT 其他_____

耐蚀堆焊金属化学成分（质量分数）/%					化验报告编号：_____						
C	Si	Mn	P	S	Cr	Ni	Mo	V	Ti	Nb

分析表面或取样开始表面至熔合线的距离（mm）

附加说明：

结论：本焊评定按 NB/T 47014 和 NB/T 47015 规定焊接试件、检验试样、测定性能、确认试验记录正确。

评定结果：（合格、不合格）__合格__

焊工姓名		焊工代号			施焊日期		
编制		日期		审核		日期		批准		日期	
第三方检验							

项目实训 ▶

一、实训描述

完成 20# 钢管对接焊接工艺制定与评定，熟悉焊接工艺流程与评定文件等。

二、实训图纸及技术要求

技术要求：

（1）单面焊双面成形，试件如图 8-15 所示；

（2）焊件材料选用 20# 钢，坡口采用 60°V 形坡口；

（3）根部间隙 2±1 mm 及钝边高度 2±1 mm；

（4）对接焊缝位置为 5G 方向；

（5）采用 GTAW、SWAW（氩电联焊）。

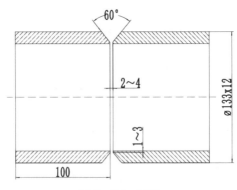

图 8-15　试件

三、实训准备

（一）母材准备

20# 钢管两组，尺寸按照图纸要求 Φ133x100x12mm，根据图纸要求加工相应坡口。

（二）焊接材料准备

选用符合 GB/T 8110—2020、GB/T 5117—2012 要求的 TG50 非合金钢焊丝及 J427 非合金钢焊条。

（三）常用工量具准备

焊工手套、面罩、手锤、活口扳手、錾子、锉刀、钢丝刷、尖嘴钳、钢直尺、焊缝万能检测尺、坡口角度尺、记号笔等。

（四）设备准备

根据图纸要求选择相应焊接设备、切割设备、台虎钳、角磨机等。

（五）人员准备

1. 岗位设置

建议四人一组组织实施，设置资料员、工艺员、操作员、评定员四个岗位。

2. 岗位职责

（1）资料员主要负责相关焊接材料的检索、整理等工作。

（2）工艺员主要负责焊件焊接工艺编制并根据施焊情况进行优化等工作。

（3）操作员主要负责焊件的准备及装焊工作。

（4）试验员主要负责焊件的拉伸试验、弯曲试验、冲击试验、金相检验、无损检测等焊接工艺评定工作。

小组成员协作互助，共同参与项目实训的整个过程。

四、焊接工艺评定

（一）制定焊接工艺评定任务书

资料员根据图纸要求共同制定 20# 钢管平对接焊焊接工艺评定任务书（见表 8-22）。

表 8-22 20# 钢管平对接焊焊接工艺评定任务书

组别		编制		评定日期	
试件名称		任务书编号		评定标准	
母材类型	直径、厚度 /mm	尺寸 /mm		接头形式见图：	
20#					
20#					
保护气体		焊接位置			
焊接方法		预热 /℃			
层间温度 /℃					
后热处理					
清根方法					

焊层次序	焊接方法	焊材规格	电流极性	电流 /A	电压 /V	焊接速度 / (cm · min⁻¹)
1	GTAW	TG50				
2	SMAW	J427				
3	SMAW	J427				

检验项目、评定指标及试样数量						
检验项目	检验标准	评定指标	检验项目		检验标准	评定指标	试样数量
外观检查			拉伸试验	常温			
				高温			
无损检验	射线		弯曲试验	面弯			
	超声			背弯			
	渗透						
	磁粉			侧弯			
化学成分			冲击试验	焊缝热影响区			
硬度检验							
金相试验	微观						
	宏观						
焊工		焊工编号		日期			

(二) 焊接工艺卡编制

工艺员根据图纸要求制定焊接相关工艺并将表8-23所示工艺卡内容填写完整，其他小组成员协助完成。

表 8-23　20# 钢管平对接焊焊接工艺卡

绘制接头示意图	材料牌号	
	母材尺寸	
	母材厚度	
	接头类型	
	坡口形式	
	坡口角度	
	钝边高度	
	根部间隙	

续表

焊接方法			焊机型号	
			电源种类极性	
焊接材料			焊接材料型号	
			保护气种类	
焊接热处理	预热温度 /℃		后热处理方式	
	层间温度 /℃		后热温度 /℃	

焊接参数						
工步名称	焊接方法		填充金属牌号及规格	保护气流量 /（L·min⁻¹）	焊接电流 /A	焊接电压 /V	焊接速度 /（cm·min⁻¹）

焊接工艺程序		
工作次序	主要过程	备注
1	确认焊机、焊材、母材；	
2	确认坡口及组对间隙并进行焊前清理；	
3	确认焊接方法，GTAW 点固焊；	
4	进行 GTAW 打底焊；	
5	进行二次清理焊缝；	
6	进行 SWAW 手工电弧焊盖面焊 2 层；	
7	清理飞溅焊渣；	
8	检查焊缝外观、自检合格；	
9	打焊工钢印号；	
10	无损检测焊缝内部质量；	
11	返修，无损检测，合格。	
编制		日期		审核		日期	

五、装焊过程

操作员根据图纸及工艺要求实施装焊操作，检验员做好检验，其他小组人员协助完成。将装焊过程记录在表 8-24 中。

表 8-24　20# 钢管平对接焊施焊及焊缝外观记录表

产品名称及规格				焊件编号			
焊缝名称		记录人姓名		焊工编号（姓名）		零件名称	
工步名称	焊接方法	焊材直径 /mm	焊接电流 /A	电弧电压 /V	保护气体流量 / (L·min⁻¹)	焊接速度 / (cm·min⁻¹)	层间温度 /℃
打底焊							
填充焊							
盖面焊							
焊前自检							
坡口角度 /°		钝边 /mm		装配间隙 /mm		坡口 /mm	错变量 /mm
焊后自检							
焊缝正面		焊缝余高		焊缝高度差		焊缝宽度	咬边深度及长度
焊缝背面		焊缝高度			有无咬边		凹陷
焊工签名：		检验员签名：			日期：		

六、实训评价与总结

（一）完善焊接工艺评定报告

各小组试验员根据焊接工艺评定的要求进行小组互评，并将 20# 钢管平对接焊焊接工艺评定报告（表 8-25）填写完整。

表 8-25　20# 钢管平对接焊焊接工艺评定报告

焊接工艺评定报告编号：＿＿＿＿＿＿＿＿	焊接方法：
管对接焊接接头示意图 	母材 材料标准： 材料代号： 厚度： 直径： 其它：

续表

焊后热处理： 　处理方式_____ 　保温温度_____℃ 　保温时间_____h	气体： 　　　　　　　气体　混合比　流量（L/min） 保护气体 尾部保护气 背面保护气
填充金属： 　焊材类别：_____ 　焊材标准：_____ 　焊条牌号：_____ 　焊条规格：_____ 　焊丝牌号、直径：_____ 　焊缝金属厚度：_____ 　其它：_____	电特性： 　电流种类：_____ 　极性：_____ 　钨极尺寸：_____ 　焊接电流（A）：_____ 　电弧电压（V）：_____ 　焊接电弧种类：_____ 　其他：_____
焊接位置： 　对接焊缝位置_____方向：（向上、向下） 　角焊缝位置_____方向：（向上、向下） 预热： 　预热温度（℃）：_____ 　层间温度（℃）：_____ 　其他_____	技术措施： 　焊接速度（cm/min）：_____ 　摆动或不摆动：_____ 　摆动参数：_____ 　多道焊或单道焊：（每面）_____ 　多焊丝或单焊丝：_____ 　其他：_____

焊缝外观检验：试件焊缝外观质量按 GB 50236 标准检验合格。

渗透探伤（标准号、结果）_____超声波探伤（标准号、结果）_____
磁粉探伤（标准号、结果）_____射线探伤（标准号、结果）_____

拉伸试验　　试验员：_____　　　　　　　试验报告编号：

试样编号	试样宽度 /mm	试样厚度 /mm	横截面积 /mm²	最大载荷 /kN	抗拉强度 / MPa	断裂部位

弯曲试验　　试验员：_____　　　　　　　试验报告编号：

试验编号	试样类型	试样厚度 /mm	弯心直径 /mm	弯曲角度 /°	试验结果

冲击试验　　试验员：_____　　　　　　　试验报告编号：

试样编号	试样尺寸 /mm	缺口类型	缺口位置	试验温度 /℃	冲击吸收功 /J

无损检测
RT_____　　UT_____
MT_____　　PT_____
其它_____

焊缝金属化学成分（质量分数）											单位：%
C	Si	Mn	P	S	Cr	Ni	Mo	V	Ti	Nb	

化学成分测定表面至熔合线的距离（mm）
附加说明：
结论：
评定结果：（合格、不合格）

编制		审核		批准	

注：试件焊接未完成，焊缝存在裂纹、夹渣、气孔、未熔合缺陷的，按 0 分处理。

（二）实训评价

焊接工艺评定完成之后，各个小组根据评定结果进行自评、互评，教师进行专评，并将最终评分登记到表 8-26 中进行汇总。

表 8-26　任务评分记录表

产品名称及规格				小组组号	
被检组号	工件名称	焊缝名称	编号	焊工姓名	返修次数

要求检验项目：	
自评结果	签名：　　　　　　　日期：
互评结果	签名：　　　　　　　日期：
专评结果	签名：　　　　　　　日期：
建议	质量负责人签名：　　　　日期：

（三）实训总结

小组讨论总结并撰写实施报告，主要从以下几个方面进行阐述。

（1）我们学到了哪些方面的知识？

（2）我们的操作技能是否能够胜任本次任务，还存在什么短板，如何进一步提高？

（3）我们的职业素养得到哪些提升？

（4）通过本次实训我们有哪些收获，在今后对自己有哪些方面的要求？

拓展阅读——榜样的力量

大国工匠之焊工艾爱国

拳拳赤子之心，在半个多世纪的焊花中炽热发光，在千万次历练中磨得更加坚韧，艾爱国（见图8-16）用自身的言行践行着要为党的事业做一把永不熄灭的"焊枪"的誓言。一位71岁的老人，终日奋战在高温火花中，只为给我国焊接事业贡献力量。

说到他的坚持不懈，他的亲人会心疼无奈；谈起他的无私培养，他的徒弟们会红了眼眶；了解他的淡泊名利，人们都不由被他的平凡而伟大深深折服。他就是"七一勋章"获得者、湖南华菱湘钢工人艾爱国。

图8-16 大国工匠艾爱国

"获得'七一勋章'是我最大的光荣，也是千千万万工人党员的光荣。"艾爱国说。

从响应党的号召投身湘潭钢铁厂建设，他一直秉持"做事情要做到极致、做工人要做到最好"的信念，在焊工岗位奉献50多年，多次参与我国重大项目焊接技术攻关，攻克数百个焊接技术难关。

1968年，还在攸县黄丰桥公社插队当知青时，18岁的艾爱国已经显露出要强的个性。在大山里劳作的知青们要挑担子，都会暗暗比力气。别人扛50公斤，艾爱国偏要多一些；人家干8个小时，艾爱国总能干上10个小时，也因此得了个"拼命三郎"的绰号。

恰巧这一年湘钢招工，原本攸县是没有名额的，但因为艾爱国踏实肯干，当地的知青、贫下中农、干部联名向湘钢写了一封推荐信，向湘钢力荐艾爱国。因此他成了攸县大山里第一个也是当时唯一一个进城、进厂的人。

临行的前一晚，父亲与艾爱国促膝长谈，教导艾爱国说："你要记住，当工人就一定要当个好工人，既要钻研技术，在思想政治上也要追求进步，争取早日入党。"就这样，直到2015年退休，艾爱国在焊工岗位上一干就是半个世纪。其间虽然有机会担任管理干部，但他不忘初心，认准自己的人生理想就是要当个好工人。

刚进厂，艾爱国是管道工。没多久，北京第二建筑工程公司派来焊工支援湘钢建设。焊工们身背氧气瓶、手拿焊枪、头戴面罩，神奇地将高炉裂缝"焊"在一起，手上被火星子烫出血泡也不在意。艾爱国认定，这群北京来的师傅们水平高，又肯吃苦，是好工人，值得学习。于是，艾爱国开始跟着他们学习焊接技术。

一个氧气瓶重达80多公斤，要强的艾爱国背上氧气瓶走得飞快；野外作业乙炔发生器要注水，1公里的路，来回两趟挑来4大桶，艾爱国主动承包。

师傅们很感动：这小子，可教！

上班帮忙时，师傅教他几招。下班后，艾爱国借来工具，自己反复琢磨。

机会总是留给有准备的人。1970年，湘钢招聘焊工，名额仅有6个。在北京二建师傅的极力推荐下，艾爱国争取到了一个宝贵的名额，转岗成了一名焊工。

真正入门后，艾爱国发现，焊接材料上万种，焊接方法不下百种，哪是凭蛮劲能学会的？师傅水平高，何时能达到？20岁的艾爱国有些烦恼，却也有了目标。

在家人看来，"坐不住"的艾爱国竟然捧起了专业技术书，笔记做得比谁都整齐认真、稀奇。

艾爱国跟师傅学习，在掌握了气焊技术后，艾爱国迫不及待又开始学习电焊。自己没有面罩，拿一块黑玻璃代替，手和脸常被烤灼脱皮，一点点摸到窍门。

1982年，32岁的艾爱国以8项考核全部优异的成绩，考取气焊、电焊合格证，成为湘潭市当时唯一持有两证的焊工。

1985年，艾爱国决定以更高的标准要求自己——入党。入党后，艾爱国感到自己肩负的责任更大了。工作上，他起模范带头作用；工余时间，他也无私奉献。当一些同行或者下岗工人在媒体上看到文章，纷纷来电来函咨询技术，他总是毫无保留，悉心传授。外面企业遇到困难前来求助，只要是经过单位领导批准，他都欣然前往，不问报酬。

1991年，艾爱国受命到湘乡啤酒厂帮助焊一口从欧洲进口的直径3米多的大型糖化铜锅。在以仰位焊接铜锅底部时，数百度的铜粒溅如雨下，剧烈的灼烧感，让艾爱国疼痛难忍。他咬紧牙根，硬是手执焊枪不松劲。任务完成后，摘下防护用的石棉手套，血泡已经布满他握焊枪的那只手。

像这样的急难险重任务，艾爱国自己也记不清承担了多少。他真正做到了"党的事业哪里有需要，就在哪里献出全部光和热"。

"人家能干，我们为什么不能干？"爱学习、肯钻研——这是老同事眼中的艾爱国。在湘钢工作的半个多世纪里，他多次参与我国重大项目焊接技术攻关。

1984年，为了解决我国钢铁产能发展的"卡脖子"难题，国家组织全国钢铁厂集中技术攻关。"贯流式"新型高炉紫铜风口研发，就是其中的重要一项。这种风口是炼钢高炉输送焦炭粉的核心装置，这一零部件在当时国际市场上价格特别高，并很难买到。国产旧有零部件不耐高温，短则10天，长则两个月就需停产更换，严重制约国内钢铁企业发展。

当时艾爱国还是一名普通青年焊工，但是他主动要求参加攻关。"人家能干，我们为什么不能干？"

如何将风口的锻造紫铜与铸造紫铜牢固地焊接在一起，成为项目的关键障碍。艾爱国用了100多天时间，在国内尚无先例的情况下，先是大胆提出采用当时国内尚未普及的氩弧焊工艺，然后在一次次试验中不断创新，对焊机、焊枪逐一改进，摸索出最佳焊接条件，经过艰苦的反复试验，艾爱国终于获得成功，完成了焊接。这项技术的成功攻关，直接推动全国钢铁产能提升。1987年，艾爱国获国家科技进步二等奖。

随后的几十余年里，艾爱国又主持了焊接领域的诸多重大攻关任务。支援首都钢铁公司完成制氧机的安装，推动中厚板X形坡口对接埋弧焊工艺创新，帮助解决我国某大型设备0.2平方米紫铜导板上密集施焊难题……艾爱国累计为我国冶金、矿山、机械、电力等行业攻克技术难关400多个，改进工艺100多项，申报国家专利6项，获1项国家发明专利。在一次又一次挑战里，艾爱国勇攀高峰，将挑战转变为机遇。百炼成钢，在这转变背后需要的是一次次自我磨炼和技术创新。

20世纪80年代，首都钢铁公司从德国引进当时世界上最大的3万立方米制氧机。如何保证2万多道焊缝在深冷状态下不发生泄漏？首钢向湘钢求助，艾爱国带徒赶去，采用国际上先进的交流氩弧焊双人双面同步焊技术，啃下这块"硬骨头"。德国专家看了，直称中国工匠不简单。

20世纪90年代，湘潭食品机械厂制作一口直径3米的啤酒糊化铜锅，在焊接中遇到困难，公司委派艾爱国组成攻关队前去支援。看到艾爱国与同伴，在场的工人师傅围在一块嘀咕："只怕又是一批牛皮客。"艾爱国凭着多年焊铜的经验和技巧，带领队员攻关12天，焊好两口大铜锅。原先不服气的工人师傅见人就讲："这些年我们厂到处请'神仙'，谁晓得'神仙'就在屋门口。"

2018年，湘钢宽厚板厂从欧洲某公司进口的大电机轮骨架焊缝出现裂纹，造成整条轧制线停产，湘钢不得不求助该公司售后。对方虽勉强同意过来维修，但维修后的机器只维持了4个月的运转。

湘钢无奈，只好寻求内部解决。艾爱国带领团队，认真研究裂纹成因，苦战16个小时，终以全新工艺完成重新焊接。直至现在，焊缝都未出问题。

许多企业的技术专家都称他为"钢铁缝纫大师"。有人向他请教秘诀。他说："哪里有什么秘诀，理论指导实践，实践检验真理。"艾爱国特别注重理论和实践的结合，"当一个好工人，成为一个好工匠，不但要懂操作，更要懂工艺。"他紧跟新时代浪潮，将实操中的一点一滴磨炼成真知灼见，成为知识型好工人。

"行是知之始，知是行之成。"他把自己技术攻关的丰富案例加以总结分析，光纸质版的笔记，艾爱国就整理了至少十几万字。1983年，他的《钨极手工氩弧焊紫铜风口的焊接》在全国高炉风口学术论坛上发表并获奖；1987年，《首钢3万立方米制氧机铝焊总结》在学术研讨会上获奖；2001年，艾爱国与他人合编出版《最新锅炉压力容器焊工培训教材》一书。58岁时，他又自学电脑。如今，办公电脑里，他收集整理了有关各类攻关案例的资料，已经有几十个类别、上千个文件夹。

"活到老、学到老，还有三分学不到。"艾爱国常这样说。

这些年来，艾爱国倾心传艺。他就像一头"老黄牛"，默默地奉献。他常说："做好传、帮、带，实现高技能人才的传承，是我的责任。"

现在湘钢80%以上的高级焊工，都是艾爱国带出来的。他们当中，有的已享受国务院政府特殊津贴、获得全国五一劳动奖章、全国三八红旗手等荣誉。还有很多徒弟学成后，在国内各个大型企业，成为焊接班组的骨干力量。

"只要肯学，我就肯教。经验不教给大家，不就浪费了吗？"艾爱国欣赏有干劲的年轻人，愿意为他们尽可能地创造学习条件。

艾爱国除了耐心，培养徒弟还有自己的一套方法。能进入焊工实验室进行焊接研究的，都是焊工中的佼佼者。在艾爱国看来，要让研究人员多一些自主性，让他们有自由发挥和试错的机会，"不能让他们觉得这个老头子管得太宽"。

艾爱国无偿培养下岗工人和农村青年，先后向200多人传授焊接技术，其中有100多名工人考入南方电力机车集团、湖南三一重工集团等大型骨干企业。在湘钢，焊工的任务很繁重，身为焊接班组骨干的艾爱国，尤其如此。一天作业下来，一般人只想早点摘下手套，让在高温炙烤下长满血泡的手得到休息。可艾爱国却利用工余时间，给这帮基础不好的徒弟们补课。

来做学徒的农村青年没有地方住，他就自己想办法腾出办公室让他们住下。每次徒弟们去家里，他都坚决要求不要带任何礼物，却默默为他们准备一桌子的零食。

"我们没有工作服，师父就到处找工人换下来不再穿的工作服拿来用，还把自己的新工作服拿来给我们穿。大家底子差，连焊缝都焊不直，师父就一句句、一条条讲给我们听，有时候讲了三四遍，还是没教会，就干脆抓住我们的手，手把手地教。"如今已是中冶京诚湘潭重工设备有限公司铆焊车间二班班长的刘四青说。

农村孩子刘四青父亲早逝，他15岁开始跟随艾爱国学习焊工，一学就是6年。艾爱国像父亲一样照顾他的生活，指导他的学习。"培训完后我去新疆工作3年，后来回湘潭工作，他去我们公司做技术指导，一眼就看到了我。"刘四青说，"他一直在关心着我们的成长。"

直到现在，刘四青遇到较为复杂的焊接工艺，还会请教艾爱国。艾爱国却从不第一时间作答。他必定要问清楚所有参数后，去翻阅相关理论书籍，再比照自己积累的材料，充分分析后，才给出参考意见——工艺上的事，艾爱国从不马虎，他的徒弟们也是如此。

退休以后，艾爱国被湘钢返聘为焊接顾问。如今，已经71岁的艾爱国，每天仍旧忙碌在克难攻关、传技授艺的一线。"井水取不尽，力气用不完。"他要把这门手艺继续往下传。

"我一辈子只专注一件事，那就是专心做一名好焊工。"艾爱国说，"我要把这件事做好，发挥自己的优势，为党和国家、为企业和社会多作贡献。同时，我也会继续做好传、帮、带，带动更多的年轻人成材，为我国的焊接事业登上一个新台阶做出自身的努力。"

"获得的这些荣誉，只能说明过去，一切还要从头开始。"

📘 1+X 考证任务训练

一、填空题

1. 国家能源局在总结前期实践经验的基础上先后对旧标准_____《钢制压力容器焊接工艺评定》进行了修订，现改为_____《承压设备焊接工艺评定》。

2. NB/T 47014标准适用范围扩大了，产品已从钢制压力容器扩大到锅炉、压力容器和压力管道，金属材料也从钢材扩大到钛材、铝材、铜材和镍材，焊接方法增加了_____、_____、_____和_____等。

3. 焊接接头对于压力容器的合格焊缝而言，一是_____，二是_____。

4. 焊工技能考试的目的是_____，而焊接接头的使用性能由_____来保证。

5. 焊接工艺评定的一般过程是：根据金属材料的焊接性，按照设计文件规定和制造工艺拟定_____、_____、_____是否符合规定要求，并形成_____（PQR），对预焊接工艺评定规程进行评价。

6. 焊接工艺评定的最终目的是得出能直接指导生产用的_____，它的依据就是评定合格的焊接工艺评定报告。

7. 焊接生产中用于焊接_____的焊接工艺，是必须按_____规定进行焊接工艺评定合格后才能使用。

8. 焊接方法的评定规则：凡是改变焊接方法，必须重新进行_____。

9. 焊接工艺评定用的试件主要分_____和_____两种形式。

10. 对接焊缝试件只有板状对接和管状对接两种，而角焊缝试件有_____、_____和_____三种。

二、判断题（正确的画"√"，错的画"×"）

1. 金属材料的焊接性不是绝对的，而是相对的、发展的，今天认为焊接性不好的材料，明天可能变好了。　　　　　　　　　　　　　　　　　　　　　　　　　　　　　　　　　　（　　）

2. 通过工艺试验方法进行焊接工艺评定时，需按焊接工艺指导书，即预焊接工艺规程（pWPS）要求准备试件，按规定的焊接方法、焊接位置和给定的焊接参数对试件进行焊接。　（　　）

3. 评定非受压角焊缝预焊接工艺规程时，仅用角焊缝试件。　　　　　　　　　　（　　）

4. 选择焊接性试验方法主要应遵循经济性原则。　　　　　　　　　　　　　　　（　　）

5. 检验的项目有：外观检查、无损检测、力学性能试验和弯曲试验，当规定进行冲击试验时，只对焊接接头作夏比冲击试验。　　　　　　　　　　　　　　　　　　　　　　　　（　　）

6. 对力学性能试样和弯曲试验试样的取样要求：一般要用冷加工方法，当用热加工方法取样时，则应去除其热影响区。　　　　　　　　　　　　　　　　　　　　　　　　　　　　　　（　　）

7. 试件的焊接应由考试合格的熟练焊工，按焊接工艺指导书（即 pWPS）规定的各种焊接参数焊接。焊接全过程在焊接工程师监督下进行，并记录焊接参数的实测数据。　　　　　　　　　　（　　）

8. 试件焊完后先进行外观检查，后进行无损检测，最后进行接头的力学性能试验。如检验不合格，则分析原因，重新编制焊接工艺指导书，重焊试件。　　　　　　　　　　　　　　　　　　（　　）

9. 焊工技能考试的目的是获得无超标缺陷的焊缝，而焊接接头的使用性能由评定合格的焊接工艺来保证。因此，进行焊接工艺评定要排除焊工操作因素带来的干扰，焊工技能考试范围内解决的问题不要放到焊接工艺评定中来。　　　　　　　　　　　　　　　　　　　　　　　　　　　　　　　　　　（　　）

参考文献

[1] 李亚江 . 焊接冶金学：材料焊接性 [M]. 北京：机械工业出版社，2006.

[2] 英若采 . 熔焊原理及金属材料焊接 [M]. 2 版 . 北京：机械工业出版社，2000.

[3] 刘会杰 . 焊接冶金与焊接性 [M]. 北京：机械工业出版社，2007.

[4] 邱葭菲 . 金属熔焊原理及材料焊接 [M]. 2 版 . 北京：机械工业出版社，2021.

[5] 史耀武 . 中国材料工程大典：第 23 卷 材料焊接工程（下）[M]. 北京：化学工业出版社，2005.

[6] 陈祝年，陈茂爱 . 焊接工程师手册 [M]. 3 版 . 北京：机械工业出版社，2018.

[7] 张连生 . 金属材料焊接 [M]. 北京：机械工业出版社，2004.

[8] 曾乐 . 现代焊接技术手册 [M]. 上海：上海科学技术出版社，1993.

[9] 堵耀庭，张其枢 . 不锈钢焊接 [M]. 北京：机械工业出版社，2000.

[10] 陈裕川 . 焊接工艺评定手册 [M]. 北京：机械工业出版社，1999.

[11] 史耀武 . 焊接技术手册 [M]. 福州：福建科学技术出版社，2005.

[12] 刘云龙 . 焊工：高级 [M]. 北京：机械工业出版社，2007.

[13] 刘云龙 . 焊工：技师、高级技师 [M]. 北京：机械工业出版社，2008.

[14] 福克哈德 . 不锈钢焊接冶金 [M]. 栗卓新，朱学军，译 . 北京：化学工业出版社，2004.

[15] 张喜燕，赵永庆，白晨光 . 钛合金及应用 [M]. 北京：化学工业出版社，2005.

[16] 王成文 . 电弧焊焊接材料选用手册及应用案例分析 [M]. 太原：山西科学技术出版社，2004.

[17] 李荣雪 . 金属材料焊接工艺 [M]. 北京：机械工业出版社，2008.

[18] 王恩建 . 14MnNbq 正火钢对接焊缝埋弧焊工艺 [J]. 焊接技术，2006（5）：30-31.

[19] 王炜，郭旭，马江 . 16MnDR 低温钢埋弧焊焊接工艺方案的优化 [J]. 焊接技术，2011（1）：30-32.

[20] 张家刚，张越朋 . 1Cr13 大管径高压管焊接工艺研究与应用 [J]. 长春工程学院学报，2002（1）：50-52.

[21] 刘峰，黄华，刘玉娇 . 1Crl8Ni9Ti 奥氏体不锈钢 TIG 焊接性能研究 [J]. 热加工工艺，2011（15）：141-143.

[22] 赵征，苏生华，杨靖 . 5A06 铝合金 MIG 焊接工艺研究 [J]. 电焊机，2011（1）：70-73.

[23] 谢业东 . 5A06 与 6061 铝合金焊接工艺实验与研究 [J]. 热加工工艺，2011（13）：113-115.

[24] 邵世单 . CuNi 合金 B10 厚板焊接工艺 [J]. 焊接，2007（3）：42-44.

[25] 郭必新，祝长春 . TC4 钛合金等离子弧焊接工艺研究 [J]. 热加工工艺，2006（15）：44-46.

[26] 王焕琴 . TC4 钛合金焊接工艺的控制和焊接接头的组织及性能分析 [J]. 热加工工艺，2004（8）：66-68.

[27] 孙宾，李亚江，迟青，等 . 高纯 0Cr18Mo2 铁素体不锈钢的焊接工艺 [J]. 热加工工艺，2004（4）：53-55.

[28] 罗辉，赵忠魁，冯立明，等 . 焊接工艺参数对奥氏体不锈钢焊接接头腐蚀行为的影响 [J]. 热加工工艺，2005（4）：47-48.

[29] 董俊慧，邹吉权，夏向东 . 新型 Cr26Mo1 铁素体不锈钢的焊接工艺研究 [J]. 焊接技术，2000（3）：9-11.

[30] 张帅谋，王小平，张雪峰 . 焊接方法对 2205 双相不锈钢管焊接接头组织及力学性能的影响 [J]. 热加工工艺，2011（7）：130-133.

[31] 夏青，刘亚民，郭国庆 . 焊材和焊接工艺对灰铸铁焊接接头组织和硬度的影响 [J]. 洛阳工学院学报，2002（3）：24-27.

[32] 国家能源局 . NB/T 47014-2011，承压设备焊接工艺评定 [S]. 北京：原子能出版社，2011.

[33] 国家能源局 . NB/T 47015-2011，压力容器焊接规程 [S]. 北京：原子能出版社，2011.

[34] 全国锅炉压力容器标准化技术委员会 . NB/T 47013—2015，承压设备无损检测 [S]. 北京：新华出版社，2015.

版权声明

根据《中华人民共和国著作权法》的有关规定，特发布如下声明：

1. 本出版物刊登的所有内容（包括但不限于文字、二维码、版式设计等），未经本出版物作者书面授权，任何单位和个人不得以任何形式或任何手段使用。

2. 本出版物在编写过程中引用了相关资料与网络资源，在此向原著作权人表示衷心的感谢！由于诸多因素没能一一联系到原作者，如涉及版权等问题，恳请相关权利人及时与我们联系，以便支付稿酬。（联系电话：010-60206144；邮箱：2033489814@qq.com）